图 1.11

图 1.12

图 1.13

图 1.14

图 1.15

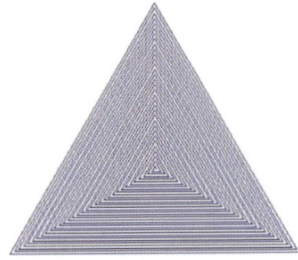

图 1.16

图 1.17

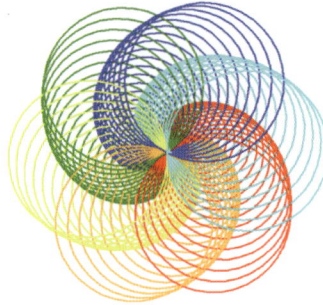

图 1.18

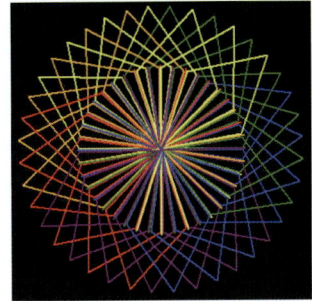

图 1.19

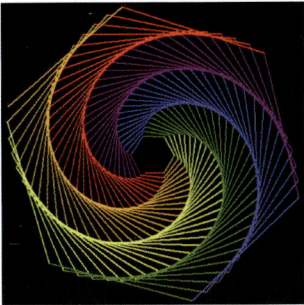

图 1.20

图 1.21

图 1.22

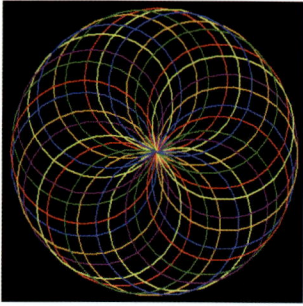

图 1.23

图 1.24

图 1.25

图 1.26

图 1.27

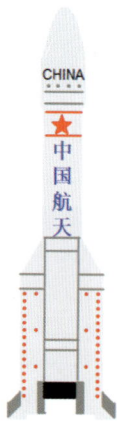

图 1.28

图 1.29

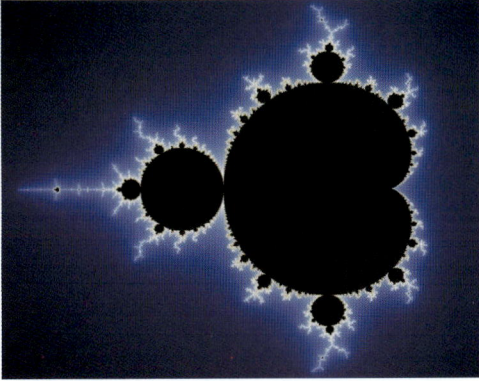

图 1.30

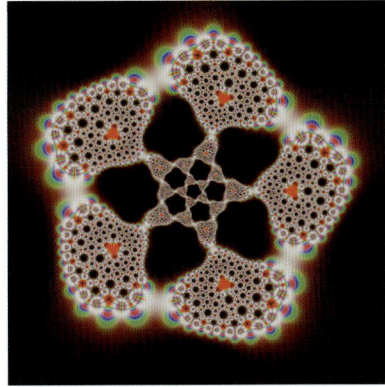

图 1.31

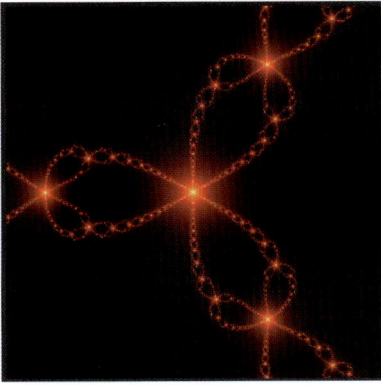

图 1.32

图 1.33

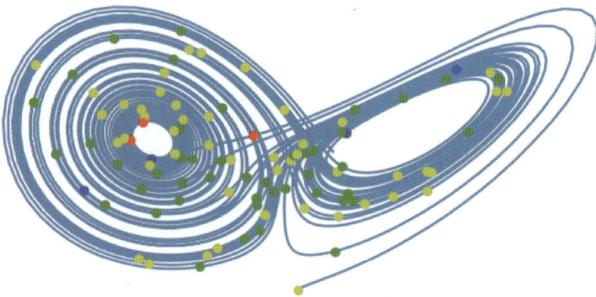

图 1.34

图 1.35

图　1.36

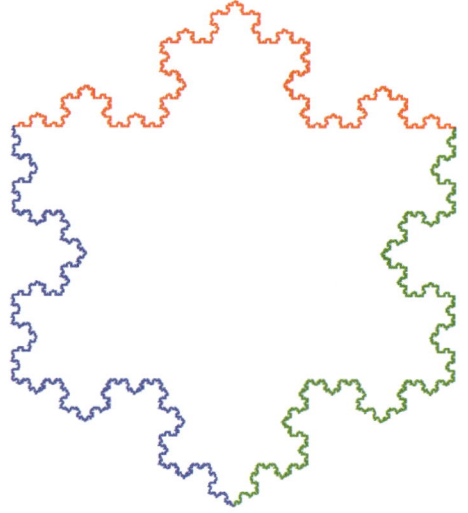

图　1.37

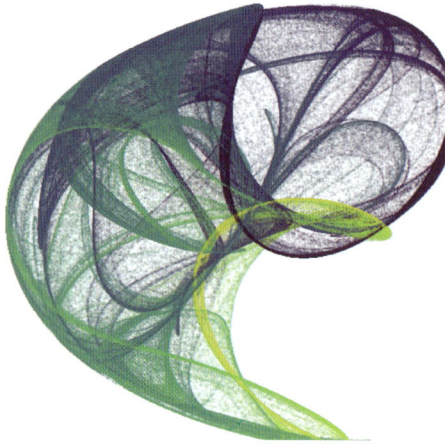

图　1.38

国家级实验教学示范中心联席会
计算机学科组规划教材

程序设计实践与习题指导

Python语言 基于计算思维能力培养

崔贯勋 全文君 主 编

吴雪刚 张红伟 蒋 鹏 刘 峰 副主编

清华大学出版社

北京

内 容 简 介

本书分为两部分。第一部分包括 17 个实验，实验一至实验十为基础性实验，帮助读者加强对 Python 语言语法的掌握；实验十一至实验十七为扩展性实验，体现了 Python 在不同领域的应用。第二部分包括 9 套 Python 程序设计考试模拟题(并提供答案)。本书附录还提供了 2025 版的全国计算机等级考试二级 Python 语言程序设计考试大纲。

本书可以作为本科生、研究生学习 Python 程序设计的实验指导书或教师参考用书，也可以作为 Python 爱好者的自学参考书。

图书在版编目(CIP)数据

程序设计实践与习题指导：Python 语言：基于计算思维能力培养 / 崔贯勋，全文君主编.
北京：清华大学出版社，2025. 8. -- (国家级实验教学示范中心联席会计算机学科组规划教材).
ISBN 978-7-302-69521-9

Ⅰ. TP312.8
中国国家版本馆 CIP 数据核字第 2025QK1672 号

责任编辑：付弘宇
封面设计：刘　键
责任校对：郝美丽
责任印制：丛怀宇

出版发行：清华大学出版社
　　　　网　　　址：https://www.tup.com.cn，https://www.wqxuetang.com
　　　　地　　　址：北京清华大学学研大厦 A 座　　　邮　　　编：100084
　　　　社 总 机：010-83470000　　　　　　　　　邮　　　购：010-62786544
　　　　投稿与读者服务：010-62776969，c-service@tup.tsinghua.edu.cn
　　　　质量反馈：010-62772015，zhiliang@tup.tsinghua.edu.cn
　　　　课件下载：https://www.tup.com.cn，010-83470236
印 装 者：北京鑫海金澳胶印有限公司
经　　　销：全国新华书店
开　　　本：185mm×260mm　　印　　张：19.25　　插　页：2　　字　　　数：476 千字
版　　　次：2025 年 8 月第 1 版　　　　　　　　　　　　　　印　　　次：2025 年 8 月第 1 次印刷
印　　　数：1～3500
定　　　价：59.00 元

产品编号：100419-01

前　言

党的二十大报告提出"实施科教兴国战略,强化现代化建设人才支撑"。深入实施人才强国战略,培养造就大批德才兼备的高素质人才,是国家和民族长远发展大计。当前,人工智能产业的发展如火如荼,作为新一轮产业变革的核心驱动力,人工智能催生了新技术、新产品、新产业,从而进一步引发经济结构的重大调整和变革。在大数据和人工智能时代,Python 是最适合人工智能应用的编程语言,因此深受程序员的欢迎。同时,Python 凭借其功能强大且易于学习的特点,应用领域也越来越广泛。

Python 语言程序设计是一门实践性很强的课程,仅仅通过课堂教学和阅读书本资料,很难提高学生的程序设计能力。只有通过上机实践,熟练掌握各种集成开发环境的应用和程序编写、调试的方法,正确、灵活地使用编程语言中的各种要素,才能真正理解程序设计的基本思想,从而获得应用程序设计解决实际问题的经验和技巧,因此实践教学和课后练习尤为重要。为了方便教师教学与学生练习,达到让学生学练结合、学以致用的目的,多位长期在一线从事 Python 语言程序设计教学的教师共同编写了本书,同时本书也是《Python 程序设计基础》(ISBN 9787302567493)的配套上机指导与习题指导教材。

本书入选重庆理工大学规划教材,由重庆理工大学的崔贯勋、全文君、吴雪刚、张红伟、蒋鹏、刘峰、兰利彬、魏晔、南海等共同编写,全书由崔贯勋统稿。通过学习本书,读者可以快速掌握 Python 程序设计的思想和方法,达到以下目标。

(1) 知识传授目标:掌握 Python 语言的基本词法,包括 Python 语言的数据类型、运算符与表达式;基本程序结构,包括顺序结构、选择结构和循环结构;函数和文件的定义和应用、面向对象编程、异常处理;更深入的数据类型及应用,包括列表、元组、集合、字典;可视化、爬虫、分词、NumPy、pandas、Matplotlib 等包的应用。

(2) 能力培养目标:掌握计算机解题的一般方法,能在设计解题思路时熟练运用;能用某种测试方法设计合理的测试用例;熟练掌握 Python 语言的基本语法、存储特点及操作方法,熟练编写、调试具有复杂控制结构的符合编程规范的程序;培养学生分析问题、建立模型、运用信息技术解决问题的计算思维能力;培养学生面对比较复杂的专业问题时设计并开发应用程序的综合能力，激发学生创新思维和创新意识、创新能力和实践能力。

（3）价值塑造目标：在潜移默化中坚定学生理想信念，厚植爱国主义情怀，加强品德修养，增长知识见识，培养顽强奋斗精神，提升学生综合素质，树立社会主义核心价值观；增强推动国家和民族复兴、推动国家科技进步的责任感；强化学生工程伦理教育，培养学生精益求精的大国工匠精神；理解国家创新驱动的战略意义；了解信息技术对中国经济发展和数字经济建设的重要意义。

由于篇幅有限，本书无法将所有的 Python 编程相关知识都介绍给读者，但编者会尽可能全面地讲解相关知识。在本书的编写过程中，编者参阅了大量资料（包括纸质图书和网络资料），在此对相关作者表示感谢。希望通过与读者分享尽可能多的知识和经验，培养读者对编程的兴趣，提高读者编写代码的水平。

本书可以作为本科生、研究生学习 Python 程序设计的实验指导书或教师参考用书，也可以作为 Python 爱好者的自学参考书。

由于编者水平有限，书中难免存在疏漏和不足之处，衷心希望同行专家和广大读者批评指正。

编　者

2025 年 6 月

目 录

第一部分

实　验

## CHAPTER 1

实验一　Python 开发环境的使用实验

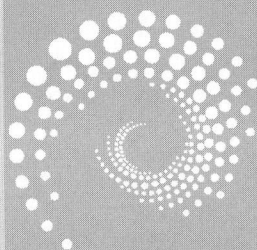

一、实验目的

1. 熟悉 Python 解释器的安装。
2. 熟悉 IDLE 中程序的两种运行方式。
3. 熟悉 turtle 库。

二、实验内容

1. 安装 Python 解释器,具体安装步骤如下。

Step 1：打开浏览器

使用你喜欢的浏览器,打开 Python 官方网站 https://www.python.org。

Step 2：下载 Python 3.13 版本

在 Python 官方网站的首页,单击 Downloads(下载)选项,如图 1.1 所示。

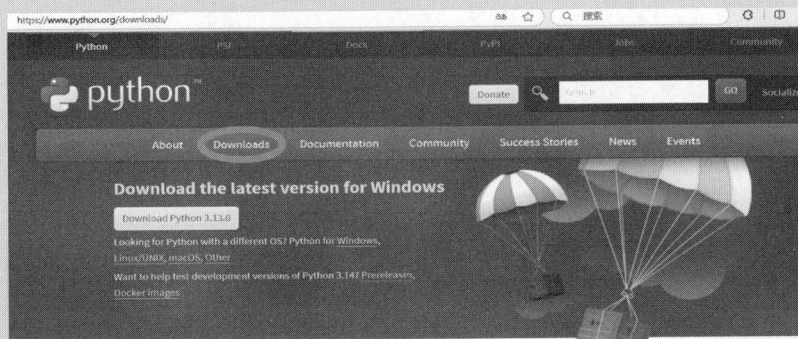

图 1.1　下载 Python 安装文件

Step 3：选择操作系统

在 Downloads 页面上，可以看到不同的操作系统版本。根据你的操作系统，选择适合的版本（右击桌面上的"计算机"图标，在弹出的快捷菜单中选择"属性"，根据窗口中显示的系统类型信息，确定本机的操作系统信息，如图 1.2 所示）。这里以 Windows 为例，单击 Windows 下载按钮来下载 Windows 版本的 Python 3.13 安装文件，如图 1.3 所示。

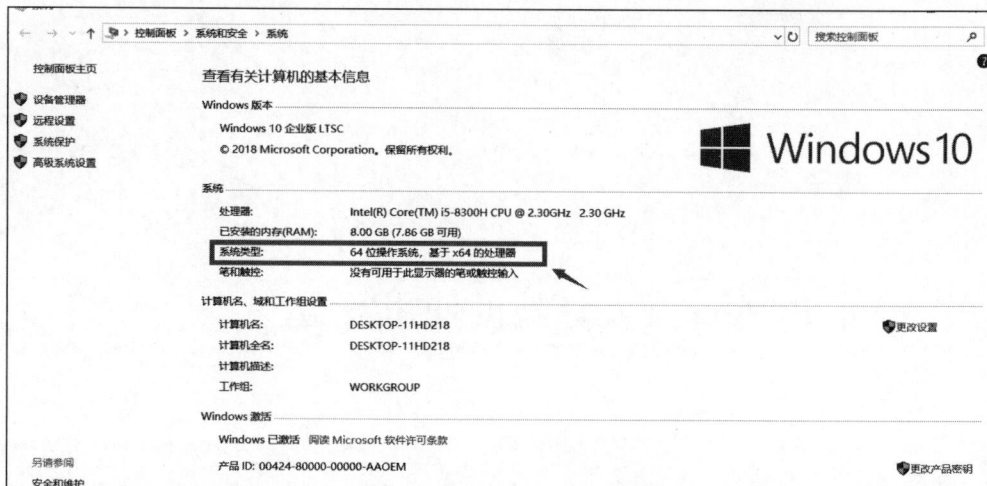

图 1.2　查看操作系统的信息

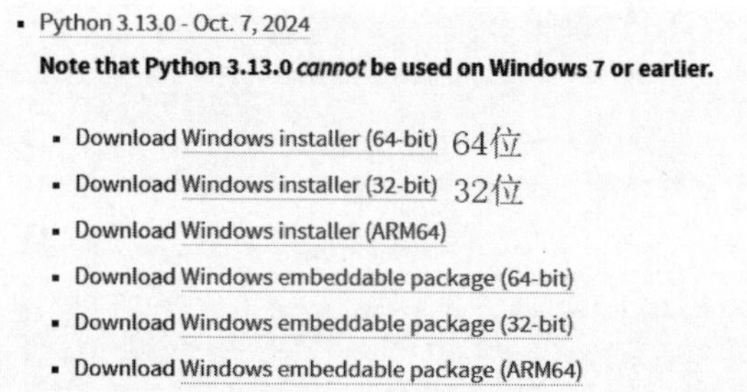

图 1.3　下载与操作系统相适配的 Python 安装文件

Step 4：下载安装程序并运行

下载得到一个.exe 文件，也就是 Python 3.13 的安装程序，双击运行这个安装程序，开始安装。

Step 5：选择安装选项

在安装程序中，可以选择不同的安装选项。默认情况下，保留默认选项即可。确认勾选 Add python.exe to PATH（将 Python 3.13 添加到环境变量中）选项，然后单击 Install Now 选项或 Customize installation（自定义安装）选项，如图 1.4 所示。

Step 6：自定义安装

如果 Step 5 中选择自定义安装，那么在接下来出现的 Optional Features 页面上，可以选择要安装的组件。默认情况下，所有选项都被勾选。可以保持默认值，然后单击 Next（下一步）按钮，如图 1.5 所示。

Step 7：设置目标文件夹

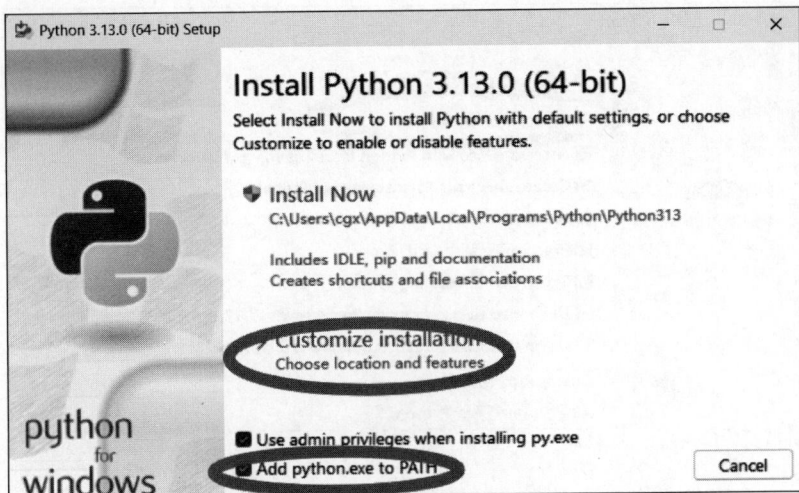

图 1.4　选择 Python 安装方式

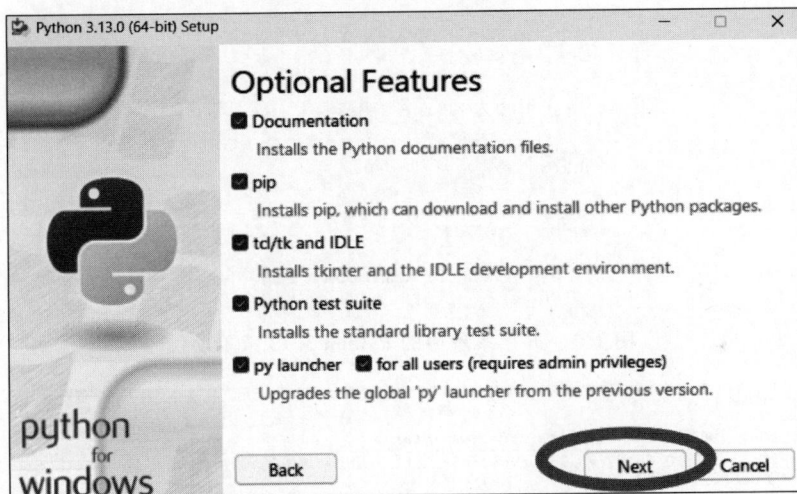

图 1.5　安装 Python 的可选项设置

在设置目标文件夹页面,确保安装目标文件夹正确无误,然后单击 Install(安装)按钮,如图 1.6 所示。

Step 8:完成安装

安装程序将开始安装 Python 3.13。请耐心等待,直到安装完成。安装完成后,可以看到显示 Setup was successful(安装成功)的页面。

2. 使用 Python 解释器自带的集成开发环境 IDLE。

(1) 使用 Shell 交互方式。在 Windows 操作系统的开始菜单中找到 Python 3.13 菜单项并展开,然后选择 IDLE(Python 3.13 64-bit)选项,如图 1.7 所示,启动 Shell 交互式窗口。在窗口中显示提示符>>>,如图 1.8 所示。在提示符后输入"print("Welcome to CQUT!")",然后按 Enter 键,查看输出结果。

(2) 使用文件执行方式。打开 Shell 交互式窗口,按 Ctrl+N 组合键或者选择 File 菜单(如图 1.9 所示)中的 New File 选项,弹出文件编辑器窗口,在该窗口中输入"print("Welcome

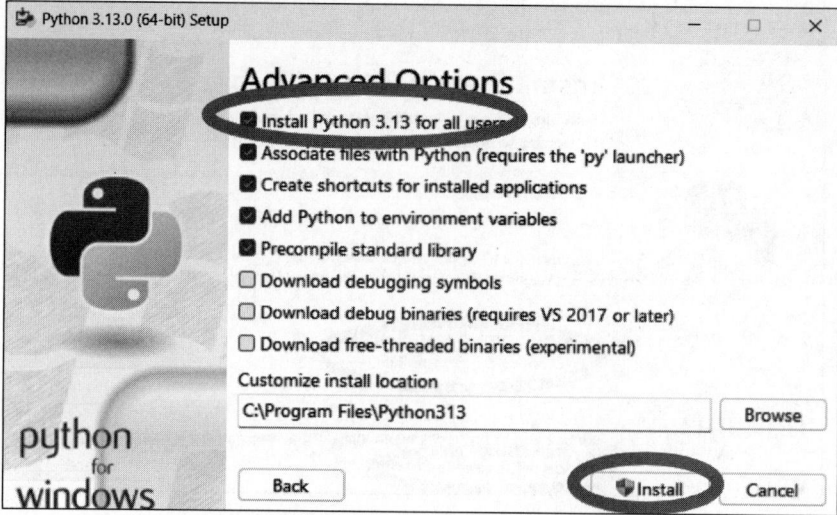

图 1.6   安装 Python 的高级选项设置

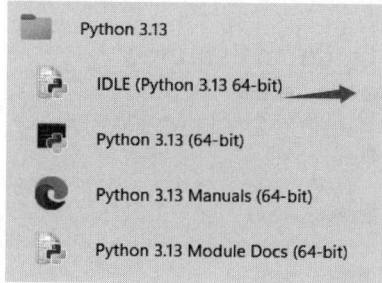

图 1.7   开始菜单中的 Python 3.13 菜单项

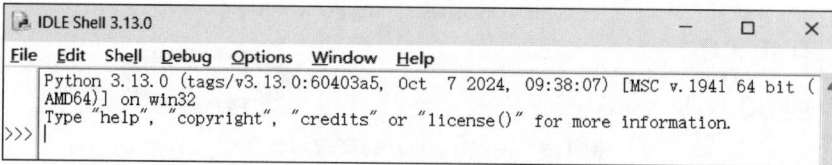

图 1.8   Python IDLE 界面

to CQUT!")”,如图 1.10 所示;选择 File 菜单中的 Save 选项或者按 Ctrl＋S 组合键,将文件保存为 hello.py,然后选择 Run 菜单中的 Run Module 选项,或者按 F5 键,运行刚才的代码,观察运行结果。

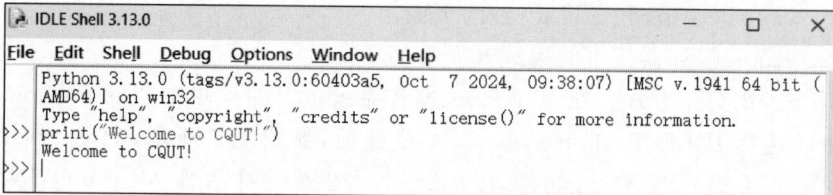

图 1.9   新建 Python 源程序文件

（3）安装库的方法是在命令提示符后输入 pip install xxx(库的名称),默认使用国外的

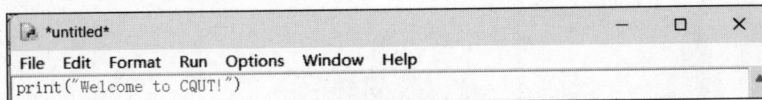

图 1.10 在源程序文件中编辑程序代码

源文件,因为国内下载速度比较慢,经常会出现超时等错误。一些国内机构(如阿里云、豆瓣、清华大学、中国科学技术大学、华中科技大学等)提供了 pip 源的镜像,可以极大提高下载速度,避免出现超时安装失败的问题,例如执行命令 pip install -i https://pypi. tuna. tsinghua. edu. cn/simple xxx(这里以清华大学的镜像为例),也可执行命令 pip config set global. index-url https://pypi. tuna. tsinghua. edu. cn/simple 更改默认的安装源。库的更新命令是 pip install --upgrade xxx。

3. 利用 IDLE 文件方式,输入以下代码,保存文件为 DrawPentagrams. py。运行该程序,运行结果如图 1.11 所示。

```python
import turtle
turtle.pencolor("red")
turtle.fillcolor("red")
turtle.begin_fill()
while True:
    turtle.forward(200)
    turtle.right(144)
    if abs(turtle.pos()) < 1:
        break
turtle.end_fill()
```

4. 利用 IDLE 文件方式,输入以下代码,保存文件为 DrawSunflower. py。运行该程序,运行结果如图 1.12 所示。

```python
import turtle
turtle.color("red","yellow")
turtle.begin_fill()
while True:
    turtle.forward(200)
    turtle.left(170)
    if abs(turtle.pos()) < 1:
        break
turtle.end_fill()
```

5. 利用 IDLE 文件方式,输入以下代码,保存文件为 DrawSunflower2. py。运行该程序,运行结果如图 1.13 所示。

```python
import turtle
turtle.speed(10)
turtle.color("red","yellow")
turtle.begin_fill()
while True:
    turtle.forward(200)
    turtle.left(170)
    if abs (turtle.pos()) < 1:
        break
turtle.end_fill()
```

图　1.11

图　1.12

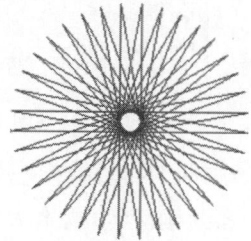
图　1.13

6. 利用 IDLE 文件方式,输入以下代码,保存文件为 DrawSunflower3. py。运行该程序并比较其与第 5 题代码的差别,运行结果如图 1.14 所示。

```python
from turtle import *
speed(10)
color("red","yellow")
begin_fill()
while True :
    forward(200)
    right(170)
    if abs(pos()) < 1:
        break
end_fill()
```

7. 利用 IDLE 文件方式,输入以下代码,保存文件为 squarel. py。运行该程序,运行结果如图 1.15 所示。

```python
import turtle
turtle.pencolor("blue")          # 设置画笔颜色
for i in range(100):             # 循环遍历
    turtle.fd(i * 2)             # 绘制不同长度的边
    turtle.left(90)              # 方向逆时针旋转 90 度
```

8. 利用 IDLE 文件方式,输入以下代码,保存文件为 trianglel1. py。运行该程序,运行结果如图 1.16 所示。

```python
import turtle
turtle.pencolor("blue")          # 设置螺旋线颜色
turtle.speed(0)                  # 加速绘制
for i in range(100):             # 循环遍历
    turtle.fd(i * 3)             # 绘制不同长度的边
    turtle.left(120)             # 沿逆时针方向旋转 120 度
turtle.done()
```

图　1.14

图　1.15

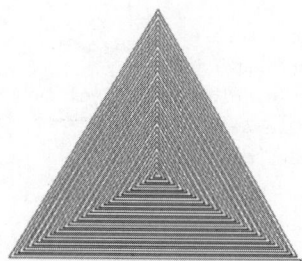
图　1.16

9. 利用 IDLE 文件方式,输入以下代码,保存文件为 trianglel2. py。运行该程序,运行结果如图 1.17 所示。

```
import turtle
turtle.pensize(2)                              # 设置笔的粗细
colors = ['red', 'orange', 'yellow', 'green',
'blue', 'cyan', 'purple']                      # 利用列表存储颜色
turtle.speed(0)                                # 加速绘制
for i in range(100):                           # 循环遍历
    turtle.pencolor(colors[i % 7])             # 设置画笔颜色
    turtle.fd(i * 5)                           # 绘制不同长度的边
    turtle.left(120)                           # 沿逆时针方向旋转120度
turtle.done()
```

10. 利用 IDLE 文件方式,输入以下代码,保存文件为 circlel. py。运行该程序,运行结果如图 1.18 所示。

```
import turtle
angle = 360/6                                  # 预设角度
turtle.pensize(3)                              # 设置笔的粗细
colors = ['red', 'orange', 'yellow', 'green',
          'blue', 'cyan', 'purple']            # 利用列表存储颜色
turtle.speed(0)                                # 设置绘制速度

for i in range(150):                           # 循环遍历
    turtle.color(colors[i % 6])                # 设置颜色的循环
    turtle.circle(i)                           # 绘制圆
    turtle.right(angle + 1)                    # 设置旋转角度
turtle.done()                                  # 结束绘制
```

11. 绘制五彩图 1,运行结果如图 1.19 所示。

```
import turtle
def draw1():
    colors = ["red", "orange", "yellow", "green", "blue", "purple"]
    pen = turtle.Turtle()
    pen.speed(20)
    turtle.bgcolor("black")
    pen.pensize(2)
    for i in range(60):
        pen.color(colors[i % 6])
        pen.forward(200)
        pen.right(61)
        pen.forward(100)
        pen.right(120)
        pen.forward(100)
        pen.right(61)
        pen.forward(200)
        pen.right(181)
    pen.hideturtle()
draw1()
turtle.done()
```

图 1.17

图 1.18

图 1.19

12. 绘制五彩图 2,运行结果如图 1.20 所示。

```python
import turtle
def draw2():
    colors = ["red", "orange", "yellow", "green", "blue", "purple"]
    pen = turtle.Turtle()
    pen.speed(10)
    turtle.bgcolor("black")
    pen.pensize(2)
    initial_size = 30
    for i in range(200):
        pen.color(colors[i % 6])
        pen.forward(initial_size + i)
        pen.left(59)
    pen.hideturtle()
draw2()
turtle.done()
```

13. 绘制蝴蝶曲线,运行结果如图 1.21 所示。

```python
import numpy as np
import matplotlib.pyplot as plt
t = np.arange(0.0, 12 * np.pi, 0.01)
x = np.sin(t) * (np.e ** np.cos(t) - 2 * np.cos(4 * t) - np.sin(t/12) ** 5)
y = np.cos(t) * (np.e ** np.cos(t) - 2 * np.cos(4 * t) - np.sin(t/12) ** 5)
plt.figure(figsize = (8,6))
plt.axis('off')
plt.plot(x, y, color = 'blue', linewidth = '2')
# plt.show()
plt.savefig("butter.jpg", dpi = 400)
```

14. 绘制五彩图 3,运行结果如图 1.22 所示。

```python
from turtle import *
import colorsys
speed(0)
bgcolor('black')
pensize(2)
hideturtle()
for i in range(16):
    for j in range(15):
        c = colorsys.hsv_to_rgb(i/15, j/20, 1)
        color(c)
```

```
            rt(90)
            circle(200 - j * 6, 90)
            lt(90)
            circle(200 - j * 6, 90)
            rt(180)
        circle(60, 24)
    done()
```

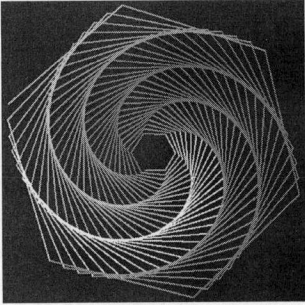

图 1.20

图 1.21

图 1.22

15. 绘制五彩图 4,运行结果如图 1.23 所示。

```
import turtle
def draw6():
    colors = ["red", "orange", "yellow", "green", "blue", "purple"]
    pen = turtle.Turtle()
    pen.speed(10)
    turtle.bgcolor("black")
    pen.pensize(2)
    for i in range(29):
        pen.color(colors[i % 6])
        pen.circle(100)
        pen.left(25)
    pen.hideturtle()
draw6()
turtle.done()
```

16. 绘制紫色夜空下的樱花,运行结果如图 1.24 所示。

```
from turtle import *
from random import *
from math import *
def tree(n, l):
    pd()
    t = cos(radians(heading() + 45)) / 8 + 0.25
    pencolor(t, t, t)
    pensize(n / 3)
    forward(l)
    if n > 0:
        b = random() * 15 + 10
        c = random() * 15 + 10
        d = l * (random() * 0.25 + 0.7)
        right(b)
        tree(n - 1, d)
```

```
            left(b + c)
            tree(n - 1, d)
            right(c)
        else:
            right(90)
            n = cos(radians(heading() - 45)) / 4 + 0.5
            pencolor(n, n * 0.3, n * 0.8)
            circle(3)
            left(90)
            if (random() > 0.7):
                pu()
                t = heading()
                an = -40 + random() * 40
                setheading(an)
                dis = int(800 * random() * 0.5 + 400 * random() * 0.3 + 200 * random() * 0.2)
                forward(dis)
                setheading(t)
                pd()
                right(90)
                n = cos(radians(heading() - 45)) / 4 + 0.5
                pencolor(n * 0.5 + 0.5, 0.4 + n * 0.4, 0.4 + n * 0.4)
                circle(2)
                left(90)
                pu()
                t = heading()
                setheading(an)
                backward(dis)
                setheading(t)
    pu()
    backward(l)
setup(1000, 750)
bgcolor(0.345, 0.212, 0.5)
ht()
speed(0)
tracer(0, 0)
pu()
backward(100)
left(90)
pu()
backward(300)
tree(12, 100)
done()
```

17. 绘制中秋月饼图,运行结果如图 1.25 所示。

```
import turtle
# 初始化
turtle.title("中秋节")
t = turtle.Turtle()
t.speed(100)
turtle.hideturtle()
t.hideturtle()

# 绘制月饼轮廓
t.color("#E6C846")
```

```
for i in range(20):
    t.right(198)
    t.begin_fill()
    t.forward(220)
    t.circle(40, 180)
    t.goto(0, 0)
    t.end_fill()
t.color("#FAA03C")
for i in range(20):
    t.right(198)
    t.begin_fill()
    t.forward(210)
    t.circle(40, 180)
    t.goto(0, 0)
    t.end_fill()

# 绘制月饼花纹
# 绘制圆
t.color("#E6C846")
t.pensize(8)
t.penup()
t.goto(0, -200)
t.pendown()
t.circle(200)
t.pensize(5)
t.penup()
t.goto(0, -190)
t.pendown()
t.circle(190)
# 绘制正方形
t.penup()
t.goto(100, 100)
t.pendown()
for i in range(4):
    t.right(90)
    t.forward(200)
t.penup()
t.goto(90, 90)
t.pendown()
for i in range(4):
    t.right(90)
    t.forward(20)
    t.penup()
    t.forward(140)
    t.pendown()
    t.forward(20)

# 添加文字
turtle.penup()
turtle.goto(-97,20)
turtle.pendown()
turtle.color("#F5E16F")
turtle.write("明德笃行", font = ("华文行楷", 35, "bold"))
turtle.penup()
```

```
turtle.goto( - 100, - 30)
turtle.pendown()
turtle.write("自强日新", font = ("华文行楷", 35, "bold"))
turtle.goto( - 98, - 68)
turtle.pendown()
turtle.write("重庆理工大学", font = ("黑体", 23, "bold"))
turtle.done()
```

图 1.23

图 1.24

图 1.25

18. 绘制湖光月亮,运行结果如图 1.26 所示。

```
import turtle
import random
t = turtle.Turtle()
turtle.setup(800, 600)
turtle.screensize(bg = "darkblue")
t.hideturtle()
t.speed(20)
# 绘制湖面
t.penup()
t.goto( - 400, - 150)
t.color("blue")
t.fillcolor("blue")
t.pendown()
t.begin_fill()
for i in range(2):
    t.forward(800)
    t.right(90)
    t.forward(150)
    t.right(90)
t.end_fill()
# 绘制星星
t.color("yellow")
for i in range(50):
    t.penup()
    t.goto(random.randint( - 350, 350), random.randint( - 130, 290))
    t.pendown()
    t.dot(random.randint(1, 8), "yellow")
# 绘制月亮
t.penup()
t.goto( - 150, 50)
t.fillcolor("yellow")
t.pendown()
```

```
    t.begin_fill()
    t.circle(80)
    t.end_fill()
    turtle.done()
```

★19. 河南焦作市温县陈家沟村是中国首批非物质文化遗产中华太极拳的发源地,是举世闻名的武林圣地。之所以称之为太极故里,不仅因为黄河与洛河交汇孕育出了太极阴阳文化,更因为在这里诞生了风靡世界的武术精粹——太极拳。利用 IDLE 文件方式,输入以下代码,保存文件为 Taiji.py,并运行该程序,运行结果如图 1.27 所示。

```
from turtle import *
def yin(radius, color1, color2):
    width(3)
    color("black", color1)
    begin_fill()
    circle(radius/2.,180)
    circle(radius, 180)
    left(180)
    circle ( - radius/2., 180)
    end_fill()
    left(90)
    up()
    forward(radius * 0.35)
    right(90)
    down()
    color(color1, color2)
    begin_fill()
    circle(radius * 0.15)
    end_fill()
    left(90)
    up()
    backward(radius * 0.35)
    down()
    left(90)
def main():
    reset()
    yin(200, "black", "white")
    yin(200, "white", "black")
    ht()
    return "Done!"

main()
import turtle
window = turtle.Screen()
bage = turtle.Turtle()
radius = 100
bage.width(3)
bage.color("black", "black")
bage.begin_fill()
bage.circle(radius/2, 180)
bage.circle(radius, 180)
bage.left(180)
bage.circle( - radius/2, 180)
bage.end_fill()
```

```
        bage.left(90)
        bage.up()
        bage.forward(radius * 0.35)
        bage.right(90)
        bage.down()
        bage.color("white", "white")
        bage.begin_fill()
        bage.circle(radius * 0.15)
        bage.end_fill()
        bage.left(90)
        bage.up()
        bage.backward(radius * 0.7)
        bage.down()
        bage.left(90)
        bage.color("black", "black")
        bage.begin_fill()
        bage.circle(radius * 0.15)
        bage.end_fill()
        bage.right(90)
        bage.up()
        bage.backward(radius * 0.65)
        bage.right(90)
        bage.down()
        bage.circle(radius, 180)
        bage.ht()
        window.exitonclick()
```

图 1.26

图 1.27

★20. 中国航天事业起始于 1956 年。中国于 1970 年 4 月 24 日发射第一颗人造地球卫星，是继苏联、美国、法国、日本之后世界上第 5 个独立发射人造卫星的国家。"天宫"空间站、"嫦娥探月"工程、"神舟五号"、"天问一号"、"羲和号"、"长征"系列运载火箭、"天链"卫星、"神舟十二号"、"东方红一号"、"神舟一号"被称为中国航天十大成就。

1992 年 3 月 22 日，中国"长二捆"（CZ-2E）火箭的点火启动器控制连接点上出现了一个质量仅为 0.15 毫克的铝屑。这是一个概率极小的偶发事故，正是这一点点多余物导致了火箭发射的失败。这次发射是为了帮助澳大利亚发射通信卫星"奥普斯图 B1 号"。在发射过程中，第三助推器的点火触点由于这块 2 厘米左右的多余铝屑所产生的电弧接通了关机触点，造成助推器在点火后随即关机，火箭主计算机测得推力不够，所以发动机于 7 秒后实施了紧急关机，最终导致发射失败。1994 年，为了牢记这个惨痛的教训，原中国航天工业总公司决定将每年的 3 月 22 日定为航天质量日。

　　1996 年 6 月,欧洲研制的"阿丽亚娜 5 型"运载火箭首次飞行,由于无法到达指定轨道,任务以失败告终,造成 3.7 亿美元损失。故障原因是"阿丽亚娜 5 型"运载火箭基于前一代 4 型火箭开发。在 4 型火箭系统中,对某个水平速率的测量值使用了 16 位的变量及内存,因为在 4 型火箭系统中反复验证过,这个值不会超过 16 位。5 型火箭的开发人员简单复制了这部分程序,而没有对新火箭进行数值的验证,结果导致了致命的数值溢出,火箭在发射后 37 秒便从原始路径偏移,最终不得不启动火箭自毁程序。

　　利用 IDLE 文件方式,输入以下代码,保存文件为 hangtian.py,并运行该程序,运行结果如图 1.28 所示。

```python
import turtle as t
import math as m
t.setup(600,700)

def jump(x, y):
    t.penup()
    t.goto(x,y)
    t.pendown()

def draw_x(a,i):
    angle = m.radians(i)
    return a * m.sin(angle)

def draw_y(b, i):
    angle = m.radians(i)
    return b * m.cos(angle)

jump(-6, 256)                  # 绘制火箭主体
t.pensize(3)
t.color("#EEEFF2")
t.fillcolor()
t.begin_fill()
for i in range(45):
    x = draw_x(42,i) + (-6)
    y = draw_y(256,i)
    t.goto(x,y)
t.right(90)
t.fd(60)
t.right(30)
t.fd(10)
t.left(30)
t.fd(175)
t.seth(-60)
t.fd(60)
t.seth(-90)
t.fd(160)
t.seth(-45)
t.fd(23)
t.seth(-90)
t.fd(20)
t.right(90)
```

图　1.28

```
t.fd(24)
t.right(90)
t.fd(7)
t.left(90)
t.fd(25)
t.right(90)
t.fd(45)
t.left(90)
t.fd(47)
t.left(90)
t.fd(45)
t.right(90)
t.fd(25)
t.left(90)
t.fd(7)
t.right(90)
t.fd(24)
t.right(90)
t.fd(20)
t.right(45)
t.fd(23)
t.left(45)
t.fd(160)
t.right(30)
t.fd(60)
t.left(30)
t.fd(175)
t.left(30)
t.fd(7)
t.right(30)
t.fd(60)
for i in range(47):
    x = draw_x(-42,i) + (-6)
    y = draw_y(256,i)
    t.goto(x, y)
t.end_fill()
jump(-35, 152)
t.color("black")
t.write("CHINA", font = ("Arial", 15))
t.color("#7B7E85")
jump(-28,148)
t.dot(5)                          # 点绘制函数
jump(-15,148)
t.dot(5)
jump(0,148)
t.dot(5)
jump(15,148)
t.dot(5)
jump(-33,140)
t.seth(0)
t.fd(53)
t.color("red")
jump(-31,112)
t.fd(50)
```

```
t.color("#7B7E85")
jump(-33,-60)
t.fd(50)
jump(-30,-78)
t.fd(45)
t.color("red")
jump(-33,124)
t.fd(53)
t.color("red")
jump(-31,80)
t.fd(49)
jump(-12,98)
t.seth(0)
t.begin_fill()
t.color("red")
t.fillcolor("red")
for i in range(1,6):
    t.left(72)
    t.forward(10)
    t.right(144)
    t.forward(10)
t.end_fill()
t.tracer(True)
word = "中国航天"
y = 45
delta_y = 35
for c in word:
    t.penup()
    t.setx(-22)
    t.sety(y)
    t.color('blue')
    t.write(c, font = ("宋体",22,"bold"))
    y -= delta_y
t.color("#7B7E85")
t.pensize(3)
jump(-32,-61)
t.seth(-90)
t.fd(196)
jump(15,-59)
t.fd(196)
t.seth(0)
jump(-66,-110)
t.fd(34)
jump(-66,-130)
t.fd(34)
jump(16,-110)
t.fd(34)
jump(16,-130)
t.fd(34)
jump(-30,-214)
t.fd(46)
jump(-30,-200)
t.fd(46)
jump(-59,-137)
```

```
    t.color('red')
    for i in range(15):
        if(i % 5 == 0):
            jump(-59 + 16, -(137 + (i * 10)))
            t.dot(5)
        jump(-59, -(137 + (i * 10)))
        t.dot(5)
jump(43, -137)
t.color('red')
for i in range(15):
    if (i % 5 == 0):
        jump(43 - 16, -(137 + (i * 10)))
        t.dot(5)
    jump(43, -(137 + (i * 10)))
    t.dot(5)
jump(-65, -271)
t.color("#7B7E85")
t.begin_fill()
t.fillcolor()
t.seth(-90)
t.fd(19)
t.right(45)
t.fd(22)
t.seth(90)
t.fd(20)
t.end_fill()
jump(50, -271)
t.begin_fill()
t.fillcolor()
t.seth(-90)
t.fd(19)
t.left(45)
t.fd(22)
t.seth(90)
t.fd(20)
t.end_fill()
jump(-30, -258)
t.seth(180)
t.begin_fill()
t.fillcolor()
t.fd(10)
t.left(90)
t.fd(42)
t.left(90)
t.fd(10)
t.end_fill()
jump(13, -258)
t.seth(0)
t.begin_fill()
t.fillcolor()
t.fd(10)
t.right(90)
t.fd(42)
t.right(90)
```

```
    t.fd(10)
    t.end_fill()
jump(-31,-259)
t.color('black')
t.begin_fill()
t.fillcolor()
t.seth(0)
t.fd(43)
t.right(90)
t.fd(20)
t.right(90)
t.fd(43)
t.right(90)
t.fd(20)
t.end_fill()
t.hideturtle()

def get_click_coord(x, y):
    print("单击坐标点:({}, {})".format(x, y))
    print("海龟当前角度:{}".format(t.heading()))

canvas = t.Screen()
canvas.onscreenclick(get_click_coord)
canvas.mainloop()
t.hideturtle()               ♯ 隐藏海龟
t.done()
```

★21. 春联是中国人过春节时常见的喜庆元素,它以对仗工整、简洁精巧的文字描绘美好景象,抒发美好愿望,是中国特有的文学形式,是华人们过春节的重要习俗。世界纪录协会收录的世界最早的春联是"三阳始布,四序初开。"这副春联记载在莫高窟藏经洞出土的敦煌遗书,撰联人为唐代的刘丘子,作于开元十一年(723年)。利用 IDLE 文件方式,输入以下代码,保存文件为 chunlian.py,并运行该程序,运行结果如图 1.29 所示。

图　1.29

```
import turtle as t
def draw_background(startX = 0, startY = 0, lenX = 100, lenY = 100):  ♯设置背景
    t.color('Red', 'Red')
    t.pu()                                              ♯ 抬笔,定位起点
    t.goto(startX, startY)
    t.pd()       ♯ 落笔,绘制春联矩形框,并填充颜色
    t.begin_fill()
    for i in range(2):
        t.fd(lenX)
        t.rt(90)
        t.fd(lenY)
        t.rt(90)
    t.end_fill()
    t.pu()                                              ♯ 结束后抬笔

def writeWord(target_word, startx, starty):
    t.color('Yellow')
```

```
    t.pu()                                                           # 抬笔定位
    t.goto(startx, starty)
    t.pd()
    # 基于所设置的字体,显示汉字
    t.write(target_word, move = False, align = 'left', font = ('华文行楷', 30, 'normal'))

def writeWords(target_words, startx, starty, lineNum = 1):
    # 显示多个汉字,lineNum 控制每行的汉字数,默认为 1
    right_shift = 0                                                  # 向右、向下的偏移量
    down_shift = 0
    for word in target_words:                                       # 遍历来显示汉字
        writeWord(word, startx + right_shift * 45, starty - down_shift * 45)
        right_shift += 1
        if right_shift % lineNum == 0:                              # 判断是否要换行
            down_shift += 1
            right_shift = 0

def main():                                                         # 定义主函数
    draw_background(-220, 300, 60, 680)
    writeWords(target_words = '一马当先,文明法治,共筑强国梦', startx = -213, starty = 255)
    draw_background(150, 300, 60, 680)
    writeWords(target_words = '三羊开泰,敬业诚信,同唱和谐歌', startx = 157, starty = 255)
    draw_background(-110, 350, 210, 50)
    writeWords(target_words = '祖国昌盛', startx = -95, starty = 295, lineNum = 4)
    t.pu()
    t.goto(0, 0)
    t.hideturtle()
    t.done()
main()
```

22. 绘制 Mandelbrot 集,运行结果如图 1.30 所示。

```
import numpy as np
from PIL import Image
from numba import jit
MAXITERS = 200
RADIUS = 100


@jit
def color(z, i):
    v = np.log2(i + 1 - np.log2(np.log2(abs(z)))) / 5
    if v < 1.0:
        return v ** 4, v ** 2.5, v
    else:
        v = max(0, 2 - v)
    return v, v ** 1.5, v ** 3


@jit
def iterate(c):
    z = 0j
    for i in range(MAXITERS):
        if z.real * z.real + z.imag * z.imag > RADIUS:
            return color(z, i)
        z = z * z + c
    return 0, 0 ,0
```

```
def main(xmin, xmax, ymin, ymax, width, height):
    x = np.linspace(xmin, xmax, width)
    y = np.linspace(ymax, ymin, height)
    z = x[None, :] + y[:, None] * 1j
    red, green, blue = np.asarray(np.frompyfunc(iterate, 1, 3)(z)).astype(np.float16)
    img = np.dstack((red, green, blue))
    Image.fromarray(np.uint8(img * 255)).save('mandelbrot.png')

if __name__ == '__main__':
    main(-2.1, 0.8, -1.16, 1.16, 1200, 960)
```

23. 绘制正二十面体万花筒,运行结果如图 1.31 所示。

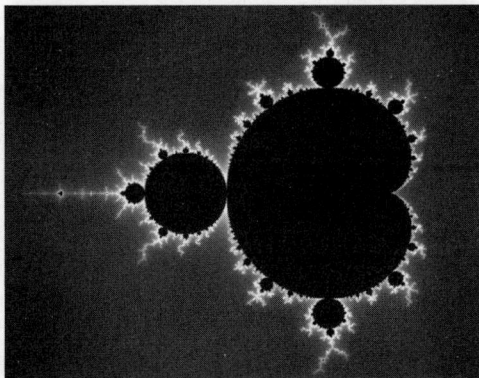

图　1.30

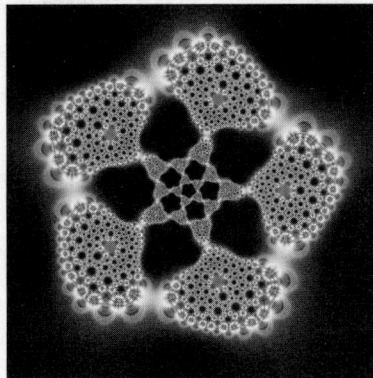

图　1.31

```
import numpy as np
from PIL import Image
from matplotlib.colors import hsv_to_rgb

def Klein(z):
    return 1728 * (z * (z**10 + 11 * z**5 - 1))**5 / (-(z**20 + 1) + 228 * (z**15 - z**5) - 494 * z**10)**3

def RiemannSphere(z):
    t = 1 + z.real * z.real + z.imag * z.imag
    return 2 * z.real/t, 2 * z.imag/t, 2/t - 1

def Mobius(z):
    return (z - 20)/(3 * z + 1j)

def main(imgsize):
    x = np.linspace(-6, 6, imgsize)
    y = np.linspace(6, -6, imgsize)
    z = x[None, :] + y[:, None] * 1j
    z = RiemannSphere(Klein(Mobius(Klein(z))))

    # 定义 HSV 空间中的颜色
    H = np.sin(z[0] * np.pi) ** 2
    S = np.cos(z[1] * np.pi) ** 2
    V = abs(np.sin(z[2] * np.pi) * np.cos(z[2] * np.pi)) ** 0.2
```

```
    HSV = np.dstack((H, S, V))

    # 转换到 RGB 空间
    img = hsv_to_rgb(HSV)
    Image.fromarray(np.uint8(img * 255)).save('kaleidoscope.png')

if __name__ == '__main__':
    import time
    start = time.time()
    main(imgsize = 800)
    end = time.time()
    print('runtime: {:3f} seconds'.format(end - start))
```

24. 绘制 Newton 迭代分形,运行结果如图 1.32 所示。

```
import numpy as np
import matplotlib.pyplot as plt
from numba import jit

@jit('complex64(complex64)', nopython = True)
def f(z):
    return z * z * z - 1

@jit('complex64(complex64)', nopython = True)
def df(z):
    return 3 * z * z

@jit('float64(complex64)', nopython = True)
def iterate(z):
    num = 0
    while abs(f(z)) > 1e - 4:
        w = z - f(z)/df(z)
        num += np.exp(-1/abs(w - z))
        z = w
    return num
```

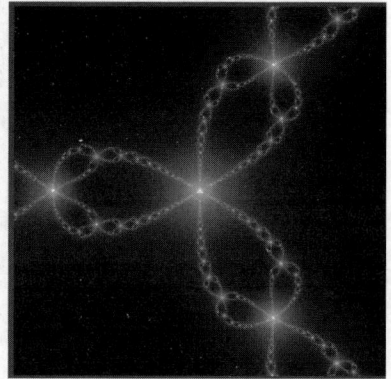

图　1.32

```
def render(imgsize):
    x = np.linspace(-1, 1, imgsize)
    y = np.linspace(1, -1, imgsize)
    z = x[None, :] + y[:, None] * 1j
    img = np.frompyfunc(iterate, 1, 1)(z).astype(np.float16)
    fig = plt.figure(figsize = (imgsize/100.0, imgsize/100.0), dpi = 100)
    ax = fig.add_axes([0, 0, 1, 1], aspect = 1)
    ax.axis('off')
    ax.imshow(img, cmap = 'hot')
    fig.savefig('newton.png')

if __name__ == '__main__':
    import time
    start = time.time()
    render(imgsize = 400)
    end = time.time()
    print('runtime: {:03f} seconds'.format(end - start))
```

25. 绘制李代数 E8 的根系,运行结果如图 1.33 所示。

```
from itertools import combinations, product
import numpy as np
try:
    import cairocffi as cairo
except ImportError:
    import cairo

COLORS = [
    (0.894, 0.102, 0.11),
    (0.216, 0.494, 0.72),
    (0.302, 0.686, 0.29),
    (0.596, 0.306, 0.639),
    (1.0, 0.5, 0),
    (1.0, 1.0, 0.2),
    (0.65, 0.337, 0.157),
    (0.97, 0.506, 0.75),
]
```

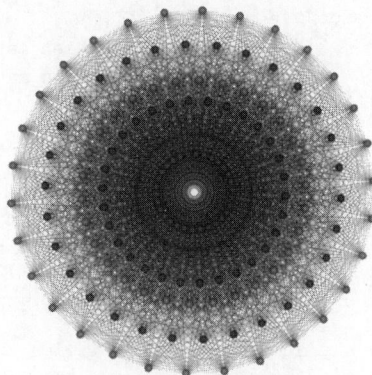

图   1.33

```
roots = []
for i, j in combinations(range(8), 2):
    for x, y in product([-2, 2], repeat=2):
        v = np.zeros(8)
        v[i] = x
        v[j] = y
        roots.append(v)
for v in product([-1, 1], repeat=8):
    if sum(v) % 4 == 0:
        roots.append(v)
roots = np.array(roots).astype(int)

edges = []
for i, r in enumerate(roots):
    for j, s in enumerate(roots[i + 1:], i + 1):
        if np.sum((r - s) ** 2) == 8:
            edges.append([i, j])

delta = np.array(
    [
        [1, -1, 0, 0, 0, 0, 0, 0],[0, 1, -1, 0, 0, 0, 0, 0],[0, 0, 1, -1, 0, 0, 0, 0],
        [0, 0, 0, 1, -1, 0, 0, 0],[0, 0, 0, 0, 1, -1, 0, 0],[0, 0, 0, 0, 0, 1, 1, 0],
        [-0.5, -0.5, -0.5, -0.5, -0.5, -0.5, -0.5, -0.5],[0, 0, 0, 0, 0, 1, -1, 0],
    ]
)

cartan = np.dot(delta, delta.transpose())

def get_reflection_matrix(ind):
    M = np.eye(8)
    M[ind, ind] = -1
    for k in range(8):
        if k != ind and cartan[k, ind] != 0:
            M[ind, k] = -cartan[k, ind]
    return M

X = np.eye(8)
```

```python
    Y = np.eye(8)

    for k in [0, 2, 4, 6]:
        X = X @ get_reflection_matrix(k)
        Y = Y @ get_reflection_matrix(k + 1)

    gamma = X @ Y
    gamma_inv = Y @ X
    I = np.eye(8)
    assert ((2 * I + gamma + gamma_inv) == (2 * I - cartan) @ (2 * I - cartan)).all()
    eigenvals, eigenvecs = np.linalg.eigh(cartan)
    u = eigenvecs[:, 0]
    v = eigenvecs[:, -1]
    u = np.dot(u, delta)
    v = np.dot(v, delta)
    u /= np.linalg.norm(u)
    v /= np.linalg.norm(v)
    roots_2d = [(np.dot(u, x), np.dot(v, x)) for x in roots]

    vertex_colors = np.zeros((len(roots), 3))
    modulus = np.linalg.norm(roots_2d, axis = 1)
    ind_array = modulus.argsort()
    for i in range(8):
        for j in ind_array[30 * i : 30 * (i + 1)]:
            vertex_colors[j] = COLORS[i]

    image_size = 600
    extent = 2.4
    linewidth = 0.0018
    markersize = 0.05

    surface = cairo.SVGSurface("e8.svg", image_size, image_size)
    ctx = cairo.Context(surface)
    ctx.scale(image_size / (extent * 2.0), - image_size / (extent * 2.0))
    ctx.translate(extent, - extent)
    ctx.set_source_rgb(1, 1, 1)
    ctx.paint()

    for i, j in edges:
        x1, y1 = roots_2d[i]
        x2, y2 = roots_2d[j]
        ctx.set_source_rgb(0.2, 0.2, 0.2)
        ctx.set_line_width(linewidth)
        ctx.move_to(x1, y1)
        ctx.line_to(x2, y2)
        ctx.stroke()

    for i in range(len(roots)):
        x, y = roots_2d[i]
        color = vertex_colors[i]
        grad = cairo.RadialGradient(x, y, 0.0001, x, y, markersize)
        grad.add_color_stop_rgb(0, * color)
        grad.add_color_stop_rgb(1, * color / 2)
        ctx.set_source(grad)
        ctx.arc(x, y, markersize, 0, 2 * np.pi)
        ctx.fill()
    surface.finish()
```

26. 绘制洛伦兹吸引子，运行结果如图 1.34 所示。

```
import numpy as np
from scipy.integrate import solve_ivp
from mpl_toolkits.mplot3d import Axes3D
import matplotlib.pyplot as plt

#初始化条件
X0 = np.array([1, 1, 1])

#定义洛伦兹函数
def lorenz_solveivp(sigma = 10, r = 28, b = 8/3):
    def rhs(t, X):
        return np.array([sigma * (X[1] - X[0]), - X[0] * X[2] + r * X[0] - X[1], X[0] * X[1]
- b * X[2]])
    return rhs

#定义时间并应用 solve_ivp
t = np.linspace(0, 50, 5001) #从 0 到 50 的等间距点，步长为 0.01
rhs_function = lorenz_solveivp()
sol1 = solve_ivp(rhs_function, (0, 50), X0, t_eval = t)

#找出增长率
def growth_rate(X0, dX, n, dt, ng):
    Xp0 = X0 + dX
    times = np.linspace(0, n * dt, n + 1)
    Xn_save = np.zeros((X0.size, n * (ng - 1) + 1))
    Xpn_save = np.zeros((Xp0.size, n * (ng - 1) + 1))
    t = np.zeros((n * (ng - 1) + 1))
    i = 0
    g = np.zeros(ng)
    while i < ng - 1:
        Xn = solve_ivp(lorenz_solveivp(), [0, n * dt], X0, t_eval = times)
        Xpn = solve_ivp(lorenz_solveivp(), [0, n * dt], Xp0, t_eval = times)
        Xn_save[:, n * i: n + 1 + n * i] = Xn.y
        Xpn_save[:, n * i: n + 1 + n * i] = Xpn.y
        t[n * i: n + 1 + n * i] = Xn.t + i * n * dt
        dXb = Xpn.y[:,n] - Xn.y[:,n]
        g[i + 1] = np.log(np.linalg.norm(dXb)/np.linalg.norm(dX))/(n * dt)
        P_new = dXb * (np.linalg.norm(dX)/np.linalg.norm(dXb))
        Xp0 = Xn.y[:,n] + P_new
        X0 = Xn.y[:,n]
        i += 1
    return g, Xn_save, t

X0 = np.array([1, 1, 1])
dX = np.array([1, 1, 1])/(np.sqrt(3))
dt = 0.01
n = 8
ng = 1000
GR, Xn_save, t = growth_rate(X0, dX, n, dt, ng)

x1, y1, z1 = sol1.y
fig = plt.figure(figsize = (8, 8),facecolor = 'white') #指定绘图尺寸
ax = fig.add_subplot(111, projection = '3d')
ax.plot(x1, y1, z1)
```

```
#添加增长率标记
for k in range(100):
    #设置颜色
    if (GR[k] <= 0):
        c = 'y'
    elif (0 < GR[k] <= 3.2):
        c = 'g'
    elif (3.2 < GR[k] <= 6.4):
        c = 'b'
    else:
        c = 'r'
    ax.scatter(x1[50 * k], y1[50 * k], z1[50 * k], color = c)
plt.axis('off')
fig.show()
```

27. 绘制蓝色玫瑰，运行结果如图 1.35 所示。

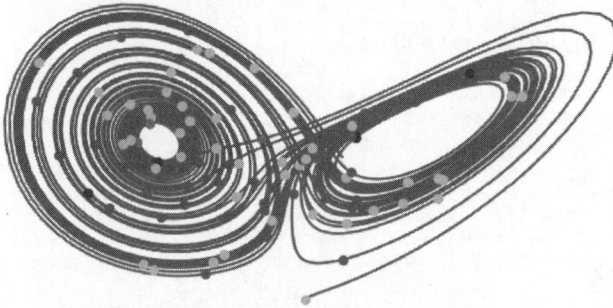

图　1.34

图　1.35

```
import matplotlib.pyplot as plt
import numpy as np
from matplotlib.colors import LinearSegmentedColormap as lsc
from scipy.spatial.transform import Rotation as R

# 生成花朵数据
t1 = np.array(range(25))/24
t2 = np.arange(0,575.5,0.5)/575 * 20 * np.pi + 4 * np.pi
[xr,tr] = np.meshgrid(t1,t2)
pr = (np.pi/2) * np.exp(- tr/(8 * np.pi))
ur = 1 - (1 - np.mod(3.6 * tr, 2 * np.pi)/np.pi) ** 4/2 + np.sin(15 * tr)/150 + np.sin(15 * tr)/150
yr = 2 * (xr ** 2 - xr) ** 2 * np.sin(pr)
rr = ur * (xr * np.sin(pr) + yr * np.cos(pr))
hr = ur * (xr * np.cos(pr) - yr * np.sin(pr))

tb = np.resize(np.linspace(0,2,151),(1,151))
rb = np.resize(np.linspace(0,1,101),(101,1))@((abs((1 - np.mod(tb * 5,2))))/2 + .3)/2.5
xb = rb * np.cos(tb * np.pi)
yb = rb * np.sin(tb * np.pi)
hb = np.power(- np.cos(rb * 1.2 * np.pi) + 1,.2)

cL = np.array([[.33,.33,.69],[.68,.42,.63],[.78,.42,.57],[.96,.73,.44]])
```

```
cL = np.array([[.02,.04,.39],[.02,.06,.69],[.01,.26,.99],[.17,.69,1]])
cMpr = lsc.from_list('slandarer',cL)
cMpb = lsc.from_list('slandarer',cL * .4 + .6)

# 绕轴旋转数据点
def rT(X,Y,Z,T):
    SZ = X.shape
    XYZ = np.hstack((X.reshape(-1,1),Y.reshape(-1,1),Z.reshape(-1,1)))
    RMat = R.from_euler('xyz',T,degrees = True);XYZ = RMat.apply(XYZ)
    return XYZ[:,0].reshape(SZ),XYZ[:,1].reshape(SZ),XYZ[:,2].reshape(SZ)

# 通过贝塞尔函数插值生成花秆数据并绘制
def dS(X,Y,Z):
    MN = np.where(Z == np.min(Z));M = MN[0][0];N = MN[1][0]
    x1 = X[M,N];y1 = Y[M,N];z1 = Z[M,N] + .03
    x = np.array([x1,0,(x1 * np.cos(np.pi/3) - y1 * np.sin(np.pi/3))/3]).reshape((3,1))
    y = np.array([y1,0,(y1 * np.cos(np.pi/3) + x1 * np.sin(np.pi/3))/3]).reshape((3,1))
    z = np.array([z1,-.7,-1.5]).reshape((3,1))
    P = np.hstack((x,y,z)).T
    t = (np.array(range(50)) + 1)/50
    c1 = np.array([1,2,1]).reshape(3,1)
    c2 = np.power(t,np.array(range(3)).reshape(3,1))
    c3 = np.power(1 - t,np.array(range(2,-1,-1)).reshape(3,1))
    P = (P@(c1 * c2 * c3))
    ax.plot(P[0],P[1],P[2],color = '#58827E')

# 创建 figure 窗口及 axis 坐标区域
fig = plt.figure()
ax = fig.add_subplot(111,projection = '3d')
# 绘制花束
ax.plot_surface(rr * np.cos(tr),rr * np.sin(tr),hr + .35,rstride = 1,cstride = 1,facecolors =
cMpr(hr),antialiased = True,shade = False)
U,V,W = rT(rr * np.cos(tr),rr * np.sin(tr),hr + .35,[180/8,0,0]);V = V - .4
for i in range(5):
    U,V,W = rT(U,V,W,[0,0,72])
    ax.plot_surface(U,V,W - .1,rstride = 1,cstride = 1,facecolors = cMpr(hr),antialiased =
True,shade = False)
    dS(U,V,W - .1)

u1,v1,w1 = rT(xb,yb,hb/2.5 + .32,[180/9,0,0])
v1 = v1 - 1.35
u2,v2,w2 = rT(u1,v1,w1,[0,0,36])
u3,v3,w3 = rT(u1,v1,w1,[0,0,24])
u4,v4,w4 = rT(u3,v3,w3,[0,0,24])
for i in range(5):
    u1,v1,w1 = rT(u1,v1,w1,[0,0,72])
    u2,v2,w2 = rT(u2,v2,w2,[0,0,72])
    u3,v3,w3 = rT(u3,v3,w3,[0,0,72])
    u4,v4,w4 = rT(u4,v4,w4,[0,0,72])
    ax.plot_surface(u1,v1,w1,rstride = 1,cstride = 1,facecolors = cMpb(hb),antialiased =
True,shade = False)
```

```
    ax.plot_surface(u2,v2,w2,rstride = 1,cstride = 1,facecolors = cMpb(hb),antialiased =
True,shade = False)
    ax.plot_surface(u3,v3,w3,rstride = 1,cstride = 1,facecolors = cMpb(hb),antialiased =
True,shade = False)
    ax.plot_surface(u4,v4,w4,rstride = 1,cstride = 1,facecolors = cMpb(hb),antialiased =
True,shade = False)
    dS(u1,v1,w1)
    dS(u2,v2,w2)
    dS(u3,v3,w3)
    dS(u4,v4,w4)

ax.set_position((-.215, -.3,1.43,1.43))
ax.set_box_aspect((1,1,.8))
ax.view_init(elev = 50,azim = 2)
ax.axis('off')
plt.show()
```

★28. 重庆理工大学的前身是国民政府兵工署第十一技工学校(对外称"士继公学"),曾是享誉国内的"兵工七子"之一,也是西南地区唯一一所具有兵工背景的普通本科高校。中央电视台综合频道和新闻频道播出的"庆祝中国人民解放军建军 90 周年阅兵式"上出现一款"山猫"轻型全地形车,它的总设计师是重庆理工大学车辆工程专业 1995 级校友陈劲;中央电视台财经频道播出的大型纪录片《威武之师背后的财经密码》第二集中,有一款防雷车被称为"中国铁甲",即使在被 30 千克炸药掀翻之后,车内的 6 名士兵仍然安然无恙,这款防雷车的总设计师是重庆理工大学车辆工程专业 2004 级校友。请绘制一辆汽车。

29. 绘制谢宾斯基三角形,如图 1.36 所示。

```
from turtle import *
def dt(points,color,T):
    T.fillcolor(color)
    T.up()
    T.goto(points[0])
    T.down()
    T.begin_fill()
    T.goto(points[1])
    T.goto(points[2])
    T.goto(points[0])
    T.end_fill()
```

图   1.36

```
def getMid(p1,p2):
    return ((p1[0] + p2[0])/2,(p1[1] + p2[1])/2)


def sierpinski(points,degree,T):
    colormap = ['blue','red','green','white','yellow','violet','orange','gold']
    dt(points,colormap[degree],T)
    if degree > 0:
        sierpinski([points[0], getMid(points[0],points[1]),\
        getMid(points[0],points[2])],degree - 1,T)
        sierpinski([points[1], getMid(points[0],points[1]),\
        getMid(points[1],points[2])],degree - 1,T)
```

```
        sierpinski([points[2], getMid(points[2],points[1]),\
        getMid(points[0],points[2])],degree-1,T)

T = Turtle()
myWin = T.getscreen()
myPoints = [(-500,-375),(0,375),(500,-375)]
sierpinski(myPoints,7,T)
myWin.exitonclick()
```

30. 绘制科赫曲线，如图 1.37 所示。

```
from turtle import *

def f(size,n):
    if n == 0:
        fd(size)
    else:
        for i in [0,60,-120,60]:
            left(i)
            f(size/3,n-1)

def main():
    setup(1000,1000)
    speed(0)
    penup()
    goto(-300,150)
    pensize(2)
    pendown()
    pencolor("red")
    f(400,5)
    right(120)
    pencolor("green")
    f(400,5)
    right(120)
    pencolor("blue")
    f(400,5)
    hideturtle()
    done()
main()
```

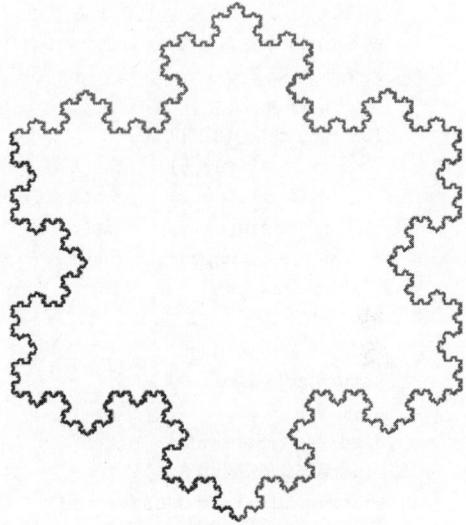

图 1.37

31. 绘制 Peter De Jong Attractor，如图 1.38 所示。

```
from math import sin,cos
from matplotlib import pyplot as plt

def Attractor():
    e,f = 0.7,-1.1
    # 改变常数 a, b, c 和 d 的值，能够产生不同的
    # 图案，示例如下
    # a,b,c,d = 1.641,1.902,0.316,1.525
```

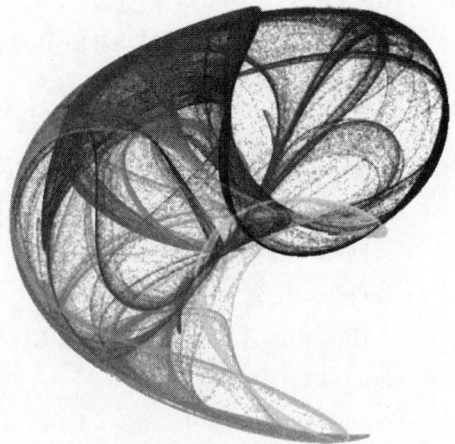

图 1.38

```
# a,b,c,d = 0.970, - 1.899,1.381, - 1.506
# a,b,c,d = 1.4, - 2.3,2.4, - 2.1
# a,b,c,d = - 0.827, - 1.637,1.659, - 0.943
# a,b,c,d = - 2.24,0.43, - 0.65, - 2.43
# a,b,c,d = - 0.709,1.638,0.452,1.740
# a,b,c,d = 2.01, - 2.53,1.61, - 0.33
# a,b,c,d = - 2.7, - 0.09, - 0.86, - 2.2
# a,b,c,d = 1.40,1.56,1.40, - 6.56
# a,b,c,d = 1.7,1.7,0.6,1.2
# a,b,c,d = 1.5, - 1.8,1.6,0.9
a,b,c,d = - 2, - 2, - 1.2,2
x,y,z = 0,0,0
xd,yd,zd = [],[],[]
for i in range(1000000):
    xn = sin(a * y) - cos(b * x)
    yn = sin(c * x) - cos(d * y)
    zn = sin(e * x) - cos(f * z)
    x,y,z = xn,yn,zn
    xd.append(x)
    yd.append(y)
    zd.append(z)
    return xd,yd,zd

xd,yd,zd = Attractor()
plt.figure(figsize = (6,6))
plt.scatter(xd,yd,s = 0.005,c = zd)
plt.axis('off')
plt.show()
```

32. 了解 turtle 绘图相关的函数。对于方法来说还有额外的第一个参数 self，这里省略。

1）turtle 方法

（1）海龟动作。

① 移动和绘制。

forward()｜fd()：前进；

backward()｜bk()｜back()：后退；

right()｜rt()：右转；

left()｜lt()：左转；

goto()｜setpos()｜setposition()：前往/定位；

teleport()；

setx()：设置 x 坐标；

sety()：设置 y 坐标；

setheading()｜seth()：设置朝向；

home()：返回原点；

circle()：画圆；

dot()：画点；

stamp()：添加印章；

clearstamp()：清除印章；

clearstamps()：清除多个印章；

undo()：撤销；

speed()：速度。

② 获取海龟的状态。

position() | pos()：位置；

towards()：目标方向；

xcor()：x 坐标；

ycor()：y 坐标；

heading()：朝向；

distance()：距离。

③ 设置与度量单位。

degrees()：角度；

radians()：弧度。

（2）画笔控制。

① 绘图状态。

pendown() | pd() | down()：画笔落下；

penup() | pu() | up()：画笔抬起；

pensize() | width()：画笔粗细；

pen()：画笔；

isdown()：画笔是否落下。

② 颜色控制。

color()：颜色；

pencolor()：画笔颜色；

fillcolor()：填充颜色。

③ 填充。

filling()：是否填充；

begin_fill()：开始填充；

end_fill()：结束填充。

④ 绘图控制。

reset()：重置；

clear()：清空；

write()：书写。

（3）海龟状态。

① 可见性。

showturtle() | st()：显示海龟；

hideturtle() | ht()：隐藏海龟；

isvisible()：是否可见。

② 外观。

shape()：形状；

resizemode()：大小调整模式；

shapesize()｜turtlesize()：形状大小；

shearfactor()：剪切因子；

settiltangle()：设置倾角；

tiltangle()：倾角；

tilt()：倾斜；

shapetransform()：变形；

get_shapepoly()：获取形状多边形。

③ 使用鼠标事件。

onclick()：当鼠标被单击；

onrelease()：当鼠标被释放；

ondrag()：当鼠标被拖动。

④ 特殊海龟方法。

begin_poly()：开始记录多边形；

end_poly()：结束记录多边形；

get_poly()：获取多边形；

clone()：克隆；

getturtle()｜getpen()：获取海龟画笔；

getscreen()：获取屏幕；

setundobuffer()：设置撤销缓冲区；

undobufferentries()：撤销缓冲区条目数。

2) TurtleScreen/Screen 方法

(1) 窗口控制。

bgcolor()：背景颜色；

bgpic()：背景图片；

clearscreen()：清空幕布；

resetscreen()：重置幕布；

screensize()：屏幕大小；

setworldcoordinates()：设置世界坐标系。

(2) 动画控制。

delay()：延迟；

tracer()：追踪；

update()：更新。

(3) 使用屏幕事件。

listen()：监听；

onkey()｜onkeyrelease()：当键盘被按下并释放；

onkeypress()：当键盘被按下；

onclick()｜onscreenclick()：当单击屏幕；

ontimer()：当达到定时；

mainloop()｜done()：主循环。

（4）设置与特殊方法。

mode()；

colormode()：颜色模式；

getcanvas()：获取画布；

getshapes()：获取形状；

register_shape()｜addshape()：添加形状；

turtles()：所有海龟；

window_height()：窗口高度；

window_width()：窗口宽度。

（5）输入方法。

textinput()：文本输入；

numinput()：数字输入；

screen：专有方法；

bye()：退出；

exitonclick()：当单击时退出；

setup()：设置；

title()：标题。

33. random 应用练习。random 是 Python 标准库的一部分，不需要额外安装，可以直接导入并使用。

（1）导入 random：import random。

（2）生成 1 到 11 之间的随机整数（包括 1 和 11）：random. randint(1,11)。

（3）生成 1 到 11 之间、步长为 2 的随机整数（包括 1,不包括 11）：random. randrange (1,11,2)。

（4）生成 1.0 到 11.0 之间的随机浮点数（包括 1.0 和 11.0）：random. uniform(1.0, 11.0)。

（5）生成 0 到 1 之间的随机浮点数（包括 0.0 但不包括 1.0）：random. random()。

（6）生成长度为 10 的随机字母字符串：''. join(random. choices(string. ascii_letters, k=10))。

（7）生成长度为 10 的随机字母和数字字符串：''. join(random. choices(string. ascii_letters+string. digits,k=10))。

（8）从列表中随机选择元素（抽奖）。

```
sample_list = [1, 2, 3, 4, 5]
random.choice(sample_list)          # 从列表中随机选择一个元素
random.sample(sample_list, 3)       # 从列表中随机选择 3 个不重复的元素
random.shuffle(sample_list)         # 随机打乱列表
```

（9）生成一个符合正态分布的随机数,均值为 0,标准差为 1：random. normalvariate (0,1)。

（10）生成一个符合指数分布的随机数，λ 是分布率参数（平均到达率是 λ 的倒数）。

```python
from random import expovariate
expovariate(1.0))                    # λ = 1.0
```

（11）设置随机种子（设置随机种子可以确保每次运行代码时生成的随机数序列是相同的）。

```python
random.seed(1)
```

（12）使用 random 库实现简单的随机密码生成。

```python
import random
import string
def generate_password(length = 10):
    # 选择大写字母、小写字母、数字和特殊字符的集合
    characters = string.ascii _lowercase + string.ascii _uppercase + string.digits + string.punctuation
    # 使用 random.choices 函数(注意不是 choice,允许重复)
    # 并指定 k = length 以生成指定长度的密码
    return ''.join(random.choices(characters, k = length))

print(generate_password(15))          # 生成一个 15 位的随机密码
```

（13）通过组合使用 random 库中的各种函数，可以生成复杂的随机数据结构，例如包含随机整数、浮点数和字符串的字典列表。

```python
# 生成包含随机整数、浮点数和字符串的字典列表
def generate_random_data(num):
    data = []
    for _ in range(num):
        entry = {
            'id': random.randint(1, 100),
            'value': random.uniform(1.0, 100.0),
            'name': ''.join(random.choices(string.ascii_letters, k = 10))
        }
        data.append(entry)
    return data

random_data = generate_random_data(5)
print(random_data)
```

34. time 应用练习。time 是 Python 标准库的一部分，不需要额外安装，可以直接导入使用。

（1）time.localtime([secs])：将一个时间戳转换为当前时区的 struct_time。如果未提供 secs 参数，则以当前时间为准。

```python
>>> time.localtime()
time.struct_time(tm_year = 2011, tm_mon = 5, tm_mday = 5, tm_hour = 14, tm_min = 14, tm_sec = 50, tm_wday = 3, tm_yday = 125, tm_isdst = 0)
>>> time.localtime(1304575584.1361799)
time.struct_time(tm_year = 2011, tm_mon = 5, tm_mday = 5, tm_hour = 14, tm_min = 6, tm_sec = 24, tm_wday = 3, tm_yday = 125, tm_isdst = 0)
```

（2）time.gmtime([secs])：和 localtime()方法类似，gmtime()方法是将一个时间戳转

换为 UTC 时区(0 时区)的 struct_time。

```
>>> time.gmtime()
time.struct_time(tm_year = 2011, tm_mon = 5, tm_mday = 5, tm_hour = 6, tm_min = 19, tm_sec = 48,
tm_wday = 3, tm_yday = 125, tm_isdst = 0)
```

（3）time.time()：返回当前时间的时间戳。

```
>>> time.time()
1304575584.1361799
```

（4）time.mktime(t)：将一个 struct_time 转换为时间戳。

```
>>> time.mktime(time.localtime())
1304576839.0
```

（5）time.sleep(secs)：线程推迟指定的时间运行。单位为秒。

（6）time.clock()：需要注意,这个方法在不同的系统上含义不同。在 UNIX 系统上,它返回的是"进程时间",是用秒表示的浮点数(时间戳)。而在 Windows 中,第一次调用时,返回的是进程运行的实际时间,而第二次及之后调用时返回自第一次调用开始到现在的运行时间(实际上是以 Win32 上 QueryPerformanceCounter() 为基础,比用毫秒表示更为精确)。

```
import time
if __name__ == '__main__':
    time.sleep(1)
    print "clock1: % s" % time.clock()
    time.sleep(1)
    print "clock2: % s" % time.clock()
    time.sleep(1)
    print "clock3: % s" % time.clock()
```

运行结果如下：

```
clock1:3.35238137808e - 006
clock2:1.00004944763
clock3:2.00012040636
```

其中第一个 clock() 输出的是程序运行时间,第二、三个 clock() 输出的都是与第一个 clock() 之间的时间间隔。

（7）time.asctime([t])：把一个表示时间的元组或者 struct_time 表示为这种形式：'Sun Jun 20 23:21:05 1993'。如果没有参数,将会将 time.localtime() 作为参数传入。

```
>>> time.asctime()
'Thu May 5 14:55:43 2011'
```

（8）time.ctime([secs])：把一个时间戳(按秒计算的浮点数)转换为 time.asctime() 的形式。如果参数未被提供或者为 None,会默认将 time.time() 作为参数。它的作用相当于 time.asctime(time.localtime(secs))。

```
>>> time.ctime()
'Thu May 5 14:58:09 2011'
>>> time.ctime(time.time())
'Thu May 5 14:58:39 2011'
>>> time.ctime(1304579615)
```

'Thu May 5 15:13:35 2011'

（9）time.strftime(format[,t])：把一个代表时间的元组或者 struct_time（如由 time.localtime()和 time.gmtime()返回）转换为格式化的时间字符串。如果 t 未指定,将传入 time.localtime()。如果元组中任何一个元素越界,ValueError 错误将会被抛出。常用格式化字符及其含义如表 1.1 所示。

表 1.1 常用格式化字符及其含义

格　　式	含　　义
%a	本地(locale)简化星期名称
%A	本地完整星期名称
%b	本地简化月份名称
%B	本地完整月份名称
%c	本地相应的日期和时间表示
%d	一个月中的第几天(01～31)
%H	一天中的第几个小时(24 小时制,00～23)
%I	一天中的第几个小时(12 小时制,01～12)
%j	一年中的第几天(001～366)
%m	月份(01～12)
%M	分钟数(00～59)
%p	本地 am 或者 pm 的相应符号
%S	秒(01～61)
%U	一年中的星期数(00～53)。星期天是一个星期的开始,第一个星期天之前的所有天数都放在第 0 周
%w	一个星期中的第几天(0～6,0 表示星期天)
%W	和%U 基本相同,不同的是%W 以星期一为一个星期的开始
%x	本地相应日期
%X	本地相应时间
%y	去掉世纪的年份(00～99)
%Y	完整的年份
%Z	时区的名字(如果不存在为空字符)
%%	'%'字符

备注:

① %p 只有与%I 配合使用才有效果。

② 文档中强调%S 的对应值确实是 0～61,而不是 59,闰年秒占两秒。

③ 当使用 strptime()函数时,只有当该年中的周数和天数确定的时候%U 和%W 才会被计算。

示例如下:

```
>>> time.strftime("%Y-%m-%d %X", time.localtime())
'2011-05-05 16:37:06'
```

（10）time.strptime(string[,format])：把一个格式化时间字符串转换为 struct_time。实际上它和 strftime()是逆操作。

```
>>> time.strptime('2011-05-05 16:37:06', '%Y-%m-%d %X')
time.struct_time(tm_year=2011, tm_mon=5, tm_mday=5, tm_hour=16, tm_min=37, tm_sec=6,
tm_wday=3, tm_yday=125, tm_isdst=-1)
```

在这个函数中,format 的值默认为"%a %b %d %H:%M:%S %Y"。

实验二 数据类型、运算符及表达式实验

一、实验目的

1. 掌握 Python 语言中数据的表示方式。
2. 掌握 Python 语言中基本运算符的功能及用法。
3. 掌握 Python 语言中数据类型相关函数的功能及用法。
4. 掌握 Python 语言中基本的输入输出方法。

二、实验内容

1. 通过以下步骤计算某商店一个月的利润。
(1) 创建变量 revenue,并赋值为 13500;
(2) 创建变量 cost,并赋值为 5200;
(3) 创建变量 profit,并赋值为 revenue 和 cost 的差值;
(4) 输出 profit 的值。

2. 通过以下步骤计算某储蓄账户 3 年后的本息总和,假定本金为 200,每年的复利为 3%。
(1) 创建变量 money,并赋值为 200;
(2) money 增长 5%,并赋值给 money;
(3) money 增长 5%,并赋值给 money;
(4) money 增长 5%,并赋值给 money;
(5) 输出 money 的值。

3. 从键盘上任意输入两个整数,计算这两个整数的和并输出结果。

4. 编写程序输出一个三位数的反序数。例如输入 789,输出它的反序数 987。

5. 计算－10 的绝对值并输出结果。

6. 计算 25 的平方根并输出结果。

7. 计算给定半径的圆的面积并输出结果(使用 math 库的 pi 常量)。

8. 计算 A、B 两点之间的距离,A、B 两点的坐标分别为(1,2)和(5,6)。

★9. 盈不足术,又名双假位法。最早见于《九章算术》,直到 13 世纪,才在欧洲出现了同样的方法,比中国晚了 1200 多年。它是中国古代独立创造的解决数学问题的一种杰出算法,大约在 9 世纪被传到了阿拉伯地区,13 世纪意大利数学家把它介绍到欧洲并广为传播。在阿拉伯和欧洲的早期数学著作中,盈不足术被称作"中国算法""试位法""双设法"等;中国的盈不足术传到阿拉伯国家后,被称为"契丹算法",就是中国算法的意思。它对世界数学的发展做出了贡献。《九章算术》中有一道阐述"盈不足术"的问题,原文为"今有人共买物,人出八,盈三;人出七,不足四.问人数几何?"编程计算解决该问题。

三、课外在线作业

1. 分草莓。

小明邀请了四个同学一起游玩,带了一盒草莓平均分给大家一起吃,任意输入草莓的数量 n,输出每个人可以分到几颗草莓,最后剩下几颗。

注意:严格按照格式输入和输出,不能有任何多余的输入或输出内容,后文的在线作业题目有同样要求。

【输入样例】

28

【输出样例】

5

3

2. 四位数密码。

情报员使用四位数来传递信息,同时为了防止信息泄露,需要对数字进行加密。数据加密的规则是:

(1) 对每个数字都进行如下处理:用该数字加上 5 之后除以 10 的余数,替换原数字;

(2) 将处理后第一位数字与第三位数字进行交换,第二位数字与第四位数字进行交换;

(3) 现在任意输入一个四位数 n(1000≤n≤9999),输出加密之后的数字。

【输入描述】

一个四位数。

【输出描述】

加密后的四位数。

【输入样例】

1234

【输出样例】

8967

3. 借书问题。

小明家里有很多趣味书籍,有 3 个好朋友每人来借一本书(同一本书一次不能借给两个人)任意输入书籍的数量 n(3≤n≤100),输出在所有的书籍中找 3 本书分别给 3 个人有多少种不同的排列组合方法。

【输入描述】

任意输入书籍的数量 n(3≤n≤100)。

【输出描述】

输出在所有的书籍中找 3 本书分别给 3 个人有多少种不同的排列组合方法。

【输入样例】

3

【输出样例】

6

4. 温度表达转换。

利用公式 C＝5×(F−32)÷9(其中 C 表示摄氏温度,F 表示华氏温度)进行计算转换,输入华氏温度 F,输出摄氏温度 C,要求精确到小数点后 5 位。

【输入描述】

输入一行,包含一个实数 F,表示华氏温度(F≥−459.67)。

【输出描述】

输出一行,包含一个实数,表示对应的摄氏温度,要求精确到小数点后 5 位。

【输入样例】

41

【输出样例】

5.00000

5. 计算浮点数相除的余数。

计算两个双精度浮点数 a 和 b 相除的余数。这里余数(r)的定义是:a＝k×b+r,其中 k 是整数,0≤r<b。

【输入描述】

输入仅一行,包括两个双精度浮点数 a 和 b。

【输出描述】

输出也仅一行,表示 a÷b 的余数。

【输入样例】

73.263　0.9973

【输出样例】

0.4601

6. 哼哈二将。

哼哈二将,形象威武凶猛,一名能鼻哼白气制敌,另一名能口哈黄气擒将,这样一次"哼哈"就可以消灭一个敌人。假设来了 n 个敌人,请输出一串"哼哈"来消灭全部敌人。

例如,当 n＝3 时,输出"哼哈哼哈哼哈"。

【输入描述】

输入一行,包含一个正整数。

【输出描述】

输出一个字符串。

【输入样例】

3

【输出样例】

"哼哈哼哈哼哈"

7. 牛吃牧草。

有一片牧场,牧场上的牧草每天都在匀速生长,这片牧场可供 15 头牛吃 20 天,或可供 20 头牛吃 10 天。那么,这片牧场每天新生的草量可供几头牛吃 11 天?

【输入描述】

无

【输出描述】

输出一个自然数,表示每天新生的草量可供几头牛吃 11 天。

【输入样例】

无

【输出样例】

10

8. 地球人口承载力估计。

假设地球上的新生资源按恒定速度增长。照此测算,地球上现有资源加上新生资源可供 x 亿人生活 a 年,或供 y 亿人生活 b 年。为了能够实现可持续发展,避免资源枯竭,地球最多能够养活多少亿人?

【输入描述】

输入一行,包括四个正整数 x,a,y,b,相邻两个整数之间用单个空格隔开。x>y,a<b,ax<by,且各整数均不大于 10 000。

【输出描述】

输出一个实数 z,表示地球最多养活 z 亿人,四舍五入到小数点后两位。

【输入样例】

110 90 90 210

【输出样例】

75.00

9. 反向输出一个三位数。

将一个三位数反向输出,例如输入 358358,反向输出 853853。

【输入描述】

输入一个三位数 n。

【输出描述】

反向输出 n。

【输入样例】

100

【输出样例】

001

10. 龟兔赛跑。

兔子刚开始跑得非常快,但是兔子太骄傲了,在领先乌龟 100 米时自行休息睡着了,乌龟一步一步地追赶,乌龟的速度是 V(单位是米/秒,V<10),请计算乌龟多长时间就可以追上兔子呢?

【输入描述】

输入一个数字,表示乌龟的速度。

【输出描述】

输出一个数字,表示乌龟追上兔子所需要的时间。

【输入样例】

5

【输出样例】
20

实验三　格式化输入输出实验

一、实验目的

1. 了解常见的格式化输入输出函数的相关知识。
2. 掌握常见的格式化输入输出函数的用法。

二、实验内容

1. ljust()、center()和 rjust()格式化输出。

下面用 print 语句输出一个平方值与立方值的表。

```
>>> for x in range(1, 11):
...     print(repr(x).rjust(2), repr(x * x).rjust(3), end = ' ') # 注意 end 的使用
...     print(repr(x * x * x).rjust(4))
...
1    1    1
2    4    8
3    9    27
4   16    64
5   25   125
6   36   216
7   49   343
8   64   512
9   81   729
10  100  1000
```

这个实验演示了字符串对象的 rjust()方法的使用,它可以使字符串靠右,并在左边填充空格。

还有类似的方法,如 ljust()和 center()。这些方法并不会显示任何内容,它们仅仅返回新的格式化字符串。

2. 格式化占位符(%-formating)输出。

格式化符号其实是为真实的值预留出一个空位,而且还可以控制显示的格式。格式符包含一个类型码,用来表示不同的数据类型,如字符串、二进制、指数等。

常用的语法格式为

%[(name)][flags][width].[precision] typecode

其中各项的含义如下。

(name):参数的名称,可以省略;如果使用必须加上();

flags:对齐标志位,可以取值＋、－、" "、0,其中＋表示右对齐,－表示左对齐,""表示填充一个空格;0 表示左侧使用 0 填充;

width:显示的宽度;

precision：小数点后的精度。

常见的不同占位符如下。

%s：字符串（采用 str()的显示），常用；

%r：字符串（采用 repr()的显示）；

%c：单个字符，格式化字符及其 ASCII 码；

%b：二进制整数；

%u：格式化无符号整数，常用；

%d：格式化十进制整数，常用；

%i：十进制整数；

%o：八进制整数；

%x：十六进制整数；

%g：在保证 6 位有效数字的前提下使用浮点数%f 表示，否则用指数(e)表示；

%G：在保证 6 位有效数字的前提下使用浮点数%F 表示，否则用指数(E)表示；

%e：指数（基底写为 e），用科学记数法格式化浮点数；

%E：指数（基底写为 E），用法同%e；

%f：浮点数，格式化浮点数字，可以指定小数点后面的精度；

%F：浮点数，与%f 相同；

%%：字符"%"，用来显示百分号。

```
>>> print("% +9.3f" % 2.3)        # 带上符号＋输出,9 表示宽度,3 表示小数位
+ 2.300
>>> print("% -9.3f" % 2.3)        # -表示左对齐输出
2.300
>>> print("%9.3f" % 2.3)          # 表示右对齐输出,左边有四个空格
    2.300
name = "zhangming"                # 字符串类型
age = 25                          # 整数类型
height = 1.76                     # 浮点数类型,默认 6 位小数
>>> print("我是: % s,年龄: % d,身高: % f" % (name,age,height))
我是: zhangming,年龄: 25,身高: 1.760000
>>> print("% .5s" % name)         # 5 个字母,左对齐
zhang
>>> print("% .15s" % name)        # 如果位数不够,直接全部输出
zhangming
>>> print("% 10.5s" % name)       # 右对齐,取出 5 个字符显示,左补空格
    zhang
```

3. 格式化输出(format)。

从 Python 2.6 开始，新增了一种格式化字符串的函数 str.format，极大地增强了字符串格式化的功能，基本语法是通过{}和:来代替占位符%。它有如下特点：

- 可以接收多个不限制的参数；
- 位置可以不按照顺序。

语法格式如下：

{<参数序号>:<格式控制标记>}

注意：中间的冒号不能省略。

```
name = "zhangming"                    # 字符串类型
age = 25                              # 整数类型
height = 1.76                         # 浮点数类型
sex = "男"
```

（1）不设置位置参数。

```
>>> print("名字是：{},年龄是：{},身高是：{},性别：{}".format(name,age,height,sex))
名字是：zhangming,年龄是：25,身高是：1.76,性别：男
```

（2）设置位置参数，索引从 0 开始。

```
>>> print("名字是：{0},年龄是：{1},身高是：{2},性别：{3}".format(name,age,height,sex))
名字是：zhangming,年龄是：25,身高是：1.76,性别：男
>>> print("名字是：{0},身高是：{2},年龄是：{1},性别：{3}".format(name,age,height,sex))
名字是：zhangming,身高是：1.76,年龄是：25,性别：男
```

（3）元组形式，使用 * 进行解析，元组后面章节会介绍。

```
>>> information = ("LiNing",25)
>>> print("姓名是：{},年龄是：{}".format( * information))
姓名是：LiNing,年龄是：25
```

（4）字典形式，参数为字典时，通过 ** 进行解析配对，字典后面章节会介绍。

```
>>> print("名字是：{name},年龄是：{age},身高是：{height},性别：{sex}".format( ** {"name":
name,"age":age,"height":height,"sex":sex}))
名字是：zhangming,年龄是：25,身高是：1.76,性别：男
```

（5）直接变量赋值。

```
>>> print("名字是：{name},年龄是：{age},身高是：{height},性别：{sex}".format(name =
"Zhangming",age = "2 岁",height = "1.75m",sex = "男"))
名字是：Zhangming,年龄是：2 岁,身高是：1.75m,性别：男
```

（6）对齐，宽度为 20，实现居中(^)、靠左(<)、靠右(>)对齐。

```
>>> print("{:^20s}".format(name)) # 居中,靠右或靠左类似,只变更对齐符号
        zhangming
```

（7）不同的输出方式，浮点数需要带小数点，默认是左对齐。

```
>>> print("{}".format(height))              # 原数据
>>> print("{:.2f}".format(height))          # 两位小数
>>> print("{:>.10f}".format(height))        # 位数不足,右侧补 0
>>> print("{:.4 % }".format(height))        # 百分比形式输出
>>> print("{:.2e}".format(height))
```

结果如下：

```
1.760000
1.76
1.7600000000
176.0000 %
1.76e + 00
```

（8）指定填充的字符。

```
>>> print("{: * > 30}".format(sex))          # 用 * 填充,靠右对齐
 ***************************** 男
```

（9）千位分隔符，主要是用来分隔显示数字，在货币金额中使用较多。

```
>>> b = 1003005000600
>>> print("{:-^20}".format(b))                    # 不用逗号
>>> print("{:-^20,}".format(b))                   # 用逗号
```

结果如下：

```
---1003005000600----
-1,003,005,000,600--
```

（10）小数的千位分隔符显示。

```
>>> print("{0:-20,}".format(12567.98760))         # 不填充
>>> print("{0:-^20,}".format(12567.98760))        # 居中且填充
```

结果如下：

```
        12,567.9876
----12,567.9876-----
```

（11）设置精度。

设置输出精度的时候前面必须以一个小数点开头，具有以下两层含义。

- 浮点数：精度表示输出小数位的有效位数；
- 字符串：精度表示输出的最大长度。

```
pi = 3.1415926
"{:.3f}".format(pi)
'3.142'
"{:30.5f}".format(pi)                  # 小数点后 5 位，整体宽度 30
'3.14159'
"{:*^30.5f}".format(pi)                # 小数点后 5 位，宽度 30，居中后填充 *
'************ 3.14159 *************'
"{:.4}".format(name)                   # 最大长度为 4
'zhan'
```

下面的例子表示 365 的二进制、Unicode 字符、十进制、八进制、小写十六进制和大写十六进制的不同输出格式：

```
"{0:b},{0:c},{0:d},{0:o},{0:x},{0:X}".format(365)
'101101101,ŭ,365,555,16d,16D'
```

4. 格式化字符串常量输出(f-string)。

f-string 是从 Python 3.6 开始引入的新字符串格式化方法，它的方法很多和 format 是类似的。

首先看一个简单的例子，说明如何使用 f-string。

```
a = "社会主义"
b = "核心价值观"
f"{a} {b}"
'社会主义 核心价值观'
# 指定变量格式化，显式声明 3 个变量
>>> name = "Zhangming"                             # 字符串类型
>>> age = 25                                       # 整数类型
>>> height = 1.76                                  # 浮点数类型
```

```
>>> f'名字是:{name},年龄是:{age},身高是:{height}'        # 前面加上 f
>>> f"{age:b},{age:o},{age:x},{age:X}"
# 转换为二进制、八进制、小写字母十六进制、大写字母十六进制
'名字是:Zhangming,年龄是:25,身高是:1.76'
'11001,31,19,19,\x19'
```

与 format 进行对比如下:

```
>>> "名字是:{},年龄是:{},身高是:{}".format(name,age,height)  # format 函数在最后
'名字是:Zhangming,年龄是:25,身高是:1.76'
```

如果后面的 string 部分是表达式,也可以进行格式化。

```
>>> f'{1 + 2 + 3}'
'6'
>>> f'{1 * 3 * 4}'
'24'
```

对表达式进行变量的赋值后再格式化:

```
>>> x = 100
>>> y = 50
>>> f"{x * y + x/y}"  # 100 * 50 + 100 / 50 # 结果是浮点数
'5002.0'
```

上面的例子是直接赋值再通过表达式来格式化,其实可以将上面的表达式改成函数,传入参数来格式化。函数可以是 Python 自带的函数或自定义的函数。

（1）Python 自带函数。

```
>>> num = 123
>>> print(f'my name is:{name}')              # 原数据
>>> print(f'my name is:{name.upper()}')      # 全部变成大写字母
>>> print(f"{name = }")                      # 省略变量名
>>> print(f"{num % 2 = }")                   # 直接改变输出结果
```

结果如下:

```
my name is: zhangming
my name is: ZHANGMING
name = 'zhangming'
num % 2 = 1
```

（2）自己写的函数,后面章节会介绍自定义函数。

```
>>> def test(a,b):
>>>     return a * b + a / b
>>> f'{test(100,50)}'
'5002.0'
>>> f'执行的结果是:{(lambda x,y: x * y + x/y)(100,50)}'  # 写成 lambda 匿名函数
'执行的结果是:5002.0'
```

（3）对齐。

<:左对齐,字符串默认方式;

>:右对齐,数值类型默认方式;

^:居中。

```
>>> print(f'{name}')               # 字符串默认左对齐
```

```
>>> print(f'{name:> 20.10s}')          # > 表示右对齐,长度为 20,字符串最大长度为 10
zhangming
           zhangming
pi = 3.1415926
>>> print(f'{pi}')                      # 原数据
>>> print(f'{pi:^10.4f}')               # 居中,长度为 10,保留 4 位小数
>>> print(f'{pi: * ^10.4f}')            # 用 * 填充:居中,长度为 10,保留 4 位小数
>>> print(f'{pi: * ^10.3f}')
>>> f'{pi = :.2f}'
>>> NF = ".2f"                          # 格式作为变量使用
>>> f'{pi:{NF}}'
3.1415926
  3.1416
** 3.1416 **
** 3.142 ***
'pi = 3.14'
'3.14'
```

（4）千位分隔符。

和 format 中的千位分隔符相同,主要用于金融货币中,自带金钱属性。可以使用逗号或者其他符号,常用逗号。

```
>>> money = 1234567890
>>> print(f'{money:,f}')                # 输出保留 6 位小数
1,234,567,890.000000
>>> print(f'{money:_f}')                # 使用下画线
1_234_567_890.000000
```

（5）正确打印特殊字符。

正如我们所知,反斜线\是常用的转义字符,用于调用对其之后字符的替代解释。对于 f 字符串,需要注意一条规则: \在 f 字符串表达式的括号{}中不起作用。

```
>>> name = 'Yang'
>>> print(f'\'{name}\' is a full stack hacker.')      # 正确的输出引号方式
'Yang' is a full stack hacker.
>>> print(f'{\'name\'} is a full stack hacker.')      # 错误的输出引号方式
# SyntaxError: f - string expression part cannot include a backslash
```

用 f 字符串输出{}的方法是不同的,变量是作为 f 字符串的括号还是变量本身来处理取决于其周围的括号数,这点非常容易出错,这时不能使用反斜线。

```
>>> print(f'{{name}} is a full stack hacker.')
{name} is a full stack hacker.
>>> print(f'{{{name}}} is a full stack hacker.')
{Yang} is a full stack hacker.
>>> print(f'{{{{name}}}} is a full stack hacker.')
{{name}} is a full stack hacker.
>>> print(f'{{{{{name}}}}} is a full stack hacker.')
{{Yang}} is a full stack hacker.
```

输出反斜线\很简单,只需要使用双反斜线打印。但是不要将它们添加到 f 字符串表达式的括号中。

```
>>> print(f'\\{name}\\ is a full \\stack hacker.')     # 正确的输出反斜线方式
```

```
\Yang\ is a full \stack hacker.
>>> print(f'{\\name\\} is a full \\stack hacker.')          # 错误的输出反斜线方式
SyntaxError: f-string expression part cannot include a backslash
```

将字典的值应用到 f 字符串中也容易出现错误。必须使用不同的引号来描述字典的键和 f 字符串，如下所示。如果 f 字符串用双引号，那么变量里字典的键必须用单引号。

```
>>> Hacker = {'name': 'Yang'}
>>> print(f"{Hacker['name']} is a hacker")
Yang is a hacker
>>> print(f'{Hacker["name"]} is a hacker')
Yang is a hacker
```

如果对键名和 f 字符串都使用相同的单引号或双引号，Python 会报错。

```
>>> print(f'{Hacker['name']} is a hacker')          # 语法错误
>>> print(f"{Hacker["name"]} is a hacker")          # 语法错误
```

上述两条语句的语法错误信息是：

```
SyntaxError: f-string: unmatched '['
```

为了使代码更易读，有必要使用多行书写一长串字符。但如果是 f 字符串，需要在每行之前添加 f。

```
>>> print(f"{name} is a hacker."              # 错误的处理多行 f 字符串方式
        "{name} is also a top writer."
        "{name} writes on Medium.")
Yang is a hacker.{name} is also a top writer.{name} writes on Medium.
```

```
>>> print(f"{name} is a hacker."              # 正确的处理多行 f 字符串方式
        f"{name} is also a top writer."
        f"{name} writes on Medium.")
Yang is a hacker.Yang is also a top writer.Yang writes on Medium.
```

(6) 处理日期时间。

```
>>> from datetime import datetime
>>> today = datetime.today()
>>> print(f"Today is {today}")
Today is 2021-07-31 18:20:48.956829
>>> print(f"Today is {today:%B %d, %Y}")
Today is July 31, 2021
>>> print(f"Today is {today:%m-%d-%Y}")
Today is 07-31-2021
>>> print(f"{today:%Y%m%d}")
20210731
>>> print(f"{today=:%Y%m%d}")
today=20210731
```

(7) 评估 f 字符串内的表达式。

f 字符串提供了一种将表达式嵌入字符串字面的方法。需要注意的是，f 字符串实际上是在运行时评估的表达方式，而不是恒定的值。因此，f 字符串与普通字符串不同，此功能赋予它更强大的能力。例如，可以在它里面运行一个显示时间的功能。

```
>>> from datetime import datetime
>>> print(f"Today is {datetime.today()}")
```

```
Today is 2021 - 07 - 31 18:20:48.956829
```

5. 字符串模板(string template)。

string. Template 是将一个 string 设置为模板,通过替换变量的方法,最终得到想要的 string。

```
from string import Template          # 导入模板
template_string = '$ name is $ sex'
s = Template('$ name is $ sex')
s.substitute(name = "Peter", sex = "male")
'Peter is male'
from string import Template          # 导入模板
template_string = '$ name is $ sex'  # 设置模板
s = Template(template_string)
dic = {"name":"Peter","sex":"male"}
s.substitute(dic)
'Peter is male'
```

在上面的例子中:

- 模板 s 中以 $ 符号说明模板中有两个变量名,用实际的变量来替换;
- 格式是字典(dictionary),并且字典中的键名与模板中的变量名要保持一致;
- string. Template 默认用 $ 符号来标识出变量,可以进行修改。

```
from string import Template
class MyTemplate(Template):
    delimiter = '%'
...
s = MyTemplate('% who knows?')           # 改变符号
s.substitute(who = 'Peter')
'Peter knows?'
```

6. zfill()格式化方法。

它会在数字的左边填充 0。示例如下:

```
>>> '12'.zfill(5)
'00012'
>>> '- 3.14'.zfill(7)
'- 003.14'
>>> '3.14159265359'.zfill(5)
'3.14159265359'
```

7. 旧式字符串格式化。

%操作符也可以实现字符串格式化。它将左边的参数作为类似于 sprintf()形式的格式化字符串,而将右边的代入,然后返回格式化后的字符串。例如:

```
>>> import math
>>> print('常量 PI 的值近似为: %5.3f。' % math.pi)
常量 PI 的值近似为: 3.142。
```

因为 str. format()是较新的函数,大多数 Python 代码仍然使用%操作符。但是这种旧式的格式化最终会从该语言中移除,应该更多地使用 str. format()。

★8. 勤俭节约是中华民族的传统美德。2020 年 8 月 11 日,习近平总书记作出重要指示,强调坚决制止餐饮浪费行为,切实培养节约习惯,在全社会营造浪费可耻、节约为荣的氛围。2021 年 4 月 29 日,第十三届全国人大常委会第二十八次会议表决通过《中华人民共和国反食品浪费法》。编写程序,输出相关名言警句如下:

```
================================
= 1. 锄禾日当午,汗滴禾下土。谁知盘中餐,粒粒皆辛苦。——李绅
= 2. 静以修身,俭以养德。——诸葛亮
= 3. 奢则妄取苟取,志气卑辱;一从俭约,则于人无求,于己无愧,是可以养气也。——罗大经
= 4. 一粥一饭,当思来之不易;半丝半缕,恒念物力维艰。——朱柏庐
= 5. 俭,德之共也;侈,恶之大也。——左丘明
================================
```

★9. 祖暅原理又称祖氏原理,是一个涉及几何求积的著名命题。公元 656 年,唐代李淳风注《九章算术》时提到祖暅的开立圆术。祖暅在求球的体积时使用了一个原理"幂势既同,则积不容异"。"幂"是截面积,"势"是立体的高,这句话的意思是两个等高的立体,如在等高处的截面积相等,则二者体积相等。更详细地说,介于两个平行平面之间的两个立体,被任一平行于这两个平面的平面所截,如果两个截面的面积相等,则这两个立体的体积相等。祖暅与其父祖冲之一起圆满解决了球面积的计算问题,得到了正确的体积公式。在西方,直到 17 世纪,意大利数学家卡瓦列里于 1635 年出版的《连续不可分几何》中提出了等积原理,西方人把它称为"卡瓦列里原理"。其实,他的发现要比我国的祖暅晚一千多年。输入球的半径,计算并输出球的表面积和体积。

🔑 实验四　字符串的处理实验

一、实验目的

1. 掌握字符串的定义及基本处理方法。
2. 掌握字符串的处理函数及其使用方法。
3. 掌握字符串的格式化方法。

二、实验内容

1. 将两个字符串("Hello"和"World")合并为一个字符串("Hello World"),并输出结果。

2. 编写程序,自动生成战队名。从键盘上依次输入战队成员中文名,将每个名字的最后一个字取出来拼到一起作为战队名。例如输入王猛、陈龙、杨过、张江,输出结果为猛龙过江。

3. 计算一个字符串的长度,并输出结果。

4. 将一个字符串的全部字母分别转换为大写和小写,并输出结果。

5. 统计字符串("Hello world")中指定子字符串("o")出现的次数,并输出结果。

6. 分别输出字符串中奇数和偶数索引位置的字符。

7. str1、str2 是键盘输入的两个有序字符串(其中字符按 ASCII 码从小到大排序),将 str2 合并到字符串 str1 中,要求合并后的字符串仍是有序的,允许字符重复。例如键盘输

入两个有序字符串 aceg 和 bdfh，则输出合并后的有序字符串 abcdefgh。

三、课外在线作业

1. 字符串排序。

输入 n 个字符串，将每个字符串内排序后，再将这些内部有序的字符串进行排序。

【输入描述】

第一行输入一个整数 n(n≤20)。接下来 n 行，每行输入 1 个字符串。

【输出描述】

输出字符串排序后的结果。

【输入样例】

5
aAba0
ABcdE
8 * aBc
P847；
ao8o *

【输出样例】

 * 8Bac
 * 8aoo
0Aaab
478；P
ABEcd

2. 排序名单。

已知某理工学院的精英班有 10 名学生，老师会依次给出 10 名学生的名字（均为不含空格的英文字符串），将这些名字按照字典序从小到大进行输出。

【输入描述】

输入 10 行不含空格的字符串，分别对应 10 名学生的姓名（字符串长度均大于 0 且小于 20）。

【输出描述】

输出 10 行，为排序后的 10 名学生姓名，每个姓名单独占一行。

【输入样例】

Alice
Bob
Gary
Harry
Ivn
Julia
Danis
Fone

Candy

Evan

【输出样例】

Alice

Bob

Candy

Danis

Evan

Fone

Gary

Harry

Ivn

Julia

3. 石头剪刀布。

石头剪子布是一种猜拳游戏,起源于中国,后传到日本、朝鲜等地,随着亚欧贸易的不断发展传到了欧洲,近现代逐渐风靡世界。简单明了的规则,使得石头剪子布没有任何规则漏洞可钻;单次玩法比拼运气,多回合玩法比拼心理,使得这个古老的游戏同时拥有"意外"与"技术"两种特性,深受世界人民喜爱。

游戏规则:石头打剪刀,剪刀剪布,布包石头。

编写一个程序来判断石头剪子布游戏的结果。

【输入描述】

第一行是一个整数 N,表示一共进行了 N 次游戏,$1 \leqslant N \leqslant 100$。

接下来 N 行的每一行包括两个字符串 S1 和 S2,分别表示游戏参与者 Player1、Player2的选择(石头、剪子或者布),S1 和 S2 之间以空格隔开,S1 和 S2 只可能在{Rock,Scissors,Paper}(大小写敏感)中取值。

【输出描述】

输出包括 N 行,每一行对应一次游戏的胜利者(Player1 或者 Player2);如果游戏出现平局,则输出 Tie。

【输入样例】

3

Rock   Scissors

Paper   Paper

Rock   Paper

【输出样例】

Player1

Tie

Player2

4. 整理药名。

医生在写药品名的时候经常不注意大小写,格式比较混乱。现要求编写一个程序,将医生书写混乱的药品名整理成统一规范的格式，即药品名的第一个字符如果是字母则大写，其他字母则小写，如将 ASPIRIN、aspirin 整理成 Aspirin。

【输入描述】

第一行输入一个数字 n，表示有 n 个药品名需要整理，n 不超过 100。

接下来 n 行，每行一个单词，长度不超过 20，表示医生手写的药品名。药品名由字母、数字和连字符组成。

【输出描述】

n 行，每行一个单词，对应输入的药品名的规范写法。

【输入样例】

4
AspiRin
cisapride
2-PENICILLIN
Cefradine-6

【输出样例】

Aspirin
Cisapride
2-penicillin
Cefradine-6

实验五　选择结构实验

一、实验目的

1. 掌握关系运算符的用法。
2. 掌握逻辑运算符的用法。
3. 掌握单分支、双分支以及多分支选择结构的用法。
4. 掌握 if 语句嵌套的用法。

二、实验内容

1. 编写一个程序，判断一个给定的年份是否是闰年。闰年的年份数或者能被 4 整除但不能被 100 整除，或者能被 400 整除。如果是闰年，输出"是闰年"，否则输出"不是闰年"。

2. 编写一个程序，判断一个给定的数字是正数、负数还是零。如果是正数，输出"正数"；如果是负数，输出"负数"；如果是零，输出"零"。

3. 从键盘上输入一个整数，判断它能否同时被 3 和 5 整除。若能，则输出"Y"，否则输出"N"。

4. 编写一个程序，判断一个给定的数字是奇数还是偶数。如果是奇数，输出"奇数"；如果是偶数，输出"偶数"。

5. 编写一个程序,根据用户输入的数字,判断其是否在指定的区间内,区间范围为 1～100(包含 1 和 100)。如果在区间内,输出"在区间内",否则输出"不在区间内"。

6. 编写一个程序,根据用户输入的字符,判断其是字母、数字还是其他字符。如果是字母,输出"字母";如果是数字,输出"数字";如果是其他字符,输出"其他字符"。

7. 编写一个程序,根据用户输入的整数成绩,判断其对应的等级。等级划分如下:90～100 为 A,80～89 为 B,70～79 为 C,60～69 为 D,60 以下为 E。

8. 编写一个程序,根据用户输入的月份,输出该月份的英文名称。如果输入的月份超出范围,则输出"输入错误"。

9. 编写一个程序,根据用户输入的年龄,判断其属于哪个年龄段。年龄段划分如下:1～12 为儿童,13～17 为青少年,18～59 为成年人,60 及以上为老年人。

10. 早期的飞机大多是单通道,一般每排有 6 个座位,编号为 A、B、C、D、E、F,其中 A、F 靠窗,C、D 靠过道,B、E 是中间位置。宽体飞机每排往往有 8～10 个座位,用字母 A 至 K 或 A 至 L 来表示。不同的航司用不同的字母对座位编号,因为 I 和 1 看起来比较像,容易让人分不清楚,为避免误解,就不用了;但不管用哪些字母,一定不会用字母 i。高铁座椅有 17 排,座椅编号沿用了飞机座椅编号的传统,高铁上二等座每排只有 5 个座位,把代表中间座位的 E 去掉了;一等座每排只有 4 个座位,因此一等车厢又去掉了座位 B;商务座一排 3 个座位,座位 D 也没有了。输入座位等级、座位排号和一个字母,判定并输出该座位是靠窗、靠过道还是中间座位,如果输入的座位不存在,输出"该座位不存在"。

★11. 公元前 11 世纪,数学家商高(西周初年人)提出"勾三、股四、弦五"。编写于公元前一世纪以前的《周髀算经》中记录着商高与周公的一段对话。商高说:"……故折矩,勾广三,股修四,经隅五。"根据该典故勾股定理称为商高定理。公元 3 世纪,三国时代的赵爽对《周髀算经》内的勾股定理作了详细注释,记录于《九章算术》中:"勾股各自乘,并而开方除之,即弦。"赵爽绘制了一幅"勾股圆方图",用数形结合的方法,给出了勾股定理的详细证明。后刘徽在《刘徽注》中也证明了勾股定理。在清朝末年,数学家华蘅芳提出了二十多种勾股定理的证法。输入三个正数,判断这三个数作边长能否构成直角三角形。

★12. 垃圾分类可以提高垃圾的资源价值和经济价值,减少垃圾处理量和处理设备的使用,降低处理成本,减少土地资源的消耗,具有社会、经济、生态等多方面的效益。垃圾分类处理关系到资源节约型、环境友好型社会的建设,有利于我国新型城镇化质量和生态文明建设水平的进一步提高。编写程序,分类显示垃圾分类的相关知识如下:

```
==================================
=       欢迎学习垃圾分类知识
= 1. 可回收物
= 2. 其他垃圾
= 3. 厨余垃圾
= 4. 有害垃圾
= 0. 退出系统
==================================
```

当输入 1、2、3 或 4 时,显示相关信息(自行查阅该类垃圾的用处及哪些垃圾归属于该类);当输入 0 时,结束程序运行。

★13. (简易版个税计算器)依法纳税是每个公民的基本义务,交党费是每个党员的义务与责任。王先生是一名党员，每月应发工资为 S 元（其中含奖励性绩效工资 T 元），王先生另获得劳务报酬 U 元，该年度社会平均工资为 V 元，应缴纳的养老保险比例为 a1，应缴纳的企业年金比例为 a2，应缴纳的住房公积金比例为 a3，应缴纳的医疗保险比例为 a4，应缴纳的失业保险比例为 a5，应缴纳的生育保险比例为 a6，应缴纳的工伤保险比例为 a7，子女教育专项扣除为 b1 元，继续教育专项扣除为 b2 元，赡养老人专项扣除为 b3 元，大病医疗专项扣除为 b4 元，住房贷款利息专项扣除为 b5 元，租房租金专项扣除为 b6 元，每月个税免征额为5000 元。编写程序，通过键盘输入上述相关数据并根据表 1.2、表 1.3 和表 1.4 计算王先生每月应缴纳的党费、养老保险、企业年金、住房公积金、医疗保险、失业保险、生育保险、工伤保险、个人应缴税额和实发工资（注：工资收入高于社会平均月工资的 3 倍时，缴费基数按社会平均月工资的 3 倍计算，3 倍以上部分不作为缴费基数计算；工资收入低于社会平均月工资的 60% 时，缴费基数按社会平均月工资的 60% 计算）。

表 1.2　个人所得税税率（综合所得适用）

级　　数	全年应纳税所得额	税率/%	速算扣除数
1	不超过 36 000 元的	3	0
2	超过 36 000 元至 144 000 元的部分	10	2520
3	超过 144 000 元至 300 000 元的部分	20	16 920
4	超过 300 000 元至 420 000 元的部分	25	31 920
5	超过 420 000 元至 660 000 元的部分	30	52 920
6	超过 660 000 元至 960 000 元的部分	35	85 920
7	超过 960 000 元的部分	45	181 920

表 1.3　劳务报酬所得税税率（只对 80% 的部分征税，劳务报酬所得适用）

级数	每次应纳税所得额（含税级距）	不含税级距	税率/%	速算扣除数
1	不超过 20 000 元的	不超过 16 000 元的	20	0
2	超过 20 000 元至 50 000 元的部分	超过 16 000 元至 37 000 元的部分	30	2000
3	超过 50 000 元部分	超过 37 000 元的部分	40	7000

表 1.4　党费计算规则表

序　号	类　　别	缴费基数	缴　　费
1	按月领取工资的党员（相对固定的、经常性的工资收入-个人所得税-个人缴纳的保险及公积金等，奖励性绩效工资不列入党费计算基数）；实行年薪制人员中的党员，每月以当月实际领取的薪酬收入为计算基数；不按月取得收入的个体经营者等人员中的党员，每月以个人上季度月平均纯收入为计算基数	3000 元及以下	0.5%
2		3000 元至 5000 元（含 5000 元）	1%
3		5000 元至 10 000 元（含 10 000 元）	1.5%
4		10 000 元以上	2%
5	离退休干部、职工中的党员，每月以实际领取的离退休费总额或养老金总额为计算基数	5000 元以下（含 5000 元）	0.5%
6		5000 元以上	1%
7	农民党员		0.2~1 元
8	学生党员、下岗失业的党员、依靠抚恤或救济生活的党员、领取当地最低生活保障的党员		0.2 元

备注：1. 缴纳党费确有困难的党员，经党支部研究，报上一级党委批准后，可以少缴或者免缴；

2. 预备党员从支部大会通过其为预备党员之日起缴纳党费；

3. 党员工资收入发生变化后，从按新工资标准领取工资的当月起，以新的工资收入为基数，按照规定比例缴纳党费。

三、课外在线作业

1. 商店结算。

商店铅笔优惠销售标准是：购买 8 支以内（含），每支售价 0.8 元；超过 8 支部分，每支售价 0.7 元。任意输入购买的铅笔总量 n，输出总金额。

【输入样例】

11

【输出样例】

8.5

2. 出租车费用。

某市出租车的计费标准是：白天（7：00—20：00，以上车时间作为判断依据）起步价（3 千米以内，包括 3 千米）为 10 元，晚上（除去白天时间剩下的时间为晚上）起步价为 11 元；白天起步里程后每超过 1 千米（不足 1 千米的按 1 千米计算）另加价 2 元，晚上起步里程后每超过 1 千米（不足 1 千米的按 1 千米计算）另加价 2.3 元。

小可家与学校距离 n 千米，他打车从家到学校需要多少钱？

【输入描述】

输入两个数，分别表示小可家到学校的距离（单位：千米）和上车时间。

【输出描述】

输出打车的费用。

【输入样例】

2 8：00

【输出样例】

10

3. 幸运数字 8。

在中国的文化里面有一些幸运数字。例如 8 有"发"的谐音，代表发财、旺财运的意思，人们都觉得这个数字是非常吉利的，会给自己带来好运。因此很多时候人们对于 8 有着非常强烈的钟爱，例如在选择手机号和车牌号的时候，包含 8 的号码总是会被优先选择。输入一个数，若包含数字 8 则输出"是幸运数字"，否则输出"不是幸运数字"。

【输入描述】

输入一行，为一个整数。

【输出描述】

若包含数字 8 则输出"是幸运数字"，否则输出"不是幸运数字"。

【输入样例】

233

【输出样例】

不是幸运数字

4. 玩石头游戏。

你和你的朋友两个人一起玩石头游戏：桌子上有一堆石头，你们轮流进行自己的回合，你作为先手，每回合轮到的人拿掉 1~3 块石头，拿掉最后一块石头的人就是获胜者。假设你们每回合的选择都是最优解，现在一共有 n 块石头，请判断你是否可以赢得游戏。如果可以赢，则输出"win"，否则输出"lose"。

【输入描述】

输入一行，为一个正整数 n，表示石头的个数。

【输出描述】

如果可以赢则输出"win"，否则输出"lose"。

【输入样例】

4

【输出样例】

lose

5. 数位输出。

输入一个正整数 n，如果是四位数，则分别输出这个数的千位、百位、十位和个位数字分别为多少；如果是两位数，则输出个位数字是多少；如果不是两位数或者四位数，则输出 no。

【输入样例】

2345

【输出样例】

2　3　4　5

6. 判断奇偶数。

给定一个整数 n，判断该数是奇数还是偶数。如果 n 是奇数，输出 odd；如果 n 是偶数，输出 even。

【输入描述】

输入仅一行，为一个大于零的正整数 n。

【输出描述】

输出仅一行。如果 n 是奇数，输出 odd；如果 n 是偶数，输出 even。

【输入样例】

5

【输出样例】

odd

7. 判断闰年。

大家都知道，每四年为一个闰年。按照每四年一个闰年计算，过 400 年就会多出大约 3.12 天，因此规定整百数的年份必须是 400 的倍数才是闰年，这就是通常所说的"四年一闰，百年不闰，四百年再闰"。

试编写一个程序，输入一个年份，判断其是平年还是闰年。

【输入描述】

一行，输入为一个年份。

【输出描述】

输出是平年还是闰年，详见"输出样例"。

【输入样例】

2020

【输出样例】

2020 是闰年

8. 计算邮资。

根据邮件的重量和用户是否选择加急计算邮费。计算规则是：重量在 1000 克以内（包括 1000 克），收基本费 8 元；超过 1000 克的部分，每 500 克加收超重费 4 元，不足 500 克的部分按 500 克计算；如果用户选择加急，多收 5 元。

【输入描述】

输入一行，包含整数和一个字符，以一个空格分开，分别表示重量（单位为克）和是否加急。如果字符是 y，说明选择加急；如果字符是 n，说明不加急。

【输出描述】

输出一行，包含一个整数，表示邮费。

【输入样例】

1200 y

【输出样例】

17

9. 成绩等级。

风之巅小学规定，测试成绩大于或等于 90 分为"A"，大于或等于 70 分且小于 90 分为"B"，大于或等于 60 分且小于 70 分为"C"，60 分以下为"D"。现在输入一个成绩，输出它的等级。

【输入描述】

一个整数，表示成绩。

【输出描述】

输出等级。

【输入样例】

99

【输出样例】

A

10. 晶晶赴约会。

晶晶的朋友贝贝约晶晶下周一起去看展览，但晶晶每周的周一、周三、周五必须上课，请帮晶晶判断他能否接受贝贝的邀请，如果能则输出"YES"，如果不能则输出"NO"。

【输入描述】

输入为一行，即贝贝邀请晶晶去看展览的日期是周几，用数字 1 到 7 分别表示周一到周日。

【输出描述】

输出为一行。如果晶晶可以接受贝贝的邀请，则输出"YES"，否则输出"NO"。

【输入样例】

2

【输出样例】

YES

四、补充知识

Python 自 3.10 版本开始引入了 match-case，不用再写一连串的 if-else 了。最简单的形式如下，将 match 主题表达式与一个或多个常量模式进行比较。

```
match status:
    case 400:                    # 常量也可以是 None、False 和 True，它使用 is 完成匹配
        print("Bad request")
    case 401:
        print("Unauthorized")
    case 403:
        print("Forbidden")
    case 404|405|406:            # 可以使用|将多个常量组合起来表示"或"关系
        print("Not found")
    case 418:
        print("I don't know")
    case _:                      # 当其他 case 都无法匹配时，匹配这一项，该项为可选项
        print("Something else")
```

有关元组、函数、类、列表的内容将在后面的章节中讲述，这里只讲 match-case 的应用场景。

模式也可以是解包操作，用于绑定变量。

```
match point:                     # 主题表达式是一个(x,y)元组
    case (0, 0):
        print("在原点.")
    case (0, y):
        print(f"Y = {y},在 y 轴上.")
    case (x, 0):
        print(f"X = {x},在 x 轴上.")
    case (x, y):
        print(f"X = {x}, Y = {y},不在坐标轴上.")
    case _:
        raise ValueError("Not a point")
```

注意，第一个模式中有两个常量，但是后两个模式有些不同，元组中一个是常量一个是变量，这个变量会捕获主题元组中的值。同理，第四个模式 case(x,y):会捕获两个值，这在理论上与解包作业相似，就如同 point(x,y) = point。

如果使用类来结构化数据，可以使用类的名字，后面跟一个类似构造函数的参数列表，作为一种模式。这种模式可以将类的属性捕捉到变量中：

```
class Point:
    x: int
    y: int

def location(point):
    match point:
        case Point(x = 0, y = 0):
            print("在原点.")
        case Point(x = 0, y = y):
```

```
            print(f"Y = {y},在 y 轴上.")
        case Point(x = x, y = 0):
            print(f"X = {x},在 x 轴上.")
        case Point():
            print("这个点不在坐标轴上.")
```

上面的例子说明当 match 的对象是类对象时,只要对象类型和对象的属性有满足 case 的条件,就能命中。

可以在某些为其属性提供了排序的内置类(如 dataclass)中使用位置参数。你也可以通过在你的类中设置__match_args__特殊属性来为模式中的属性定义一个专门的位置。如果它被设为("x","y"),则以下模式均为等价的(并且都是将 y 的属性绑定到 var 变量):

```
Point(1,var)
Point(1,y = var)
Point(x = 1,y = var)
Point(y = var,x = 1)
```

模式可以任意地嵌套。例如,如果数据是由点组成的短列表,则它可以如下被匹配:

```
match points:
    case []:
        print("列表中没有这个点.")
    case [Point(0,0)]:
        print("列表中仅有原点.")
    case [Point(x,y)]:
        print(f"列表中仅有点{x},{y}.")
    case [Point(0,y1),Point(0,y2)]:
        print(f"列表中有两个点{y1},{y2}在 y 轴上")
    case _:
        print("列表中有其他点.")
```

可以为模式添加成为守护项的 if 子句,如果守护项的值为假,则 match 继续匹配下一个 case 语句块。注意,值的捕获发生在守护项被求值之前:

```
match point:
    case Point(x, y) if x == y:
        print(f"Y = X at {x}")
    case Point(x, y):
        print(f"Not on the diagonal")
```

模式可以使用命名的常量,且必须使用,以防止被解释为捕获变量。

```
from enum import Enum
class Color(Enum):
    RED = 0
    GREEN = 1
    BLUE = 2

match color:
    case Color.RED:
        print("我看到了红色。")
    case Color.GREEN:
        print("草是绿色的。")
    case Color.BLUE:
        print("天空是蓝色的。")
```

通配符可以被用在更复杂的模式中，例如：

```python
def func(person):        # person = (name, age, gender)
    match person:
        case (name, _, "male"):
            print(f"{name}是个男性.")
        case (name, _, "female"):
            print(f"{name}是个女性.")
        case (name, age, gender):
            print(f"{name} 有 {age} 岁了.")
```

在上面的代码段中，使用元组作为要匹配的表达式。然而这并不局限于元组，任何可迭代对象 iterable 都可以工作。给模式添加 if 从句以充当门卫，如果为假，就移步到下一个 case。注意，模式捕获值发生在从句执行前。另外，正如上面看到的，通配符也可以在复杂模式中使用，而不仅仅是像前面的示例中那样单独使用，也可以用下面的方法重写：

```python
class Person:
    name: str
    age: int
    gender: str


def func(person):        # person 是 `Person`类实例
    match person:
        case Person(name, age, gender) if age < 18:
            print(f"{name}是个小孩.")
        case Person(name = name, age = _, gender = "male"):
            print(f"{name}是个男性.")
        case Person(name = name, age = _, gender = "female"):
            print(f"{name}是个女性.")
        case Person(name, age, gender):
            print(f"{name}有{age}岁了.")
```

match-case 的出现有助于提高代码的可读性，让代码更加优雅，但同时要使用好它，也是有一些门槛的，特别是通配符的使用。在如下代码中使用了通配符_和可变参数中的 * 符号。

```python
import sys
match sys.argv[1:]:
    case ["quit"]:
        print("exit")
    case ["create", user]:        # 创建单个用户
        print("create", user)
    case ["create", *users]:   # 批量创建多个用户
        for user in users:
            print("create", user)
    case _:
        print("对不起,我不理解这个参数。")
```

第二个 case 和第三个 case 非常像，区别在于第三个 case 中 users 前加了一个 * ，它跟原 Python 函数中的可变参数是相同用法，会匹配列表的多个值。

当 match 的对象是一个 list 或者 tuple 的时候，需要长度和元素值都能匹配，才能命中。

在如下代码中，** rest 会匹配到所有的 args 中的 key 和 value。

```python
def match_case_for_dict(args):
    match args:
```

```
        case { ** rest}:
            print("捕获到",rest)
        case _:
            print("参数信息有误")
```

当 match 的对象是一个 dict 的时候,只要 case 表达式中的 key 在所 match 的对象中存在,即可命中。

若希望使用 case 仅与对象的长度进行匹配,可以使用下面的方式:

[* _]匹配任意长度的 list;
(,,* _)匹配长度至少为 2 的 tuple。

实验六 循环结构实验

一、实验目的

1. 掌握 for 循环的用法。
2. 掌握 while 循环的用法。
3. 掌握 break 和 continue 的用法。
4. 掌握 random 库的用法。

二、实验内容

1. 求 1 到 100 之间所有偶数的和,并输出结果。

2. 求 1 到 100 之间所有整数的平方,并输出结果。

3. 求 1 到 1000 之间能被 3 整除且不能被 5 整除的数的和,并输出结果。

4. 编写程序,输出 1500 年到 2000 年之间的所有闰年年份,要求每行输出 5 个。

5. 编写程序,从键盘上输入 10 个整数,输出它们的平均值。

6. 编写程序,从键盘上输入若干整数,输出它们的平均值,当输入字符'E'时,程序输出结果。

7. 一个百万富翁遇到一个陌生人,陌生人与他谈了一个换钱的计划。该计划如下:我每天给你 10 万元,而你第一天给我一元钱,第二天给我两元钱,第三天给我四元钱……你每天给我的钱是前一天的两倍,直到满 n(0≤n≤30)天。百万富翁非常高兴,欣然接受了这个契约。请编程计算这 n 天中陌生人给了富翁多少钱?富翁给了陌生人多少钱?

★8. 百鸡百钱是我国古代数学家张丘建在《算经》一书中提出的数学问题:"鸡翁一值钱五,鸡母一值钱三,鸡雏三值钱一。百钱买百鸡。问鸡翁、鸡母、鸡雏各几何?"请编程计算。

★9. 鸡兔同笼是中国古代的数学名题之一。大约在 1500 年前,《孙子算经》中就记载了这个有趣的问题。书中是这样叙述的:"今有雉兔同笼,上有三十五头,下有九十四足,问雉兔各几何?"请编程计算。

★10. 在我国民间流传着一首李白买酒的打油诗:"李白街上走,提壶去买酒;遇店加一倍,见花喝一斗;三遇店和花,喝光壶中酒。"请编程计算酒壶中原有多少酒。

★11.《九章算术》中的"两鼠穿垣"是中国古代的数学名题:"今有垣厚五尺,两鼠对穿,大鼠日一尺。小鼠亦一尺。大鼠日自倍,小鼠日自半。问何日相逢? 各穿几何?"请编程计算。

★12. 宝塔上的琉璃灯是中国古代的数学问题:有一座八层宝塔,每一层都有一些琉璃灯,每一层的灯数都是上一层的两倍。已知共有 765 盏琉璃灯,请编程计算并输出每层各有多少盏琉璃灯。

13. 编写一个程序,求 s＝1＋(1＋2)＋(1＋2＋3)＋…＋(1＋2＋3＋…＋n)。输入一个正整数 n,根据公式计算 s 并输出。

14. 编写程序,实现猜数字游戏。在程序中随机生成一个 0～20 之间的随机数 X,让用户通过键盘输入所猜的数。如果输入的数大于 X,提示"太大了";如果小于 X,提示"太小了";这样一直循环,直到猜中该数,提示"猜中了"并显示一共猜了几次。

15. 培养良好的编程习惯是很重要的,这其中包括变量的命名风格。合适的变量命名能使代码可读性更高。一种命名风格是将每个单词的首字母大写,如 DataBaseUser,由于大小写字母连在一起看起来特别像骆驼的驼峰,所以这种命名风格被称作驼峰命名法;另一种下画线命名法是保持单词小写,在单词之间用下画线连接,如 data_base_user。

编程实现将驼峰命名法转变为下画线命名法。

【输入描述】

输入数据包含一行,为一个用驼峰命名法命名的变量名。

【输出描述】

输出数据包含一行,为转换后的用下画线命名法命名的变量名。

例如输入变量名 DataBaseUser,则输出变量名 data_base_user。

16. 由数学基本定理可知:任何一个大于 1 的非素数整数(即合数)都可以唯一地分解成若干素数的乘积。编写程序,从控制台读入一个合数,求这个合数可以分解成的只出现一次的素数。例如,合数 1260 分解成素数乘积为 2×2×3×3×5×7,2 和 3 出现两次,5 和 7 出现一次,所以求得的结果为 5 和 7。再如输入合数 6154380,则输出为 5 29 131,因为输入的合数为 6154380,其分解成的素数乘积为 2×2×3×3×3×3×5×29×131,其中 2 出现两次,3 出现 4 次,5、29 和 131 只出现一次,所以只输出 5、29、131。

17. 编写一个程序,输入一个整数 n(2＜n＜40),输出由 n 行 * 组成的三角形,下图为输入 5 时的输出。

```
    *
   ***
  *****
 *******
*********
```

18. 编写一个程序,输入一个整数 n(2＜n＜40),输出由 n 行 * 组成的菱形(输入 7 时的输出如下,注意区分 n 的奇偶性)。

```
   *
  ***
 *****
*******
 *****
  ***
   *
```

19. 编写一个程序,输入一个整数 n(2<n<40),输出由 n 行字母组成的菱形(输入 7 时的输出如下,注意区分 n 的奇偶性)。

```
   A
  ABA
 ABCBA
ABCDCBA
 ABCBA
  ABA
   A
```

20. 编写一个程序,输入一个整数 n(2<n<40),输出由 n 行字母组成的菱形(输入 7 时的输出如下,注意区分 n 的奇偶性)。

```
   A
  BBB
 CCCCC
DDDDDDD
 CCCCC
  BBB
   A
```

21. 棋盘麦粒。在印度有一个古老的传说:舍罕王打算奖赏国际象棋的发明人——宰相西萨·班·达依尔。国王问他想要什么,他对国王说:"陛下,请您在这张棋盘的第 1 个小格里赏给我 1 粒麦子,在第 2 个小格里给 2 粒,第 3 个小格里给 4 粒,之后每个小格里都比前一小格多一倍。请您把能够这样摆满棋盘上所有 64 格的麦粒,都赏给您的仆人吧!"国王觉得这要求太容易满足了,就命令给他这些麦粒。当人们把一袋袋的麦子搬来开始计数时,国王才发现:就是把全印度甚至全世界的麦粒全拿来,也满足不了宰相的要求。请计算宰相要求得到的麦粒到底有多少粒。

22. 一个数的数根是该数的各位数字之和。如果得到的和是一位数,那么这个和就是数根;如果和是多位数,那么再次计算这个多位数的各位数字之和;如此反复,直到计算得到的是一位数为止,请编程输出 100～10 000 之间所有的数的数根。

23. 回文数是指这样一个数字序列,其从前往后读和从后往前读是相同的。这种数具有独特的性质和研究价值,在数学中作为一种特殊的数存在。例如,121、5335、6 084 806 等都是回文数,因为它们正读和反读都是一样的。请编程输出 100～10 000 之间所有的回文数。

24. 任取一个正整数,把它反过来写,两数相加,再重复此步骤,一般可以得到一个回文数。输入一个正整数,计算并输出生成回文数的过程。

25. 用数字 1～9 组成一个 9 位数,使这个数的第 1 位能被 1 整除,前两位能被 2 整除,前 3 位能被 3 整除……前 8 位能被 8 整除,整个 9 位能被 9 整除。请编程计算该数是多少。

26. 水仙花数也称为超完全数字不变数、自恋数、自幂数、阿姆斯壮数或阿姆斯特朗数,是指一个 n 位数(n≥3),其每位数字的 n 次幂之和等于它本身。例如三位数 $153,1^3+5^3+3^3=153$。请编程输出 100～10 000 之间所有的水仙花数。

27. 完数又称完全数或完美数,是一种特殊的自然数,它等于其所有真因子(即除了自身以外的约数)的和。请编程输出 100～10 000 之间所有的完数。

28. 盈数又称丰数或过剩数,是指一个正整数除了自身之外所有因子之和比自身大的数。请编程输出 100～10 000 之间所有的盈数。

29. 亏数又称缺数,是指一个正整数除了自身之外所有因子之和比自身小的数。请编程输出 100～10 000 之间所有的亏数。

30. 完全平方数指某数的平方,请编程输出 100～10 000 之间所有的完全平方数。

31. 神秘数是指该数与组成该数的数字的阶乘和相等,请编程输出 100～10 000 之间所有的神秘数。

32. 亲密数又称相亲数、亲和数、友爱数、友好数,是指两个正整数中彼此的全部正约数之和(自身除外)与另一方相等。请编程输出 100～10 000 之间所有的亲密数。

33. 自守数又称同构数,是指一个数的平方的尾数等于该数自身的自然数。请编程输出 100～10 000 之间所有的自守数。

34. 高次方数的尾数。在计算高次方数的尾数时,可以利用尾数规律来简化计算过程。具体来说,乘积的最后三位的值只与乘数和被乘数的最后三位有关,与它们的高位无关。因此,在计算高次方数的尾数时,只需要关注数字的后三位,并在每次乘法运算后取结果的最后三位进行下一次计算。输入一个整数 n,计算并输出 n 的 n 次方的末尾三位数。

35. 素数又称质数,是指在大于 1 的自然数中,除了 1 和它本身以外不再有其他因数的自然数。357 686 312 646 216 567 629 137 称为可截断素数,每次将它从左边删除 1 位数字,得到的数字也是素数;而 $\underbrace{99\cdots998}_{252个9}\ \underbrace{99\cdots99}_{253个9}$ 称为最"酷"的素数。素初数是指比一定数量的连续素数的乘积多 1 或少 1 的素数(注意 2 和 3 均为素初数)。如果 p 和 2p+1 均为素数,则素数 p 为苏菲杰曼素数,2p+1 为安全素数。请编程输出 100～10 000 之间所有的素数、素初数和苏菲杰曼素数。

36. 可逆素数是指一个数本身是素数,同时它的反序数(即将该数的数字倒序排列后得到的数)也是素数。例如,127 和 721 都是素数,因此 127 是一个可逆素数。请编程输出 100～10 000 之间所有的可逆素数。

37. 回文素数是指一个数既是回文数又是素数。请编程输出 100～10 000 之间所有的回文素数。

38. 孪生素数是指两个差为 2 的素数,例如 3 和 5、17 和 19 等。请编程输出 100～10 000 之间所有的孪生素数。

39. 梅森素数是指形如 2^p-1(常记为 M_p)的数,其中指数 p 是素数。如果 M_p 是素数,就称为梅森素数。目前最大的梅森素数是 2024 年 10 月 11 日通过英伟达 A100 初步发现并于次日由英伟达 H100 通过 Lucas-Lehmer 测试证实的 $2^{136279841}-1$,该数有 41 024 320 位,也是有史以来发现的第 52 个已知的梅森素数。请编程输出 100～10 000 之间所有的梅森素数。

40. 黑洞数又称陷阱数,是具有奇特转换特性的整数。任何一个各位数字不全相同的整数,经有限次"重排求差"(将组成该数的数字重排后得到的最大数减去重排后得到的最小数)操作,总会得到一个或一些数,这些数即为黑洞数。请编程分别计算两位、三位、四位和五位黑洞数。

41. 自恋性数字黑洞是指取任意一个可被 3 整除的正整数,分别将其各位数字的立方求出,将这些立方值相加组成一个新数(这个过程称作一步),对新数不断重复这个过程,最终结果即为 153,又称"153 黑洞"。当一个 n 位数的各位数字的 n 次方之和等于这个数本身,这个数就叫自恋数。三位数中的自恋数又称为"水仙花数",四位数中的自恋数又称为"玫瑰花数",五位数中的自恋数又称为"五角星数"。当数字个数大于五位时,这类数字就统称为"自幂数"。

数字黑洞"西西弗斯串"指任取一个数,依次写下它各位中所含的偶数个数,奇数个数与该数的位数,将得到一个正整数(这个过程称作一步)。对这个新的数再把它的偶数个数、奇数个数与位数拼成另一个正整数,如此重复,最后必然停留在数 123,又称"123 黑洞"。

卡普雷卡尔黑洞指任意一个各位数字不完全相同的三位数,把这个三位数的三个数字按大小重新排列,得出最大数和最小数,两者相减得到一个新数(这个过程称作一步)。然后对新数不断重复这个过程,最后总会得到 495 这个数字,又称"重排求差 495 黑洞"。

卡普耶卡常数指任意选一个各位数字不完全相同的四位数,把这个四位数的四个数字按大小重新排列,得出最大数和最小数,两者相减得到一个新数(这个过程称作一步)。然后对新数不断重复这个过程,最后总会得到 6174 这个数字,并且不超过 7 步,又称"重排求差 6174 黑洞"。

(1) 按照从小到大输出所有的"水仙花数""玫瑰花数"和"五角星数";

(2) 每个水仙花数中,是否各位数字都相同,如果不是,分别计算其到达 495 黑洞所需要的步数;

(3) 每个玫瑰花数中,是否各位数字都相同,如果不是,分别计算其到达 6174 黑洞所需要的步数;

(4) 每个五角星数中,分别计算其到达 123 黑洞所需要的步数;

(5) 任意输入一个能被 3 整除的 3 位数,计算其到达 153 黑洞所需要的步数。

42. 哥德巴赫猜想。1742 年 6 月 7 日哥德巴赫写信给当时的大数学家欧拉,正式提出了以下猜想:(1)任何一个大于 6(包含 6)的偶数都可以表示成两个素数之和;(2)任何一个大于 9(包含 9)的奇数都可以表示成三个素数之和。输入一个数,验证哥德巴赫猜想。

43. 卡普雷卡数是指位数为偶数的正整数按位数相等的原则分为左右两部分,两部分相加后自乘,如果最终结果等于原数,则该数为卡普雷卡数。请编程输出四位的卡普雷卡数(注意 9801 不满足要求,因为分成了 98 和 1 两个数,1 是 1 位数,98 是两位数)。

44. 两段和平方数指一个正整数 n 分为前后两段(两段的位数不要求相等),若分段后的两个正整数之和的平方等于 n,则称 n 为两段和平方数。请编程输出 100~10 000 的两段和平方数。

45. 斋藤猜想:任意一个偶数均可表示为两个素数之差。输入一个偶数,验证斋藤猜想。

46. 陈氏定理。中国数学家陈景润于 1966 年证明:任意一个充分大的偶数都是一个质数与一个自然数之和,而后者可表示为两个质数的乘积。输入一个数,验证陈氏定理。

47. 角谷猜想又称冰雹猜想、奇偶归一猜想、3n+1 猜想、哈塞猜想、乌拉姆猜想或叙拉古猜想,是指一个正整数 x,如果它是奇数就乘以 3 再加 1,如果它是偶数就析出偶数因子 2^n,这样经过若干次,最终回到 1。输入一个数,验证角谷猜想。

48. 四方定理是指每个自然数可以表示为四个自然数的平方和,即 $a^2 + b^2 + c^2 + d^2 = e$(这里认为 0 也是自然数)。请编程计算,当输入 e 的值时,a、b、c 和 d 的值分别是多少（a≤b≤c≤d）。

49. 尼科彻斯定理又称奇数立方和定理，即任何一个整数 m 的立方都可以表示为 m 个连续奇数的和。输入一个数，验证尼科彻斯定理。

50. 费马大定理又称"费马最后的定理"，大约在 1637 年左右由法国数学家费马提出。它断言当整数 n＞2 时，关于 x、y、z 的方程 $x^n+y^n=z^n$ 没有正整数解。这个定理历经三百多年，最终在 1995 年被英国数学家安德鲁·怀尔斯证明。但是可以找到大于 1 的 4 个整数，满足 $a^3+b^3+c^3=d^3$。请编程计算，当输入 d 的值时，a、b 和 c 的值分别是多少（a≤b≤c）。

51. 1640 年，费马提出了一个猜想：当 n 是非负整数时，$F_n=2^{2^n}$ 都是质数。后人把由这个公式算出来的数叫作"费马数"。请验证该猜想（如果不是质数，输出其非 1 真因子。截至 2018 年，经验证 n 为 0～4 时，结果都是质数；n 为 5～11 时，结果都不是质数）。

52. 使用 Python 的循环分别输出下列式子。

（1）用 1 生成回文数（用 1 生成回文数是一种办法，1 个 1 到 9 个 1 的平方都是回文数，10 个 1 的平方则不是）。

```
        1 * 1         = 1
       11 * 11        = 121
      111 * 111       = 12321
     1111 * 1111      = 1234321
    11111 * 11111     = 123454321
   111111 * 111111    = 12345654321
  1111111 * 1111111   = 1234567654321
 11111111 * 11111111  = 123456787654321
111111111 * 111111111 = 12345678987654321
```

（2）生成 9 开头的按位递减数。

```
        1 * 8 + 1 = 9
       12 * 8 + 2 = 98
      123 * 8 + 3 = 987
     1234 * 8 + 4 = 9876
    12345 * 8 + 5 = 98765
   123456 * 8 + 6 = 987654
  1234567 * 8 + 7 = 9876543
 12345678 * 8 + 8 = 98765432
123456789 * 8 + 9 = 987654321
```

（3）生成全 1 的数。

```
        0 * 9 + 1  = 1
        1 * 9 + 2  = 11
       12 * 9 + 3  = 111
      123 * 9 + 4  = 1111
     1234 * 9 + 5  = 11111
    12345 * 9 + 6  = 111111
   123456 * 9 + 7  = 1111111
  1234567 * 9 + 8  = 11111111
 12345678 * 9 + 9  = 111111111
123456789 * 9 + 10 = 1111111111
```

(4) 生成全 8 的数。

```
        0 * 9 + 8 = 8
        9 * 9 + 7 = 88
       98 * 9 + 6 = 888
      987 * 9 + 5 = 8888
     9876 * 9 + 4 = 88888
    98765 * 9 + 3 = 888888
   987654 * 9 + 2 = 8888888
  9876543 * 9 + 1 = 88888888
 98765432 * 9 + 0 = 888888888
```

★53. 连接香港、珠海和澳门的港珠澳大桥全长 55 千米,是世界上里程最长、沉管隧道最长、钢结构最大、施工难度最高、技术含量最高、科学专利和投资金额最多的跨海大桥,2018 年分别获全球最佳桥隧项目奖、国际隧道协会重大工程奖和英国土木工程师学会隧道工程奖,2020 年分别获中国建设工程鲁班奖和国际桥梁大会超级工程奖。输入桥梁建设贷款成本 a、年利率 b、每年运营及维护成本 c 和运营收入 d 的值,进行如下计算:

(1) 按每年等额本息的还款方式,至少需要多少年能还清贷款? 还款中总利息是多少?

(2) 在问题(1)的还款年限下,若采用等额本金的还款方式,每年的还款金额是多少? 还款中总利息又是多少?

★54. 中国春秋战国时代就发明了九九乘法表,后来向东传入高丽、日本,经过丝绸之路向西传入印度、波斯,继而流行全世界。十进位制和九九乘法表是古代中国对世界文化一项重要的贡献。九九乘法表只需要 45/81 项,而古代世界上其他国家的乘法表的项数都比较多,如玛雅乘法表需要 190 项,巴比伦乘法表需要 1770 项,埃及、希腊、罗马、印度等国的乘法表则有无穷多项。编写程序输出中国的九九乘法表。

55. 据《周髀算经》记载,周朝的数学家商高提出了"勾三股四弦五"这一勾股定理的特例,因此勾股定理也称为"商高定理",这比第二位发现者毕达哥拉斯早了 550 年。请编程输出 100~10 000 之间所有的勾股数。

★56. 关于圆周率,中国古算书《周髀算经》(约公元前 2 世纪)中有"径一而周三"的记载。西汉律历学家刘歆所撰写的《审度·嘉量·衡权》为中国最早的度量衡专著,奠定了中国古代度量衡研究的基础;他造有圆柱形的标准量器,据量器铭文计算,所用圆周率为 3.1547,世称"刘歆率"。公元 130 年,东汉数学家张衡算出的圆周率约为 3.162,这个值不太准确,但它简单易理解。3 世纪中期,魏晋时期的数学家刘徽首创割圆术,为计算圆周率建立了严密的理论和完善的算法。所谓割圆术,就是不断倍增圆的内接正多边形的边数以求出圆周率的方法。刘徽从圆内接六边形开始割圆,循环算到 3072 边形的面积,得到 π = 3927/1250 = 3.1416,称为"徽率",这是当时世界上最精确的圆周率。祖冲之在刘徽的基础上,算到了正 24576 边形,并根据刘徽的圆周率不等式,确定了圆周率的下限(朒数)为 3.1415926,上限(盈数)为 3.1415927,还得到了两个近似分数值密率 355/113 和约率 22/7(也称为"祖率"),其前六位都是正确的,比欧洲早一千余年。祖冲之的这一成果在全世界享有很高的声誉,巴黎"发现宫"科学博物馆的墙壁上介绍了祖冲之求得的圆周率,莫斯科大学礼堂的走廊上镶嵌着祖冲之的大理石雕像,月球上有以祖冲之命名的环形山……曾纪鸿(曾国藩之子)在其著作《圆率考真图解》中对西方数学家尤拉的计算圆周率的方法进行改进,删繁就简,《畴人传》的作者诸可宝评价他"为从古所未有"。2024 年 7 月 4 日,独立存储研究机构 StorageReview 与闪存领导厂商 Solidigm 联合宣布,将圆周率计算到了小数点后 202 万亿位。编写程序,输入割圆次数,输出根据割圆法计算出来的圆周率的值。

★57. 杨辉三角是二项式系数在三角形中的一种几何排列,在中国南宋数学家杨辉 1261 年所著的《详解九章算法》一书中出现。在欧洲,帕斯卡(1623—1662)在 1654 年发现这一规律,所以这个表又叫作帕斯卡三角形。帕斯卡的发现比杨辉迟 393 年,比贾宪迟 600 年。杨辉三角是中国古代数学的杰出研究成果之一,它把二项式系数图形化,把组合数内在的一些代数性质直观地用图形体现出来,是一种离散型的数与形的结合。

编写程序,实现以下功能。

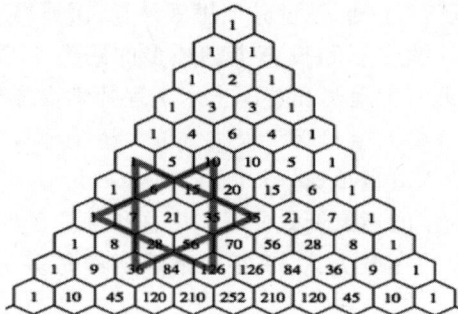

图　1.39

(1) 输入一个数 n,输出 n 行的杨辉三角。

(2) 在杨辉三角中,构成大卫之星形状的两个三角形的二项式系数(即三角形三个顶点上的数)的最大公约数相等,而且它们的乘积相等,这就是大卫之星定理。输入本题(1)所得杨辉三角中的某个值,判断是否存在以该值为中心的两个大卫之星形状的三角形。如果存在,计算其最大公约数和乘积。例如,对于图 1.39 中的 21,就存在以其为中心构成的大卫之星形状的两个三角形。

★58. 在世界上,中国最早提出了最小公倍数的概念。由于分数加、减运算的需要,也是在《九章算术》中提出了求分母的最小公倍数的问题。在西方,到 13 世纪意大利数学家斐波那契才第一个论述了这一概念,比中国至少迟一千二百多年。输入两个整数,编程计算并输出这两个数的最小公倍数。

★59. 最大公约数是指两个或多个整数的共有约数中最大的一个。中国古代的数学著作《九章算术》提出了更相减损术来计算最大公约数,它原本是为约分而设计的,但它适用于任何需要求最大公约数的场合。原文是"可半者半之,不可半者,副置分母、子之数,以少减多,更相减损,求其等也。以等数约之",具体过程如下。

第一步:任意给定两个正整数,判断它们是否都是偶数。若是则用 2 约简,若不是则执行第二步。

第二步:以较大的数减较小的数,接着把所得的差与较小的数比较,并以大数减小数。重复这个操作,直到所得的减数和差相等为止。

第一步中约掉的若干 2 的乘积与第二步中相等数的乘积就是所求的最大公约数。其中所说的"等数"就是公约数,求"等数"的办法是"更相减损"法。

输入两个非负整数,通过更相减损法计算并输出这两个数的最大公约数。

★60. 孙子定理是中国古代求解一次同余式组(见同余)的方法。它是数论中一个重要定理,又称中国剩余定理,凝结着中国古代数学家的智慧,在加密、秘密共享、数字签名等领域都有重要应用。一元线性同余方程组问题最早可见于中国南北朝时期(公元 5 世纪)的数学著作《孙子算经》卷下第二十六题,叫作"物不知数"问题,原文为"有物不知其数,三三数之剩二,五五数之剩三,七七数之剩二。问物几何?"即一个整数除以三余二,除以五余三,除以七余二,求这个整数。《孙子算经》中首次提到了同余方程组问题及这个具体问题的解法,因此在中文数学文献中也会将中国剩余定理称为孙子定理。编程计算该数。

61. 辗转相除法又称欧几里得算法,也是一种用于计算两个非负整数 a 和 b 的最大公约数的方法。这种方法基于以下原理:两个整数的最大公约数等于其中较小的数和两数相除所得余数的最大公约数。具体操作步骤如下。

第一步:初始化。设定两个数 a 和 b,其中 a > b。

第二步:计算余数。计算 a 除以 b 的余数,记为 r。

第三步:更新数值。将 b 的值替换为 r,即 b=r。

第四步:重复计算。如果 r 不为 0,则重复第二步和第三步,直到 r 为 0。此时,b 即为 a 和 b 的最大公约数。

输入两个非负整数,通过辗转相除法计算并输出这两个数的最大公约数。

62. 费马数是费马引入的一类形如 $d=2^{(2^m)}+1$ 的自然数,其中 m 是自然数。费马计算了 m 为 0,1,2,3,4 时的费马数,发现均为质数,他猜测所有的费马数都是质数。一百多年后,欧拉计算并分解了第 6 个费马数,否定了这一猜想。直到 2018 年,经验证 m 为 5,6,…,11 时费马数都不是质数。请分解这些费马数。

63. 费马大定理表明,当 n 大于或等于 3 时,方程 $x^n+y^n=z^n$ 无正整数解,试验证 n=2 时是否有正整数解。

64. 在费马猜想的启发下,欧拉也提出了一个猜想,叫作费马大定理-欧拉猜想,猜想的内容是以下方程无正整数解。例如,当 n=4 时,方程 $a_1^4+a_2^4+a_3^4=b^4$ 无正整数解;当 n=5 时,方程 $a_1^5+a_2^5+a_3^5+a_4^5=b^5$ 无正整数解。目前已证明,当 n=4 和 n=5 时,该猜想不成立。请举例证明。

$$\sum_{i=1}^{n-1} a_i^n = b^n, \quad \forall n > 2$$

65. 完全立方三元组是指形如 $x^3+y^3+z^3=xyz$ 的三元组,其中 x,y,z 是自然数(0 也是自然数)。请找出一组完全立方三元组。

66. Munchausen 数是一个自然数,该数等于其每位数字的幂之和,如 $3^3+4^4+3^3+5^5=3435$。请找出 10 000 以内的所有 Munchausen 数。

67. 贝特朗定理表示,在任何给定的、大于 3 的整数 n 和 2n 之间至少存在一个素数 p。输入一个大于 3 的整数,找出相应的素数 p。

68. 魔法六边形。如图 1.40 所示,有 19 个六边形,每个六边形上面要标注一个数字(从 1 到 19),将它们拼在一起成为一个大六边形,共 3 个方向 15 条直线,每条直线上的数字之和都相等。阿当斯从 1910 年开始求解该问题,直到 1962 年才完成求解。请问这个和是多少?图中每个六边形里的数字分别是什么(注意在填写数字后,将大六边形旋转或反射所得的六边形被认为与原六边形相同)?

69. 用数字 1~9 组成一个 9 位数,将该数乘以

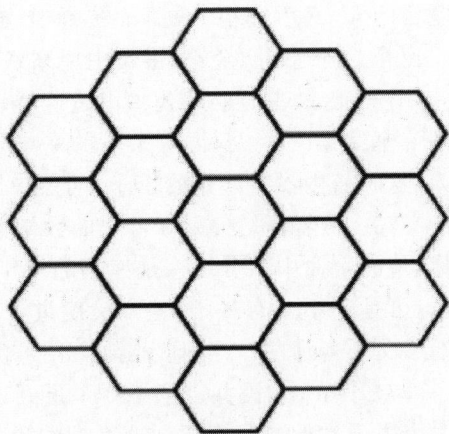

图 1.40

2 得到新的不含重复数字的 9 位数,将该乘积再乘以 2 依然得到不含重复数字的 9 位数,将新的乘积再乘以 2 依然得到不含重复数字的 9 位数,将最新的乘积再乘以 2 得到不含重复数字的 10 位数,将最后的乘积再乘以 2 依然得到不含重复数字的 10 位数,请问该数是多少?

70. 神奇的真分数。

(1) 有一个真分数,化成小数后,把小数点后前 10 位数字按每两位断开,形成的 5 个数依次是 02、04、08、16、32,每个数正好是前一个数的两倍,请问该真分数是多少?

(2) 有一个真分数,化成小数后,把小数点后前 20 位数字按每两位断开,形成的 10 个数中从第 3 个数开始,每一个数等于前两个数之和,请问该真分数是多少?

(3) 有一个真分数,化成小数后,把小数点后前 46 位数字按每两位断开,形成从 1 到 23 连续 23 个自然数,请问该真分数是多少?

(4) 古埃及分数也称为单分子分数或者单位分数,即分子为 1 的分数,如 1/2、1/3、1/4 等;而非单分子分数可以表示成若干古埃及分数的和,如 19/20＝1/2＋1/4＋1/5 或者 19/20＝1/2＋1/3＋1/9＋1/180。在众多的分解方法里,各项不能相同且项数越少越好、最小的分数越大越好。

① 定理:所有的正有理数都可以表示为不同的单位分数之和。输入一个正有理数,将其表示为不同的单位分数之和。

② Erdos 猜想:对于所有的 n＞1,方程 4/n＝1/x＋1/y＋1/z 都有正整数解。Stralss 进一步猜想,当 n≥2 时,方程的解 x,y,z 满足 x＜y＜z。1963 年,柯召、孙奇、张先觉证明了 Erdos 猜想与 Stralss 猜想等价,几年后 Yamanot 又把该研究结果发展到 10 的 7 次方。输入一个大于 1 的整数 n,计算该方程的正整数解。

③ Sierpinski 猜想:当 n≥3 时方程 5/n＝1/x＋1/y＋1/z 有互不相等的正整数解。输入一个大于或等于 3 的整数 n,计算该方程的互不相等的正整数解。

71. 传说从前有一位王子,有一天他把几个妹妹召集起来,出了一道数学题考她们。题目如下:有金、银两个首饰箱,分别装有若干首饰,如果把金箱中 25% 的首饰送给第一个算对这个题目的人,把银箱中 20% 的首饰送给第二个算对这个题目的人,然后再从金箱中拿出 5 件首饰送给第三个算对这个题目的人,再从银箱中拿出 4 件首饰送给第四个算对这个题目的人,最后金箱中剩下的首饰比分掉的首饰多 10 件,银箱中剩下的首饰与分掉的首饰之比是 2∶1,请问金箱、银箱中原来各有多少件首饰?

72. 传说古时候某公主出过这样一道有趣的题:"一个篮子中有若干李子,取其中一半加一个给第一个人,再取余下的一半加两个给第二个人,又取剩余的一半加三个给第三个人,这时篮内没有剩余的李子,问篮中原有李子多少个?"

73. 刁藩都是公元 3 世纪的数学家,他的墓志铭上写道:"这里埋着刁藩都,墓碑铭告诉你,他的生命中六分之一是幸福的童年,再活了十二分之一度过了愉快的青年时代,他结了婚,可是还不曾有孩子,这样又度过了一生的七分之一;再过五年他得了儿子,不幸儿子只活了父亲寿命的一半,比父亲早死四年。刁藩都到底寿命有多长?"

74. 两个农民共带了 100 个蛋到市场上卖,两人所卖得的钱是一样的。第一个人对第二个人说:"假若我有像你这么多的蛋,我可以卖得 15 个克利采(一种货币名称)"。第二个人说:"假若我有了你这些蛋,我只能卖得六又三分之二个克利采。"问他们俩各有多少个蛋?

75. 公园里有甲、乙两种花,一群蜜蜂飞来,1/5落在甲花上,1/3落在乙花上,如果又有落在两种花上的蜜蜂数之差的三倍蜜蜂落在花上,那么只剩下一只蜜蜂上下飞舞欣赏花香,算算这里聚集了多少只蜜蜂。

76. 有一个雇主约定每年给工人12元钱和一件短衣,工人做工做了7个月想要离开,雇主给了他5元钱和一件短衣。这件短衣值多少钱?

77. 伟大的俄国作家托尔斯泰曾出过这样一道题:一组割草人要把两块草地的草割完。大块草地比小块草地大一倍,上午全部割草人都在大块草地割草。下午一半人仍留在大块草地上,傍晚时把草割完了;另一半人去小块草地割草,傍晚时还剩下一部分,这部分由一个割草人再用一天时间刚好割完。问这组割草人共有多少人(假设每个割草人的割草速度都相同)?

78. 一只狗追赶一匹马,狗跳6次的时间,马只能跳5次,狗跳4次的距离和马跳7次的距离相同,马跑了5.5公里以后,狗开始在后面追赶,问马跑多长的距离之后被狗追上?

79. 有人问船长,他领导多少人,他回答说:"2/5去站岗,2/7在工作,1/4在医院,27人在船上。"问他领导多少人?

80. 一位妇女在河边洗碗,过路人问她为什么洗这么多碗,她回答说:家中来了很多客人,他们每两人合用一只饭碗,每三人合用一只汤碗,每四人合用一只菜碗,共用了65只碗。你能从她家的用碗情况,算出她家来了多少客人吗?

81. 大和尚每人吃4个馒头,小和尚4人吃1个馒头。有大小和尚共100人,吃了100个馒头。问大、小和尚各几人?各吃了多少馒头?

82. 美籍华裔物理学家李政道教授回中国讲学时,访问了中国科学技术大学,会见了少年班的部分同学。会见时,他给少年班同学出了一道题:五只猴子分一堆桃子,怎么也平分不了,于是大家同意先去睡觉,明天再说。夜里一只猴子偷偷起来,把一个桃子扔到山下后,正好可以分成五份,它就把自己的一份藏起来,睡觉去了。第二只猴子爬起来也扔了一个桃子,刚好分成五份,也把自己那一份收起来了。第三、第四、第五只猴子都是这样,扔了一个桃子后刚好可以分成五份,也把自己那一份收起来了,最后剩下1020个桃子。问一共有多少个桃子?

★83.《九章算术》是我国最古老的数学著作之一,全书共分九章,有246道题。其中一道题如下:一个人用车装米,从甲地运往乙地,装米的车日行25千米,不装米的空车日行35千米,5日往返三次,问甲乙两地相距多少千米?

★84.《张立建算经》是中国古代算书之一。书中有这样一道题:公鸡每只值5元,母鸡每只值3元,小鸡每三只值1元。现在用100元钱买100只鸡,问这100只鸡中,公鸡、母鸡、小鸡各有多少只?

★85.《算法统宗》是中国古代数学著作之一。书里有这样一道题:甲牵一只肥羊走过来问牧羊人:"你赶的这群羊大概有100只吧",牧羊人答:"如果这群羊加上一倍,再加上原来这群羊的一半,又加上原来这群羊的1/4,连你牵着的这只肥羊也算进去,才刚好凑满一百只。"请计算牧羊人赶的这群羊共有多少只。

86. 明代数学家吴敬所著的《九章算法比类大全》中有这样一首诗:"远看巍巍塔七层,红光点点倍加增,共灯三百八十一,请问尖头几盏灯?"请编程求解。

87. 有这样一个特殊三角形,其边长为整数,周长和面积的数值相等,请输出这个三角形的三边边长。

88. 出租车数也称为拉马努金数字，是一种非常有名的数字。有一天哈代坐出租车去医院看望拉马努金，下车时注意到车牌号是 1729，当他走进拉马努金的病房，还没打招呼，先脱口而出的是他对这个数字的失望，他说这是一个无聊乏味的数字，希望这不是什么坏兆头。拉马努金说："哈代，你错了，这是一个非常有趣的数字，它是能用两种不同方式表示为两个不同正立方数之和的最小的数。"试再找出 4 个拉马努金数字。

89. 如果你取某一个数字的每位数字，将它们重新排列成两个新数字，而这两个新数字相乘得到原来的数字，那么这样的数字就是一个吸血鬼数字。例如 1260 可以拆分为 60 和 21，且 1260＝60×21，1260 就是吸血鬼数字，60 和 21 称为它的獠牙。试再找出两个吸血鬼数字。

三、课外在线作业

1. 打印星号。

任意输入一个整数 n，输出一个 n 行的图案，每行都是由数字、空格与 * 组成，* 后无空格。

【输入样例】

5

【输出样例】

```
0 *********
1 *******
2  *****
3   ***
4    *
```

2. 缺憾数。

缺憾数是指这个数加 1 之后可以表示成另一个数的平方的形式。例如 8 和 99 就是两个缺憾数，即

$$8+1=3^2$$

$$99+1=10^2$$

任意输入两个正整数 m 和 n，按顺序输出由 m 和 n 这两个数字构成的范围内所有的缺憾数。

【输入样例】

48

10

【输出样例】

15

24

35

3. 分苹果。

把一堆苹果分给 n 个小朋友，每个人拿到的苹果数量不同，并且每个人至少有一个苹

果。任意输入小朋友的数量 n,问这堆苹果至少应该有多少个。

【输入描述】

任意输入小朋友的数量 n。

【输出描述】

输出这堆苹果至少应该有多少个。

【输入样例】

3

【输出样例】

6

4. n 的 n 次方。

当数字的位数高达上百位时,这样庞大的数字在计算机中的计算已经完全不能用简单的加减乘除来实现,但是对于这种高精度数字的处理也是编程中必不可少的。

任意输入一个数字 n(99 999<n<99 9999),计算 n 的 n 次方(即连续 n 个 n 相乘)的最后 3 位数字是多少。

【输入描述】

一个数字 n(99 999<n<99 9999)。

【输出描述】

计算 n 的 n 次方(即连续 n 个 n 相乘)的最后 3 位数字。

【输入样例】

123456

【输出样例】

856

5. 判断质数。

尼克给了格莱尔几个数,要求他判断是否素数。试编一个程序,输入一个自然数,判断其是不是素数。

说明:如果一个大于 1 的自然数的因子只有两个(1 和它本身),那么这个数就是素数,否则就是合数。特别的,1 既不是素数也不是合数。

【输入描述】

一行,为一个整数。

【输出描述】

一行。如果输入的是素数,输出"Y";否则,输出"N"。

【输入样例】

18

【输出样例】

N

6. 亲和数。

自然数 a 的因子是指能整除 a 的所有自然数,但不含 a 本身。例如,12 的因子为 1,2,3,4,6。若自然数 a 的因子之和为 b,而且 b 的因子之和又等于 a,则称 a、b 为一对"亲和数"。求最小的一对亲和数(a<b)。

【输入描述】

无

【输出描述】

一行，包含 a 和 b(a＜b)。

【输入样例】

无

【输出样例】

220 284

7. 水仙花数。

尼克在学习了水仙花数后，想找出所有的水仙花数，但他没有足够的时间去做这件事。试编一个程序，求出所有的水仙花数。

【输入描述】

无

【输出描述】

一行，包含若干整数，表示所有的水仙花数，两数之间以一个空格隔开。

【输入样例】

无

【输出样例】

153   370   371   407

8. 求平均年龄。

班上有学生若干，给出每名学生的年龄（整数），求班上所有学生的平均年龄，保留到小数点后两位。

【输入描述】

第一行为一个整数 n(1≤n≤100)，表示学生的人数；其后 n 行每行为 1 个整数，分别表示每名学生的年龄，取值为 15～25。

【输出描述】

输出一行，该行包含一个浮点数，为所求的平均年龄，保留到小数点后两位。

【输入样例】

2

18

17

【输出样例】

17.50

9. 求奇偶数之和。

利用 for 循环，分别输出 1～n 之间的所有奇数的和、所有偶数的和。

【输入描述】

输入 n(1≤n≤100)。

【输出描述】

输出一行，包含两个数（用一个空格隔开），分别为偶数之和与奇数之和。

【输入样例】

10

【输出样例】

30　25

10. 求小数的某一位。

分数 a/b 化为小数后,小数点后第 n 位的数字是多少?

【输入描述】

三个正整数 a、b、n,相邻两个数之间用一个空格隔开,0<a<b<100,1≤n≤100。

【输出描述】

一个数字。

【输入样例】

1 2 1

【输出样例】

5

11. 韩信点兵。

韩信点兵又称为中国剩余定理。相传汉高祖刘邦问大将军韩信统御多少士兵,韩信答,每 3 人一列余 2 人,5 人一列余 4 人,7 人一列余 6 人。输入任意一个数字 n(0≤n≤10 000),表示刘邦总的兵力,计算韩信可能统御的士兵数量并依次输出。

【输入描述】

输入任意一个数字 n(0≤n≤10 000),表示刘邦总的兵力。

【输出描述】

计算韩信可能统御的士兵数量并依次输出,每行一个数,从小到大。

【输入样例】

500

【输出样例】

104　209　314　419

12. 组合取球。

一个箱子里面存放着 50 个球,其中 10 个红色,10 个黄色,30 个蓝色。现在从箱子里面任意取 n 个球,计算并输出不同颜色的球的数量组合一共有多少种可能。

【输入描述】

一个正整数 n。

【输出描述】

一个正整数,表示可能的组合总数。

【输入样例】

2

【输出样例】

6

13. 计算球弹跳高度。

一个球从某一高度(整数,单位:米)落下,每次落地后反弹回原来高度的一半,再落下。

编程计算球在第 10 次落地时共经过多少米？第 10 次反弹多高？

【输入描述】

输入一个整数 h(1≤h≤100)，表示球的初始高度。

【输出描述】

输出包含两行。

第 1 行：到球第 10 次落地时一共经过的米数。

第 2 行：第 10 次弹跳的高度。

【输入样例】

18

【输出样例】

53.9297

0.0175781

14. 金币。

国王将金币作为工资，发放给忠诚的骑士。第 1 天，骑士收到一枚金币；之后两天（第 2 天和第 3 天）里，每天收到两枚金币；之后三天（第 4、5、6 天）里，每天收到三枚金币；之后四天（第 7、8、9、10 天）里，每天收到四枚金币……这种工资发放模式会一直延续下去：当连续 n 天每天收到 n 枚金币后，骑士会在之后的连续 n+1 天里，每天收到 n+1 枚金币（n 为任意正整数）。

编写一个程序，计算从第一天开始的给定天数内，骑士一共获得了多少金币。

【输入描述】

一个整数（范围为 1~10 000），表示天数。

【输出描述】

骑士获得的金币数。

【输入样例】

6

【输出样例】

14

15. 角谷猜想。

所谓角谷猜想是指对于任意一个正整数，如果它是奇数，则乘 3 加 1，如果它是偶数，则除以 2；得到的结果再按照上述规则重复处理，最终总能够得到 1。例如，假定初始整数为 5，计算过程为 16、8、4、2、1。编写程序，要求输入一个整数，将经过处理得到 1 的过程输出。

【输入描述】

一个正整数 N(N≤2 000 000)。

【输出描述】

从输入整数到 1 的步骤，每一步为一行，描述计算过程，最后一行输出"End"。如果输入为 1，直接输出"End"。

【输入样例】

5

【输出样例】

5 * 3+1=16

16/2＝8
8/2＝4
4/2＝2
2/2＝1
End

16. 斐波那契数列。

斐波那契数列是指这样的数列：数列的第一个和第二个数都为1，接下来每个数都等于前面两个数之和。给出一个正整数k，求斐波那契数列中第k个数是多少。

【输入描述】

输入一行，包含一个正整数k（$1 \leqslant k \leqslant 46$）。

【输出描述】

输出一行，包含一个正整数，表示斐波那契数列中第k个数的值。

【输入样例】

19

【输出样例】

4181

17. 求最大公约数（欧几里得算法）。

给出两个正整数，求出它们的最大公约数。

【输入描述】

第一行输入一个整数n（$0 < n \leqslant 1000$），表示有n组测试数据；随后的n行每行输入两个整数x、y（$0 < x, y \leqslant 100\,000$）

【输出描述】

输出每组测试数据的最大公约数。

【输入样例】

3

6　6

12　11

33　22

【输出样例】

6

1

11

18. 药房管理。

对药品的管理是药房管理中的一项重要内容。现在药房的管理员希望使用计算机来辅助管理。假设对于任意一种药品，每天开始工作时的库存总量已知，并且一天之内不会通过进货的方式增加。每天有很多病人前来取药，每个病人希望取走不同数量的药品。如果病人需要的数量超过了当时的库存量，药房会拒绝该病人的请求。管理员希望知道每天有多少病人没有取到药。

【输入描述】

共 3 行，第一行是每天开始时的药品总量 m；第二行是这一天取药的病人数 n（0＜n≤100）；第三行共有 n 个数，分别记录了每个病人希望取走的药品数量（按照时间先后的顺序）。

【输出描述】

只有 1 行，为这一天没有取到药品的病人数。

【输入样例】

30

6

10 5 20 6 7 8

【输出样例】

2

19. 成绩统计。

小黑所在班级考试结束了，班主任想让他统计班级的成绩情况，包括平均成绩、最高分、最低分。在这个过程中，小黑顺便为自己计算了排名，当然相同分数的人排名相同。

【输入描述】

输入共两行，第一行为一个整数 n（1≤n≤60），第二行为 n 个由空格分隔的整数，第一个整数为小黑的成绩。

【输出描述】

输出三行：

第一行为一个小数，是班级成绩平均数，四舍五入保留 4 位小数；

第二行为两个空格隔开的整数，分别为班级成绩最大值和最小值；

第三行为一个整数，是小黑的排名。

【输入样例】

5

99 98 99 98 97

【输出样例】

98.2000

99 97

1

20. 雇佣兵。

雇佣兵的最大体力值为 M，初始体力值为 0，战斗力为 N，拥有 X 个能量元素。当雇佣兵的体力值恰好为 M 时，才可以参加一个为期 M 天的战斗期，战斗期结束体力值将为 0。在同一个战斗期内，雇佣兵每连续战斗 n 天，战斗力就会上升 1 点，n 为当前战斗期开始时的战斗力。一个战斗期结束后，雇佣兵需要用若干能量元素使其体力恢复到最大值 M，从而参加下一个战斗期。每个能量元素可以恢复若干体力，但是每个能量元素可以恢复的体力值不超过当前的战斗力；每个能量元素只能使用一次。

求雇佣兵的战斗力最大可以达到多少。

说明：只在战斗期结束后可以使用能量元素；可以使用多个能量元素。

【输入描述】

输入一行,包括三个整数 M、N、X,相邻两个整数之间用单个空格隔开。M、N、X 均为不超过 10 000 的正整数。

【输出描述】

输出一个整数,为雇佣兵的最大战斗力。

【输入样例】

5　2　10

【输出样例】

6

21. 一个正整数有可能可以被表示为 n(n≥2)个连续正整数之和,如下:

15＝1＋2＋3＋4＋5

15＝4＋5＋6

15＝7＋8

编写程序,根据输入的任何一个正整数,找出符合这种要求的所有连续正整数序列。

【输入描述】

从控制台输入一个正整数(小于或等于 10 000)。

【输出描述】

在标准输出上输出符合题目描述的全部正整数序列,每行为一个序列,每个序列都从该序列的最小正整数开始、以从小到大的顺序输出。如果结果有多个序列,按各序列的最小正整数的大小从小到大输出各序列。此外,序列不允许重复,每个序列内的整数用一个空格分隔,每个序列最后一个整数后要有一个空格。如果没有符合要求的序列,输出"NONE"。

【输入样例 1】

15

【输出样例 1】

1 2 3 4 5

4 5 6

7 8

【输入样例 2】

16

【输出样例 2】

NONE

【样例说明】

样例 1 输入的是 15,其连续正整数序列有 3 个,则分别输出。样例 2 输入的是 16,不存在连续的正整数序列之和为 16,所以输出字符串"NONE"。

⚷ 实验七　列表实验

一、实验目的

1. 掌握列表的创建方法。

2. 掌握列表的访问方法。

3. 掌握列表的基本操作。

4. 掌握字符串与列表的区别以及相互转换的方法。

二、实验内容

1. 假设有三个列表：['你','我','他']，['宿舍','家里','学校']，['吃饭','睡觉','看书']。请编写程序，随机生成三个 0～2 的整数，将其作为索引分别访问三个列表的对应元素，然后造句。例如，随机生成 2、1、0，则输出句子"他在家里吃饭"。

2. 将两个列表合并，并按照升序排列。假设两个列表分别为[2,6,3]和[5,1,9]。

3. 获取列表中的前 n 个元素及最后 n 个元素。

4. 将列表中的奇数值替换为指定字符。假设列表为[1,2,3,4,5,6]，指定字符为'＊'。

5. 计算列表中偶数元素的平均值。假设列表为[1,2,3,4,5,6]。

6. 将列表中的元素值替换为其三次方。假设列表为[1,2,3,4,5,6]。

7. 合并两个已排序的列表，并且保持合并后的列表有序。假设两个列表分别为[1,3,5,7]和[2,4,6,8]。

8. 求整数 x 的各位数字之和。从键盘输入一个非负整数，计算其各位数字之和并输出结果。

9. 学校举办朗诵比赛，邀请了 10 位评委为每名参赛选手的表现打分。假设列表 lst_score=[8,10,8,9,10,7,6,8,7,10]存放了某位参赛选手的所有评委评分。编写程序，去掉一个最高分，去掉一个最低分，求出剩下 8 个分数的平均分，即该参赛选手的最终得分。

10. 斐波那契数列又称黄金分割数列，前两项均为 1，从第 3 项开始每一项等于前两项的和，即 1、1、2、3、5、8、13、21……编程输出该数列前 20 项，每 5 个数为一行。

★11. 大衍数列来源于《乾坤谱》中对《周易》"大衍之数五十"的推论，是世界数学史上最古老的数列。数列中的每一项都代表太极衍生过程中曾经经历过的两仪数量：0、2、4、8、12、18、24、32、40、50……通项式为(n＊n−1)÷2(n 为奇数)和 n＊n÷2 (n 为偶数)。编程输出该数列前 20 项，每 5 个数为一行。

12. 帕多瓦数列是由帕多瓦总结的。它的特点为从第四项开始，每一项都是前面第 2 项与前面第 3 项的和。帕多瓦数列是：1,1,1,2,2,3,4,5,7,9,12,16……编程输出该数列前 20 项，每 5 个数为一行。

13. 卡特兰数又称卡塔兰数，是组合数学中一个常出现在各种计数问题中的数列，由比利时数学家欧仁·查理·卡塔兰命名，通项式为(2n)!/((n+1)!＊n!)，其前 10 项为 1,1,2,5,14,42,132,429,1430,4862……编程输出该数列前 20 项，每 5 个数为一行。

14. 佩尔数的数列从 0 和 1 开始，从第 3 个数字开始每一个佩尔数都是前一项的两倍再加上前第二项。前 10 个佩尔数是：0,1,2,5,12,29,70,169,408,985……编程输出该数列前 20 项，每 5 个数为一行。

15. 有一个四位数，个位数字与百位数字的和是 12，十位数字与千位数字的和是 9。如果个位数字与百位数字互换，千位数字与十位数字互换，新数就比原数增加 2376，求原数。

16. 由 4 个不同的数字组成的一个乘法算式，它们的乘积仍然由这 4 个数字组成。例如，210×6＝1260、8×473＝3784、27×81＝2187 都符合要求。编程计算一共有多少种满足要求的算式。

17. 203 879×203 879＝41 566 646 641,仔细观察,203 879 是个 6 位数,它的每一位上的数字都是不同的,而且它的平方的各位上都未出现组成它自身的数字。具有这样特点的 6 位数还有一个,请找出。

18. 一位年轻人年龄的 3 次方是个 4 位数,年龄的 4 次方是个 6 位数,这 10 个数字正好包含了从 0 到 9 的 10 个数字且每个数字都恰好出现 1 次。他的年龄是多少?

19. 贝贝从某年开始每年都举办一次生日聚会,并且每次都要吹熄与年龄相同根数的蜡烛。现在算起来,她一共吹熄了 236 根蜡烛。她从多少岁开始生日聚会?

20. 有一堆煤球,堆成三角棱锥形。具体放法:第一层放 1 个,第二层 3 个(排列成三角形),第三层 6 个(排列成三角形),第四层 10 个(排列成三角形)。如果一共有 100 层,共有多少个煤球?

21. 口袋里有 12 个球,3 个红色,3 个白色,6 个黑色,从中任意取 8 个球,问共有多少种可能的颜色搭配。

22. 一辆汽车某时刻的里程数为 95 859,两个小时后里程表上出现了一个新的对称数(仍为五位数),求车速和里程数。

23. 基础版走楼梯问题。楼梯有 N 级台阶,上楼可以一步上一阶,也可以一步上两阶。编写程序,输入 N 的值,计算共有多少种不同走法。提示如下。

当 N＝1 时,共有 1 种,是:1。

当 N＝2 时,共有 2 种,分别是:1+1,2。

当 N＝3 时,共有 3 种,分别是:1+1+1,1+2,2+1。

当 N＝4 时,共有 5 种,分别是:1+1+1+1,1+1+2,1+2+1,2+1+1,2+2。

f[i]=f[i−1]+f[i−2](i⩾3)

24. 限制版走楼梯问题。楼梯有 N 级台阶,上楼可以一步上一阶,也可以一步上两阶,但由于体力因素不允许连着两次跳两级台阶。编写程序,输入 N 的值,计算共有多少种不同走法。提示如下:

f[n]仍然表示走 n 级台阶的方法数,用 g[n]表示最后一步不是走两级的走法数目,h[n]表示最后一步走两级的走法数目,则有 f[n]=g[n]+h[n]。

又有 h[n]=g[n−2],这是在不能连着两次跳两级的情况下必定成立的等式,倒数第二步不是跳两级,最后一步跳两级。

g[n]=g[n−1]+h[n−1],即倒数第二步的走法+最后 1 级台阶的走法(先 g[n−1]再 1 级+先 h[n−1]再 1 级)。

f[n]=g[n]+h[n]=g[n−1]+g[n−3]+g[n−2]

f[n−1]=g[n−1]+h[n−1]=g[n−1]+g[n−3]

f[n]=f[n−1]+g[n−2]

g[n−2]=g[n−3]+h[n−3]=f[n−3]

因此,有 f[n]=f[n−1]+f[n−3],f[0]=1,f[1]=1,f[2]=2,f[3]=3…

25. 变形版走楼梯问题。楼梯有 N 级台阶,上楼可以一步上一阶,可以一步上两阶……也可以一步上 N 阶。编写程序,输入 N 的值,计算共有多少种不同走法。提示如下:

可以先跳上 1 级,余下 n−1 级;可以先跳上 2 级,余下 n−2 级;

……

可以先跳上 n−1 级,余下 1 级;可以先跳上 n 级,余下 0 级。

因此,有以下公式:

$f[n-1]=f[n-2]+\cdots+f[1]+f[0]$

$f[n]-f[n-1]=f[n-1]$

$f[n]=2*f[n-1]$

可以推出最终结果:

$f[1]=1,f[n]=2^{\wedge}(n-1)$

26. 通用版走楼梯问题。楼梯有 N 级台阶,上楼可以一步上一阶,可以一步上两阶……也可以一步上 m 阶。编写程序,输入 m 和 N 的值,计算共有多少种不同走法。提示如下:

$f[1]=1$;

如果 n≤m,则同上,直接返回 $2^{\wedge}(n-1)$;

如果 n>m,则有 $f[n]=f[n-1]+f[n-2]+f[n-3]+\cdots+f[n-m]$;

$f[n-1]=f[n-2]+f[n-3]+\cdots+f[n-1-m]$;

$f[n+1]=2f[n]-f[n-m]$。

27. 进阶版走楼梯问题。张明正在准备体育考试,他为跳远发愁。体育老师王鹏建议他每天跳 N 级台阶,锻炼爆发力。张明给自己制定了一项规则:当他跳到偶数级台阶时,他可以跳 2 级或 3 级;当他跳到奇数级台阶时,他可以跳 1 级或 4 级。

输入 N 的值,计算若刚开始时他处在 0 级(属于偶数),那么他跳到 N 级的方法数是多少。提示如下。

根据题意,可算出 $f[0]=0,f[2]=1,f[3]=1$(这是特殊情况);所以循环从 4 开始,直到 N 结束,然后要对 i 进行判断:

(1) i 是偶数时,i 是由 i−2 级和 i−3 级阶梯转移过来的,可得到递推式 $f[i]=f[i-2]+f[i-3]$;

(2) i 是奇数时,可得到递推式 $f[i]=f[i-1]+f[i-4]$。

28. 高阶版走楼梯问题。王鹏的同学都是具有拼搏精神和团队精神的,通过不断的努力,张明同学进入了王鹏的信竞团队。假设在某教学楼有一个神秘"宝座",要到达宝座需要爬 N 级台阶,N 级台阶的编号是 1~N。他现在在台阶下面(姑且认为第 0 级),而宝座就在顶端(第 N 级),这 N 级台阶中有 m 个编号不同且不包含连续 3 级及以上的台阶比较特殊,不能踩,爬楼梯的时候一次只能爬 1、2 级或 3 级台阶。输入台阶总数、特殊台阶数以及特殊台阶的编号(M<N<1000),计算到达宝座且没踩到特殊台阶的方案总数。提示如下:定义列表 f,f[i] 表示到达第 i 级台阶的方案数,可推出公式 $f[i]=f[i-1]+f[i-2]+f[i-3]$,最终答案为 f[n],但是要注意,有一些台阶不可以踩,需要标记这些台阶,把到达这些台阶的方案数清零。

29. 推广版走楼梯问题。从原点出发,每一步只能向右走、向上走或向左走。输入 N 的值,计算恰好走 N 步且不经过已走的点共有多少种走法? 提示如下:

设 $f[i]$ 表示走 i 步的方案,那么递推式就是 $f[i]=f[i]_{上}+f[i]_{左}+f[i]_{右}$;$f[i]_{上}$(第 i 步向上的方案数)就等于 $f[i-1]$,因为上一步的每一种方案都可以向上走;$f[i]_{左}$(第 i 步向左的方案数)就等于 $f[i-1]_{上}+f[i-1]_{左}$,因为不能走已走的点,所以 $f[i]_{右}$ 要排除;$f[i]_{右}$(第

i 步向右的方案数)就等于 f[i−1]$_上$+f[i−1]$_右$,因为不能走已走的点,所以 f[i]$_左$要排除。则有

$$f[i]=f[i−1]+f[i−1]_上+f[i−1]_上+f[i−1]_左+f[i−1]_右$$
$$=f[i−1]+f[i−1]_上+(f[i−1]_上+f[i−1]_左+f[i−1]_右)$$
$$=f[i−1]+f[i−1]+f[i−1]_上$$
$$=2*f[i−1]+f[i−2]$$

30. 斐波那契数列应用—覆盖问题。可以用 2×1 的小矩形横着或者竖着去覆盖更大的矩形,请计算如果用 n 个 2×1 的小矩形无重叠地覆盖一个 2×n 的大矩形,共有多少种方法? 提示如下:

当 n<1 时,显然不需要用 2×1 块覆盖,按照题目提示应该返回 0;

当 n=1 时,只存在一种情况即丨(竖放,下同);

当 n=2 时,存在两种情况丨丨、=(横放,下同);

当 n=3 时,存在三种情况丨丨丨、丨=、=丨;

当 n=4 时,存在五种情况丨丨丨丨、= 丨丨、丨=丨、丨丨=、= =。

$f[n]=f[n−1]+f[n−2](n>2)$

将题目改成用 1×3 方块覆盖 3×n、1×4 方块覆盖 4×n、1×m 方块覆盖 m×n 区域,则相应的结论如下。

(1) 1×3 方块覆盖 3×n 区域:$f[n]=f[n−1]+f[n−3](n>3)$

(2) 1×4 方块覆盖 4×n 区域:$f[n]=f[n−1]+f[n−4](n>4)$;

(3) 1×m 方块覆盖 m×n 区域:$f[n]=f[n−1]+f[n−m](n>m)$。

31. 基础版礼物最大价值问题。红光大道上有 n 间连续的商业店铺,每间店铺都有一个用来赠送顾客的有价值的礼物,相邻的店铺装有相互连通的监控系统,如果两间相邻的店铺在同一天被同一顾客光顾,系统会自动报警。假设商业店铺排列成一排,给定一个非负列表 V,表示每间店铺存放礼物的价值,编程计算在不触发警报装置的情况下一天之内能够领取到的最高礼物价值(n=1 时 f[0]=V[0],n=2 时 f[1]=max(V[0],V[1]),n>2 时 f[n−1]=max(f[n−3]+V[n−1],f[n−2]))。

32. 进阶版礼物最大价值问题。在基础版礼物最大价值问题中,若商业店铺排列成一圈,编程计算在不触发警报装置的情况下一天之内能够领取到的最高礼物价值。假设列表 V 的长度为 n,如果不领取最后一间店铺的礼物,则领取礼物的店铺范围是[0,n−2];如果不领取第一间店铺的礼物,则领取礼物店铺的下标范围是[1,n−1];在确定领取店铺的范围之后,即可用解基础版礼物最大价值问题的方法解决本问题。

33. 高阶版礼物最大价值问题。在一个 m×n 的棋盘上每一格里都放有一个礼物,每个礼物都有一定的价值(价值大于 0)。你可以从棋盘的左上角开始依次拿格子里的礼物,每次向右或者向下移动一格,直到到达棋盘的右下角。输入一个棋盘及该棋盘上各礼物的价值,编程计算最多能拿到价值多少的礼物。

34. 限制版礼物最大价值问题(0-1 背包问题)。若基础版礼物最大价值问题中再给定一个非负列表 W(表示每间店铺存放礼物的重量)与所能承受的礼物最大重量 H,编程计算在不超过所能承受最大重量的情况下一天之内能够领取到的最高礼物价值。

提示:f[i][j]中 i 代表当前领取的前 i 件礼物,j 表示人的承重,f[i][j]表示当前状态下

能领取的礼物的最大总价值。对于某一间店铺的礼物，有领或不领两种选择：如果领取礼物，则 f[i][j]＝f[i−1][j−W[i]]＋V[i]；如果不领取礼物，则 f[i][j]＝f[i−1][j]。因此有 f[i][j]＝max(f[i−1][j], f[i−1][j−W[i]]＋V[i])。

35．变形版礼物最大价值问题（完全背包问题）。若在限制版礼物最大价值问题中，每间店铺可领的（同种）礼品数量无限，编程计算在不超过所能承受最大重量的情况下一天之内能够领取到的最高礼物价值(f[i][j]＝max(f[i−1][j], f[i−1][j−V[i]×k]＋W[i]×k)，k 代表该间店铺领取的礼物 i 的数量)。

36．通用版礼物最大价值问题（多重背包问题）。若在限制版礼物最大价值问题中，每间店铺可领的（同种）礼品数量有限，并给出每间店铺的礼物数量列表 N，编程计算在不超过所能承受最大重量的情况下一天之内能够领取到的最高礼物价值(f[i][j]＝max(f[i−1][j]，f[i−1][j−v[i]×k]＋w[i]×k)，k 代表该间店铺领取的礼物 i 的数量，k≤N[i])。

37．兔子生产问题。有一对小兔子，出生后第 2 个月长成中等兔子，出生后第 3 个月生长成熟并且从此每个月都生一对小兔子，这样周而复始，假设每对兔子都不死，第一个月有一对小兔子，编程计算每个月的兔子对数。

38．母牛生产问题。假设农场中成熟的母牛每年都会生 1 头小母牛，并且永远不会死。第一年有 1 头小母牛；从第二年开始，母牛开始生小母牛；每头小母牛在 3 年之后成熟，又可以生小母牛。给定整数 N，求 N 年后牛的数量。

提示：第 n 年的母牛数等于第 n−1 年的母牛数加上 3 年前的母牛数，因为 3 年前的小牛今年都会生产一头小牛，每年生一个。所以动态方程为 f[n−1]＝f[n−2]＋f[n−4]。因为 f[n−2]中包含的牛分为三类：之前一直成熟的母牛，还未成熟并且第 n 年也不会成熟的母牛，还未成熟但第 n 年就会成熟的母牛。因此，第一类牛的数量加第三类牛的数量（因为牛 3 年成熟，所以此即为第 n−3 年的牛数）再加上 f[n−2]就等于 f[n−1]。

39．信件错排问题。有 n 对信和信封，求所有信封都没有装对信的错误装信方式的数量。提示如下：

假设 f[i−1]是前 i−1 对信和信封错误装信方式的数量，则对于第 i 对信和信封，只需要把信与前面任何一封信 j 交换一下，就可以得到一个满足条件的结果，此时错误的装信方式的数量为 f[i−1]×(i−1)。

同时，如果前面的某封信 j 在其正确的信封里，而另外 i−2 封信都在错误的信封里，那么，把信 j 和信 i 交换，也可以得到满足条件的结果，此时错误的装信方式的数量为 f[i−2]×(i−1)。以此类推，装错信的方式数量是 f[i]＝f[i−1](i−1)＋f[i−2](i−1)。

40．给定 n 个自上而下相连的正方形，这些正方形可以着黑色或白色。输入 n 的值，编程计算黑色正方形互不相连的着色方案有多少种（即一枚均匀的硬币掷 n 次，不连续出现正面的可能情况的数量）。

41．有 5 位同学围成一圈依次循环报数，规则如下：每位同学所报出的数都是前两位同学报出的数之和（最开始两位同学分别报 1）；如果某位同学报出的数为 3 的倍数，该同学拍手一次。输入 n 的值，计算当第 n 个数被报出时 5 位同学拍手的总次数是多少。如果在报出的数为 2 的倍数时拍手，拍手总次数又是多少？如果在报出的数为 5 的倍数时拍手，拍手总次数又是多少？

提示：在斐波那契数列中，对于任意两个大于 2 的整数 m 和 n，若 m 是 n 的整数倍，那么第 m 个斐波那契数必定是第 n 个斐波那契数的整数倍,反之亦然。

三、课外在线作业

1. 队列练习。

同学们正在练习列队,从第一个人开始按编号 1、2、…、n(n<1000)报数,开始所有人都面向前方,第一遍报数时编号为 2 的倍数的同学执行一遍向后转命令,第二遍报数时编号为 3 的倍数的同学执行一遍向后转命令,第三遍报数时编号为 5 的倍数的同学执行一遍向后转命令。输入人数 n,按顺序输出最终仍然面向前方的同学的编号。

【输入样例】

10

【输出样例】

1

6

7

10

2. 邮票面值。

人们在寄信的时候都要贴邮票,在邮局有一些小面值的邮票,通过这些小面值邮票中的一张或者几张的组合,可以满足邮件的不同邮资。已知每个信封上最多能贴 5 张邮票,邮票的种类至少需要 3 种,任意输入一个数 n 代表邮票的种类,然后依次输入 n 个数代表不同种类的邮票面值,计算并输出每个信封上的邮票可以组合成的邮资的最大值。

【输入描述】

第一行输入一个数 n,代表邮票的种类;然后依次输入 n 行数,代表 n 个不同种类的邮票面值。

【输出描述】

输出每个信封上的邮票可以组合成的邮资的最大值。

【输入样例】

4

1

2

3

4

【输出样例】

17

3. 统计连续字符。

依次输入一个字符串 s 与一个数 n,寻找该字符串中所有连续出现 n 次的字符,统计符合要求的字符数量并输出。

例如,输入 abbcccdddd 和 2,字符串中连续出现 2 次的字符包括 b、c、d 3 种。

【输入描述】

第一行输入一个字符串(保证有连续的 n 个字符);第二行输入一个数 n。

【输出描述】

输出符合要求的字符数量。

【输入样例】

abbcccdddd

2

【输出样例】

3

4. 海盗搜身。

一群渔民被海盗抓住了，依次坐在编号为 1～n 的凳子上，其中一个人身上有藏宝图。现在海盗想要找那个身上带着藏宝图的渔民，海盗先将 1 号凳子上面的人搜身，没找到就隔 1 个凳子，将 3 号凳子上面的人搜身，没找到就隔 2 个凳子，将 6 号凳子上面的人搜身，此后每次多隔一个凳子去搜索……这样找了 100 次都没找到，最终放弃，释放了渔民。任意输入一个数 n(5≤n≤20)代表渔民的数量，依次输出哪些编号的渔民不会被搜身。

【输入描述】

任意输入一个数 n(5≤n≤20)，表示渔民的数量。

【输出描述】

依次输出哪些编号的渔民不会被搜身，每行一个编号。

【输入样例】

10

【输出样例】

2

4

7

9

5. 重复字符。

输入一个字符串 s，将 s 中的每个字符都重复一次，然后输出这个新的字符串。例如，当 s 为“abc”时，输出“aabbcc”。

【输入描述】

输入一个字符串 s。

【输出描述】

输出一个新的字符串。

【输入样例】

abcd

【输出样例】

aabbccdd

6. 摆放花盆。

国庆节期间，学校操场上摆放了一排花盆，按照 2 盆菊花、4 盆牡丹、2 盆百日草的顺序循环排放，请问第 n 盆是什么花？

【输入描述】

输入一行,为一个整数 n。

【输出描述】

输出一行,为第 n 盆花的名称。

【输入样例】

9

【输出样例】

菊花

7. 卡牌游戏。

有 n 张卡牌,第 i 张卡牌的位置是 position[i]。现在需要把所有卡牌移到同一个位置。在某一步中,可以将第 i 张卡牌的位置从 position[i] 改变为以下位置:

- position[i]＋2 或 position[i]－2,此时的代价为 cost＝0;
- position[i]＋1 或 position[i]－1,此时的代价为 cost＝1。

现给出所有卡牌的位置,编程输出将所有卡牌移动到同一位置上所需要的最小代价。

【输入描述】

输入一行正整数,每个数之间用空格间隔。

【输出描述】

输出将所有卡牌移动到同一位置上所需要的最小代价。

【输入样例】

1　2　3

【输出样例】

1

8. 日期格式转换问题。输入“05/24/2003”,输出“May 24,2003”。

提示:12 个月份的英文名字符串可以构成一个列表。

算法:

(1) 输入日期,格式为 mm/dd/yyyy,并保存在 dateStr 变量中;

(2) 利用反斜线分割日期信息,将 dateStr 分成月份、日期、年份的不同字符串(提示:split()方法);

(3) 将月份的字符串转换为数字月份;

(4) 利用数字月份查找这个月份的名称;

(5) 创建一个新的日期字符串,格式为:月份 日期,年份;

(6) 输出这个新的日期字符串。

【输入描述】

输入日期,格式为 mm/dd/yyyy。

【输出描述】

输出新的日期字符串,格式为:月份 日期,年份。

【输入样例】

11/13/2003

【输出样例】

November 13,2003

9. 从若干学生成绩中统计大于平均分的人数,用−1作为学生成绩数据的结束标志。如果没有输入成绩,则输出 0。

【输入描述】 一组学生的成绩。

【输出描述】 高于平均分的学生人数。

【输入样例】 70 50 80 −1

【输出样例】 2

10. 输入某年某月某日,判断这一天是这一年的第几天。

程序分析:以 3 月 5 日为例,应该先把前两个月的天数相加,然后再加上 5 天即本年的第几天。

特殊情况:当年份是闰年且输入月份大于 2 时需要考虑多加一天。

提示:

(1) 闰年的 2 月有 29 天,平年的 2 月有 28 天;

(2) 如果年份满足以下两个条件之一,则该年就是闰年。

① 年份能被 4 整除且不能被 100 整除;

② 年份能被 400 整除。

【输入描述】

输入一行,包含三个整数,用空格隔开,分别代表年、月、日。如 1949 10 1 代表 1949 年 10 月 1 日。注意,不要输入任何汉字。

【输出描述】

输出只有一个数字,即所对应的日期是该年的第几天。

【输入样例】

1949 10 1

【输出样例】

274

11. 在线性代数中,n 阶单位矩阵是一个 n×n 的方形矩阵,其主对角线元素为 1,其余元素为 0。输出一个 n 阶单位矩阵。

【输入描述】 输入一行,为整数 n(0<n≤10)。

【输出描述】 输出 n 阶单位矩阵,每个元素之间用空格分隔。

【输入样例】

3

【输出样例】

1 0 0

0 1 0

0 0 1

12. 我国身份证号码由数字与字母混合组成。早期身份证号码由 15 位数字构成,后来考虑到千年虫问题(15 位身份证号码只能为 1900 年 1 月 1 日到 1999 年 12 月 31 日出生的人编号),增加到 18 位身份证号码。最后一位(第 18 位)校验码的计算方法如下。

第一步：将身份证号码前 17 位数字分别乘以不同的系数。从第 1 位到第 17 位的系数分别为 7、9、10、5、8、4、2、1、6、3、7、9、10、5、8、4、2，将 17 位数字和对应系数相乘的结果相加。

第二步：将第一步的结果除以 11 求余数，余数只可能是 0～10，身份证号码最后一位的对应字符分别为 1、0、X、9、8、7、6、5、4、3、2。

例如余数为 3，则对应身份证号码的最后一位就是 9；如果余数是 10，身份证号码最后一位便是 2。

根据上述算法判断输入的身份证号是否合法。

【输入描述】　一行 18 位的字符串，代表一个身份证号。

【输出描述】　如果输入的是合法身份证号，输出"YES"，否则输出"NO"。

【输入样例】　110000000000000000

【输出样例】　NO

【样例说明】　不合法身份证号，输出"NO"。

13. 编写一个程序，从键盘接收一个字符串，然后按照字符顺序从小到大进行排序，并删除重复的字符。

【输入描述】

从键盘输入一个字符串，以回车结束输入。要求程序可以处理含有空格的字符串。

【输出描述】

程序接收此字符串，然后将其按照字符 ASCII 码值从小到大的顺序进行排序，并删除重复的字符后输出。如果字符串为空，输出也为空。

【输入样例】

badacgegfacb

【输出样例】

abcdefg

【样例说明】

输入 badacgegfacb，排序、删除重复字符后得到 abcdefg。

14. 假设列表 lst_suit＝["黑桃","红桃","梅花","方块"]存放扑克牌的花色，列表 lst_face＝['3','4','5','6','7','8','9','10','J','Q','K','A','2']存放扑克牌的大小，其元素已按照牌面大小升序排列。试编写程序，完成以下功能。

（1）利用列表生成式，将以上两个列表进行元素搭配，生成一个新的列表 lst，存放所有牌面（不考虑大小王）。新列表 lst 的内容为["3 黑桃","3 红桃","3 梅花","3 方块","4 黑桃","4 红桃","4 梅花","4 方块",…,"A 黑桃","A 红桃","A 梅花","A 方块","2 黑桃","2 红桃","2 梅花","2 方块"]。

（2）使用 random 库的 shuffle()函数将列表 lst 中的元素次序打乱。

（3）用户与计算机进行"抽牌比大小"游戏，游戏规则如下。

① 用户输入序号（范围为 0～51），程序根据序号在列表 lst 中读取牌面。

② 计算机抽牌由程序自动完成（通过 random 库的 randint()函数随机生成序号）。

③ 将用户和计算机抽取的牌进行比较（不考虑花色），并将结果输出。三种输出结果分别为"恭喜,您赢了!"、"很遗憾,您输了!"、"平手了!"。

15. 年龄与疾病。

某医院想统计某项疾病的患病与否与年龄是否有关,需要对以前的诊断记录进行整理,按照 0~18、19~35、36~60、61 以上(含 61)四个年龄段统计患病人数占总患病人数的比例。

【输入描述】

共两行,第一行为过往病人的数目 n(0<n≤100),第二行为每个病人患病时的年龄。

【输出描述】

按照 0~18、19~35、36~60、61 以上(含 61)四个年龄段输出该段患病人数占总患病人数的比例,以百分比的形式输出,精确到小数点后两位。每个年龄段占一行,共四行。

【输入样例】

10

1　11　21　31　41　51　61　71　81　91

【输出样例】

20.00%

20.00%

20.00%

40.00%

16. 校门外的树。

某校大门外长度为 L 的马路上有一排树,每两棵相邻的树之间的间隔都是 1 米。可以把马路看成一个数轴,马路的一端在坐标为 0 的位置,另一端在坐标为 L 的位置;数轴上的每个整数点,即 0,1,2,…,L,都种有一棵树。由于马路上有一些区域要用来建地铁,这些区域用它们在数轴上的起始点和终止点表示。已知任意一个区域的起始点和终止点的坐标都是整数,区域之间可能有重合的部分。现在要把这些区域中的树(包括区域端点处的两棵树)移走,计算将这些树都移走后,马路上还有多少棵树。

【输入描述】

第一行包含两个整数 L(1≤L≤10 000)和 M(1≤M≤100),L 代表马路的长度,M 代表区域的数目,L 和 M 之间用一个空格隔开。接下来的 M 行中,每行包含两个不同的整数,用一个空格隔开,表示该区域的起始点和终止点的坐标。

对于 20% 的数据,区域之间没有重合的部分;对于其他数据,区域之间有重合的情况。

【输出描述】

输出一行,这一行只包含一个整数,表示马路上剩余的树的数目。

【输入样例】

500　3

150　300

100　200

470　471

【输出样例】

298

17. 开关灯。

假设有 N 盏灯(N 为不大于 5000 的正整数),从 1 到 N 按顺序依次编号,初始时全部处于开启状态;有 M 个人(M 为不大于 N 的正整数),也从 1 到 M 依次编号。

第一个人(1 号)将灯全部关闭,第二个人(2 号)将编号为 2 的倍数的灯打开,第三个人(3 号)将编号为 3 的倍数的灯进行相反处理(即将打开的灯关闭,将关闭的灯打开)。依照编号递增顺序,后面的人都和 3 号一样,将自己编号倍数的灯进行相反处理。

问:当第 M 个人操作之后,哪几盏灯是关闭的。按从小到大输出其编号,用逗号间隔。

【输入描述】

输入正整数 N 和 M,以单个空格隔开。

【输出描述】

顺序输出关闭的灯的编号,用逗号间隔。

【输入样例】

10　10

【输出样例】

1,4,9

18. 查找特定的值。

在一个序列(下标从 1 开始)中查找一个给定的值,输出第一次出现的位置。

【输入描述】

第一行包含一个正整数 n,表示序列中元素的个数,$1 \leqslant n \leqslant 10\ 000$。

第二行包含 n 个整数,依次给出序列的每个元素,相邻两个整数之间用单个空格隔开。元素的绝对值不超过 10 000。

第三行包含一个整数 x,为要查找的特定值。x 的绝对值不超过 10 000。

【输出描述】

若序列中存在 x,输出 x 第一次出现的下标;否则输出 -1。

【输入样例】

5

2　3　6　7　3

3

【输出样例】

2

19. 不高兴的津津。

津津上初中了,妈妈认为津津应该更加努力学习,所以津津除了上学之外,还要参加妈妈为她报名的各科补习班。另外,每周妈妈还会送她去学习朗诵、舞蹈和钢琴。但是津津如果一天上课超过八小时就会不高兴,而且上得越久就会越不高兴。假设津津不会因为其他事不高兴,并且她的不高兴不会持续到第二天。检查津津下周的日程安排,看看下周她会不会不高兴;如果会的话,哪天最不高兴。

【输入描述】

包括七行,分别表示周一到周日的日程安排。每行包括两个小于 10 的非负整数,用空格隔开,分别表示津津在学校上课的小时数和妈妈安排她上课的小时数。

【输出描述】

包括一行,这一行只包含一个数字。如果津津不会不高兴则输出 0,如果会则输出最不

高兴的是周几（用 1、2、3、4、5、6、7 分别表示周一、周二、周三、周四、周五、周六、周日）。如果
有两天或两天以上不高兴的程度相当,则输出时间最靠前的一天。

【输入样例】

```
5  3
6  2
7  2
5  3
5  4
0  4
0  6
```

【输出样例】

```
3
```

20. 整数去重。

给定含有 n 个整数的序列,要求对这个序列进行去重操作。所谓去重,是指对这个序列
中每个重复出现的数,只保留该数第一次出现的位置,删除其余位置。

【输入描述】

输入包含两行:第一行包含一个正整数 n(1≤n≤20 000),表示第二行序列中数字的个
数;第二行包含 n 个整数,整数之间以一个空格分隔。每个整数大于或等于 10 且小于或等
于 5000。

【输出描述】

输出只有一行,按照输入的顺序输出其中不重复的数字,整数之间用一个空格分隔。

【输入样例】

```
5
10  12  93  12  75
```

【输出样例】

```
10  12  93  75
```

21. 图像相似度。

给出两幅大小相同的黑白图像（用 0-1 矩阵表示）,求它们的相似度。说明:若两幅图
像在相同位置上的像素颜色相同,则称它们在该位置具有相同的像素。两幅图像的相似度
定义为相同像素数占总像素数的百分比。

【输入描述】

第一行包含两个整数 m 和 n,分别表示图像的行数和列数,中间用单个空格隔开。1≤
m≤100,1≤n≤100。

之后的 m 行,每行包含 n 个整数(0 或 1),分别表示第一幅黑白图像上各像素的颜色。
相邻两个数之间用单个空格隔开。

再之后的 m 行,每行包含 n 个整数(0 或 1),分别表示第二幅黑白图像上各像素的颜
色。相邻两个数之间用单个空格隔开。

【输出描述】

一个实数,表示相似度(以百分比的形式给出),精确到小数点后两位。

【输入样例】

3 3

1 0 1

0 0 1

1 1 0

1 1 0

0 0 1

0 0 1

【输出样例】

44.44

22. 图像旋转。

输入一个 n 行、m 列的黑白图像,将它顺时针旋转 90 度后输出。

【输入描述】

第一行包含两个整数 n 和 m,分别表示图像包含像素的行数和列数。$1 \leqslant n \leqslant 100, 1 \leqslant m \leqslant 100$。

接下来 n 行,每行包含 m 个整数,分别表示图像的每个像素灰度。相邻两个整数之间用单个空格隔开,每个整数均在 0～255 之间。

【输出描述】

m 行,每行包含 n 个整数,为顺时针旋转 90 度后的图像的每像素灰度。相邻两个整数之间用单个空格隔开。

【输入样例】

3 3

1 2 3

4 5 6

7 8 9

【输出样例】

7 4 1

8 5 2

9 6 3

23. 图像模糊处理。

给定 n 行、m 列的图像各像素的灰度值,要求用如下方法对其进行模糊处理:

(1)四周最外侧的像素的灰度值不变;

(2)中间各像素的新灰度值为该像素及其上下左右相邻四像素的原灰度值的平均(舍入到最接近的整数)。

【输入描述】

第一行包含两个整数 n 和 m,分别表示图像包含像素的行数和列数,$1 \leqslant n \leqslant 100, 1 \leqslant m \leqslant 100$。

接下来 n 行,每行包含 m 个整数,分别表示图像的每像素的灰度。相邻两个整数之间用单个空格隔开,每个整数均在 0～255 之间。

【输出描述】

m 行，每行包含 n 个整数，为模糊处理后的图像的各像素灰度。相邻两个整数之间用单个空格隔开。

【输入样例】

```
4   5
100   0   100   0     50
50   100   200   0     0
50   50   100   100   200
100  100  50     50   100
```

【输出样例】

```
100   0   100   0   50
50    80   100   60   0
50    80   100   90   200
100   100  50   50   100
```

🔑 实验八   字典与集合实验

一、实验目的

1. 掌握字典的创建方法。
2. 掌握字典元素的访问方法。
3. 掌握字典的基本操作。
4. 掌握集合的创建方法。
5. 掌握集合的基本运算。

二、实验内容

1. 编写程序，创建空字典 dic_student，输入三名学生的姓名、年龄、籍贯，存入该字典。其中姓名为键，年龄、籍贯为值。输出字典的内容，格式如下：

```
张三   19   山东
李四   20   四川
王五   18   河北
```

2. 编写程序，创建空字典 dic_student，输入三名学生的班级、姓名、年龄、籍贯，存入该字典。其中班级和姓名为键，年龄、籍贯为值。输出字典的内容，格式如下：

```
一班   张三   19   山东
一班   李四   20   四川
二班   王五   18   河北
```

3. 将两个字典合并为一个字典，并按键的升序排序。假设两个字典分别为{'a': 10, 'b': 15}和{'y': 20, 'x': 25}。

4. 统计一个字典中每个值出现的次数，假设字典为{'a': 1, 'b': 2, 'c': 1, 'd': 1}。

5. 将字典中的键和值颠倒,假设字典为{'a':1,'b':2,'c':3,'d':4,'e':5}。

6. 获取一个字典中值为偶数的键列表。假设字典为{'a':1,'b':2,'c':3,'d':4,'e':5,'f':6}。

7. 给定一个字典,编写一个程序,删除键以'a'结尾的所有键值对。假设字典为{"orange":6,"apple":5,"banana":7,"mango":2}。

8. 定义一个电话簿,联系人信息如下:

```
'mayun':'13309283335',
'zhaolong':'18989227822',
'zhangmin':'13382398921',
'Gorge':'19833824743',
'Jordan':'18807317878',
'Curry':'15093488129',
'Jack':'19282937665'
```

编程实现输入人名可查询其号码。如果该人名不存在,返回"not found"。

9. 编写程序,实现以下功能:

(1) 创建一个字典,存放已注册用户的用户名和密码。假设注册用户为 Mike、Jack 和 Jenny,对应的密码分别为 123、234、789。

(2) 提示用户输入用户名和密码。

(3) 依次对用户名和密码进行判断,并给出相应的提示。

若用户名输入有误,则提示"用户名错误!"。

若密码输入有误,则提示"密码错误!"。

若用户名和密码均正确,则提示"登录成功!"。

10. 编写程序,实现以下功能:

(1) 设计一个空字典,用于存放用户的通讯录(包括姓名和电话号码)。

(2) 程序运行后,输出以下提示信息:

a. 新增联系人

b. 查询联系人

c. 删除联系人

d. 退出程序

(3) 根据用户的选择,进入下一步。

a. 如果用户选择"新增联系人"选项,则程序输出提示信息,要求用户输入联系人姓名和联系电话。程序对字典进行添加操作。重复步骤(2)。

b. 如果用户选择"查询联系人"选项,则程序输出提示信息,要求用户输入联系人姓名,程序根据姓名在字典中进行查询。若该联系人存在,则输出该联系人的电话号码,否则提示该联系人不存在。重复步骤(2)。

c. 如果用户选择"删除联系人"选项,则程序输出提示信息,要求用户输入待删联系人姓名,然后根据用户输入的姓名在字典中进行查询。若该联系人不存在,则给出相应提示,若存在,则对字典进行删除操作。重复步骤(2)。

d. 如果用户选择"退出程序"选项,则程序结束运行。

11. 编写程序,实现以下集合运算:并集、交集、差集、对称差集。输入两个集合{1,2,

3,4,5}和{4,5,6,7,8},根据用户输入的运算符进行相应的运算。

12. 字典常用操作实例

```python
my_dict = {'name':'Liming','school':'CQUT','age':30}    # 创建字典
keys = ['name','school','age']                          # 由两个列表创建字典
values = ['Liming','CQUT',30]
my_dict = {k:v for k,v in zip(keys,values)}
keys = my_dict.keys()                                   # 访问键名
values = my_dict.values()                               # 访问键值
print(my_dict['name'])                                  # 访问字典中的值
print(my_dict.get('age'))                               # 访问字典中的值
```

访问不存在的键时，使用 get(key[,default])方法可以避免 KeyError，如果直接使用 dict[key]会导致错误。例如：

```python
print(my_dict.get('sex','Not Available'))
print(len(my_dict))                 # 字典长度
my_dict['age'] = 31                 # 更改字典中的单个值
```

使用 update()方法可以合并两个字典，覆盖相同键的值。如果有重叠的键，新字典中的值会覆盖旧值，也可以更改字典的多个值。例如：

```python
my_dict.update({'height':175,'weight':123})             # 合并字典
my_dict.update({'age':35,'school':'CQU'})               # 更改字典的多个值
my_dict['is_student'] = False                           # 直接赋值添加字典项
my_dict.setdefault('is_student',False)                  # 效果同上
my_dict.update({'grades':[95,88,92],'email': 'test@cqut.edu.cn'})
my_dict.update({grades = [95,88,92],email = 'test@cqut.edu.cn'})
for key in my_dict:                                     # 遍历键
    print(key)
for value in my_dict.values():                         # 遍历值
    print(value)
for key, value in my_dict.items():                     # 遍历键值对
    print(f"{key}: {value}")
```

使用 copy()方法进行浅复制，而深复制需要导入 copy 模块的 deepcopy()方法。浅复制不复制嵌套结构的引用对象，而深复制则会完全复制。例如：

```python
new_dict = my_dict.copy()                     # 使用 copy()方法复制字典
new_dict = copy.deepcopy(my_dict)
new_dict = dict(my_dict)                       # 使用 dic()t 构造函数复制字典
del my_dict['age']                             # 删除指定键
my_dict.pop('age')                             # 删除指定键
my_dict.clear()                                # 清空字典
nested_dict = {'s1':{'name':'Zhangyi','age':30},'s2':{'name': 'Lisi', 'age': 25}} # 创建嵌套字典
print(nested_dict['s1']['name'])               # 访问嵌套字典
nested_dict['s1']['age'] = 31                  # 更改嵌套字典
```

字典解包允许将字典的键值对作为函数参数传递。 ** kwargs 接收字典解包，使得每个键值对作为单独的参数传递。

```python
def introduce(** kwargs):
    for key, value in kwargs.items():
        print(f"{key}: {value}")
```

```
introduce( ** my_dict)
another_dict = {'country':'China'}
merged_dict = my_dict | another_dict              # 使用|操作符合并字典
data = [('王五',25),('赵六',30)]                   # 列表推导式与字典结合
ages = {name: age for name, age in data}
ages = {'孙六': 25}                                # 利用字典推导式进行条件赋值
ages_with_default = {name: age if name in ages else 'Unknown' for name in ['孙六', '钱七']}
items = ['apple','banana','apple','orange','banana','banana']
frequency = {}                                    # 计算字典中值的频率
for item in items:
    frequency[item] = frequency.get(item, 0) + 1

def process_dict(d):
    for k, v in d.items():
        if isinstance(v, dict):
            process_dict(v)                        # 递归处理子字典
        else:
            print(f"Key:{k},Value:{v}")

nested_dict = {'data':{'info':{'name':'王五'}}}
process_dict(nested_dict)
```

三、课外在线作业

1. 字典。

现有一个字典,初始为空。定义如下操作。

add x:把 x 加入集合;

del x:把集合中所有与 x 相等的元素删除(不保证删除前 x 在字典中);

ask x:查询集合中元素 x 的情况,输出集合中 x 的个数(不保证查询前 x 在字典中,如果不存在则输出 0)。

【输入描述】

第一行是一个整数 n,表示操作数(0≤n≤10 000)。

之后 n 行,每行包含一个操作。

【输出描述】

对于每个查询操作输出结果。

最后对于字典中所有的元素,按照字典序从小到大的顺序输出。每行包含两个数字:x 和 x 的个数(0<x<10 000)。

【输入样例】

```
7
add  1
add  6
add  1
add  6
del  6
ask  6
```

ask   1

【输出样例】

0

2

1   2

2. 藏书。

小黑有个学霸同学,家中藏书可谓汗牛充栋。小黑想考一考学霸,给学霸出了一道难题。小黑问：这么多书籍,到底有多少本不一样的书？ 每样书的名字是什么(因为有的书名是一样的,所以我们把它们视为同样的书)？ 学霸就是学霸,张口就说出了答案。你是否也是学霸？ 一起来挑战下？

【输入描述】

第一行是书籍总量 n(1≤n≤104),然后是 n 行书名(书名是一个英文字符串,字符串的长度小于 10,中间没有空格)。

【输出描述】

第一行是书的种类数 m,接下来 m 行将这些书名按照字典序输出。每行先输出一个书名,然后输出该书的数量。

【输入样例】

4

English

Math

Chinese

Chinese

【输出样例】

3

Chinese   2

English   1

Math   1

3. A-B 数对。

给出 N 个整数以及一个数 C,要求计算出所有满足 A−B＝C 的数对(A,B)的个数(不同位置上的值一样的数对算不同的数对)。

【输入描述】

输入两行。

第一行包括两个整数 N(1≤N≤20 000)和 C(1≤C≤109),中间用空格隔开。

第二行有 N 个整数 a_i(1≤a_i≤109)。

【输出描述】

输出一行,包含一个整数,表示所有满足 A−B＝C 的数对(A,B)的个数。

【输入样例】

5   2

11   13   15   15   13

【输出样例】

6

4. 找球号。

有一个好玩的游戏。游戏规则为：在一堆球中，每个球上都有一个整数编号 i（0≤i≤109），编号可重复。给出一个随机整数 k（0≤k≤109＋100），判断编号为 k 的球是否在这堆球中（存在输出"YES"，否则输出"NO"），先答出者为胜。现在有个人想玩这个游戏，但他又很懒，希望你能帮助他取得胜利。

【输入描述】

第一行包含两个整数 m 和 n（0≤m≤106,0≤n≤106），m 表示这堆球里有 m 个球，n 表示这个游戏进行 n 次。

接下来输入 m＋n 个整数，前 m 个数分别表示这 m 个球的编号 i，后 n 个数分别表示每次游戏中的随机整数 k。

【输出描述】

输出 YES 或 NO。

【输入样例】

10　2

1　2　3　4　5　6　6　7　7　8

9　7

【输出样例】

NO

YES

5. 学英语。

小黑快要考托福了，这几天小黑每天早上都起来背英语单词。小明时不时地来考一考小黑：小明会问小黑一个单词，如果小黑背过这个单词，他会告诉小明这个单词的意思，否则小黑会跟小明说还没有背过。单词由连续的大写或者小写字母组成。

注意单词中字母大小写是等价的，例如"You"和"you"是一个单词。

【输入描述】

首先输入一个 n（1＜n＜100 000），表示事件数。

接下来 n 行，每行表示一个事件。每个事件输入为一个整数 d 和一个单词 word（单词长度不大于 20），用空格隔开。如果 d＝0，表示小黑记住了 word 这个单词；如果 d＝1，表示这是一个测试，测试小黑是否认识单词 word（小明不会告诉小黑这个单词的意思）。事件的输入是按照时间先后顺序输入的。

【输出描述】

对于小明的每次测试，如果小黑认识这个单词，输出一行"Yes"，否则输出一行"No"。

【输入样例】

2

0　asc

1　asc

【输出样例】

Yes

6. 图书管理。

有一个书架，现在要把书放上去。

共要操作 q 次，操作有以下三类。

L id：将编号为 id 的书放在书架最左边那本书的左边。

R id：将编号为 id 的书放在书架最右边那本书的右边。

? id：问需要至少拿走几本书使得编号为 id 的书成为书架上最左边或者最右边那本书。

【输入描述】

输入的第一行包含一个整数 $q(1 \leqslant q \leqslant 2 \times 10^5)$。

然后有 q 行，每一行为一个操作，格式见题面。保证至少有一个? 操作（$1 \leqslant id \leqslant 2 \times 10^5$）。

【输出描述】

对于每个? 操作，输出它的答案，一个操作输出一行。

【输入样例】

8
L 1
R 2
R 3
? 2
L 4
? 1
L 5
? 1

【输出样例】

1
1
2

7. 假定有多名用户，用户名和密码对分别为" Kate":" 666666"、" tom":" 123" 和" Jack":"123"（大小写敏感）。登录规则是给每名用户三次输入用户名和密码的机会，要求如下：

（1）第一行输入用户名，第二行输入密码，若匹配已有用户名和密码，则输出"Success!"，退出程序；

（2）当有 3 次输入用户名或密码不正确时，输出"The user name or password is incorrect for 3 times!"

【输入描述】

第一行输入用户名，第二行输入密码。

【输出描述】

若匹配已有用户名和密码，则输出"Success!"；3 次输入用户名或密码不正确时输出"The user name or password is incorrect for 3 times!"。

【输入样例 1】

input username：<u>Kate</u>

input password：<u>666666</u>

【输出样例 1】

Success!

【输入样例 2】

input username：<u>Kate</u>

input password：<u>666</u>

input username：<u>Kate</u>

input password：<u>444</u>

input username：<u>kate</u>

input password：<u>666666</u>

【输出样例 2】

The user name or password is incorrect for 3 times!

【样例说明】　输入样例中下画线处为标准输入内容，其他为程序输出的提示信息。

8. 红光幼儿园组织春游，需要统计人数。假设字典 dic_class 存放幼儿园所有的班级，内容为{"托班":["聪聪班","伶伶班","楠楠班"],"小班":["小一班","小二班"],"中班":["中一班","中二班"],"大班":["大一班","大二班"]}；字典 dic_number 存放每个班的报名人数，内容为{"聪聪班":25,"伶伶班":23,"楠楠班":27,"小一班":30,"小二班":31,"中一班":32"中二班":34,"大一班":31,"大二班":35}。试编写程序，统计各年级报名人数以及全园报名人数。输出结果如下：

托班：75 人

小班：61 人

中班：66 人

大班：66 人

合计：268 人

9. 先输入多个英文单词及其译文，接着输入某英文单词，输出该单词的译文。

【输入描述】

第一行是整数 n，表示包含 n 个英文单词及其译文。

接下来输入 n 行，每行是一个英文单词及其译文，中间用空格隔开。

接下来输入的一行是一个英文单词。

【输出描述】　输出最后输入的英文单词的译文。如果没有检索到该单词，输出"not found"。

【输入样例】

3

word 字

go 去

input 输入

go

【输出样例】

去

【样例说明】

"去"是单词 go 的译文。

10. 小 f 听说莎士比亚的总词汇量在 15 000 和 21 000 之间,在佩服之余,她也想要知道自己的词汇量。小 f 认为,对常用词汇的掌握相对来说更为重要,因此她想请你帮她统计,她平时最常使用的词汇是哪些。

【输入描述】

第一行是一个正整数 n,表示将要输入的行数。

接下来 n 行,每行是一个字符串,只包含空格和大小写字母,一行内多个单词之间用空格分隔。

【输出描述】

第一行输出一个正整数,表示出现最多次的单词的次数。对于一个单词,不论其中字母的大小写如何变化,都视为同一个单词。如 python、PYTHON、PyThOn 只算作一个单词。

接下来输出若干字符串,表示出现最多次的单词。如果出现最多次的单词不止一个,则需要根据输入时第一次出现的先后顺序逐行输出。请注意,输出的单词必须全为小写字母(即使输入中为大写)。

【输入样例】

3

use THAT two two

and THAT we should

hear and we speak

【输出样例】

2

that

two

and

we

【样例说明】

出现次数最多的单词有 4 个,均出现 2 次,因此首先输出 2,再依次输出这 4 个单词 that、two、and、we。

四、常见的字典异常处理与错误解决方案

1. 常见错误与解决方案。

(1) 创建字典的误解。

错误场景:尝试用列表推导式创建字典时,键重复导致覆盖。

```
# 错误示范
keys = ['a', 'b', 'a']
values = [1, 2, 3]
my_dict = {k: v for k, v in zip(keys, values)}
print(my_dict)        # 输出可能不是预期,因为'a'键被覆盖
```

解决方案：使用 collections.defaultdict 避免键冲突。代码如下：

```
from collections import defaultdict

my_dict = defaultdict(list)
for k, v in zip(keys, values):
    my_dict[k].append(v)
print(my_dict)                                # {'a': [1, 3], 'b': [2]}
```

（2）字典访问未初始化的键。

错误场景：

```
my_dict = {}
value = my_dict['not_here']                   # KeyError
```

解决方案：使用 get()方法安全访问。代码如下：

```
value = my_dict.get('not_here', '默认值')
print(value)                                  # 输出 '默认值'
```

（3）字典更新时的键冲突。

错误理解：

```
dict1 = {'x': 1}
dict2 = {'x': 2, 'y': 3}
dict1.update(dict2)       # 预期 dict1 中'x'的值不变
```

正确做法：更新操作会覆盖键值。

```
print(dict1) # {'x': 2, 'y': 3}        #注意'x'的值已被覆盖
```

2. 异常处理入门。

（1）不处理异常的危险。

问题：运行时错误未被捕获。

```
num = 'one'
result = num + 1       # TypeError
```

引入 try-except：
```
try:
    result = num + 1
except TypeError:
    print("不能将字符串与数字相加")
```

（2）使用 finally 清理资源。

无论是否发生异常,finally 块都会执行。

```
try:
    # 假设这是打开文件的操作
    file = open('example.txt', 'r')
    print(file.read())
```

```
except FileNotFoundError:
    print("文件不存在")
finally:
    file.close()        # 确保文件被关闭
```

3. 实战案例: 数据分析预处理。

假设需要处理一份数据,其中包含一个字典列表,每个字典代表一条记录,但数据不完全或有格式错误。任务是清洗数据,处理缺失值,并捕获任何转换过程中的异常。

```
data = [
    {"name": "Alice", "age": 30},
    {"name": "Bob", "missed_age": 25},         # 错误键名
    {"name": "Charlie"},                        # 年龄缺失
]

cleaned_data = []

for record in data:
    try:
        # 确保记录中有'age'键
        age = record.get('age', None)
        if age is None:
            raise ValueError("Age is missing.")

        # 正确处理记录
        cleaned_record = {
            "name": record["name"],
            "age": int(age),                    # 强制类型转换,可能引发 ValueError
        }
        cleaned_data.append(cleaned_record)
    except KeyError as ke:
        print(f"Key error in record: {ke}")
    except ValueError as ve:
        print(f"Value error in record: {ve}")

print(cleaned_data)
```

实验九　函数实验

一、实验目的

1. 掌握函数的构建方法。
2. 掌握函数的使用方法。
3. 掌握函数的一般操作方法。
4. 熟悉函数的作用,并能够对相关的问题以函数方式实现。

二、实验内容

1. 编写函数 sum(x),求整数 x 的各位数字之和。从键盘输入一个非负整数,调用 sum

函数计算其各位数字之和并输出结果。例如,输入整数 58,输出其各位数字之和 5＋8＝13。

2. 编写函数 fac(n),用递归法求出 n 的阶乘(1≤n≤10)。从键盘输入整数 n,然后调用该函数并输出结果。例如,输入 5,输出 120,因为 5 的阶乘为 5!＝120。

3. 编写函数 comb(a,b),将两个两位正整数 a、b 合并成一个整数并返回。合并的方式是:将 a 的十位和个位数字依次放在结果的十位和千位上,b 的十位和个位数字依次放在结果的个位和百位上。例如,a＝45,b＝12,调用该函数后,返回 5241。要求在 main 函数中调用该函数:从键盘输入两个整数,然后调用该函数进行合并,并输出合并后的结果。

【提示】　输入两个两位正整数,以空格隔开,输出合并后的正整数。例如,输入"45 12",输出"5241"。

4. 编写函数 insert(string,c),用于在一个已排好序(ASCII 值从小到大)的字符串 string(少于 50 个字符)中的适当位置插入字符 c,要求插入后串的序不变(从小到大),允许字符重复,函数返回插入后的字符串。从键盘分别输入有序字符串和单个字符,然后调用函数 insert(string,c)将字符插入字符串,并以 ASCII 值从小到大顺序排序输出。

【提示】　从键盘分行输入有序字符串和单个字符,向屏幕输出插入后的字符串。例如,从键盘输入少于 50 个字符的有序字符串 abdef 和字符 c,通过调用函数 insert(string,c)将字符 c 插入字符串 abdef,并以 ASCII 值从小到大的顺序排序输出。

5. 用递归方法编写求最大公因子的程序。两个正整数 x 和 y 的最大公因子定义为:如果 y≤x 且 x mod y＝0,gcd(x,y)＝y;如果 y＞x,gcd(x,y)＝gcd(y,x);其他情况下,gcd(x,y)＝gcd(y,x mod y)。

【提示】　用户在第一行输入两个数字,数字之间用空格分隔。程序在下一行输出前面输入的两个数字的最大公因子。例如输入 36 24,输出 12。

6. 编写函数 escape(s,t),将字符串 t 拷贝到字符串 s 中,并在拷贝过程中将诸如换行符与制表符等转换成诸如\n、\t 等换码序列。编写程序,将输入的字符串(含有换行符、制表符)进行转换,并输出。

【提示】　控制台输入字符串 t,t 中可能含有换行符和制表符。t 的长度不超过 50 个字符。例如,输入

currently,two versions of the CLDC specification are avilable:
        CLDC 1.0
        CLDC 1.1

则输出

currently,two versions of the CLDC specification are avilable:\n\tCLDC 1.0\n\tCLDC 1.1\n

7. 编写 isOdd()函数,该函数应有一个整数参数。如果该参数为奇数,函数返回 True;否则,返回 False。在主程序中测试该函数。

8. 编写一个函数,实现连续 n 个自然数的求和。

9. 编写一个函数 is_Prime(),判断一个输入的正整数是否为素数。

10. 编写一个函数,判断给定的一个年份是否为闰年。

11. 编写一个函数,接收一个列表作为参数,函数返回该列表中所有正数之和。在主程序中测试该函数。

12. 重复元素判定。编写一个函数,接收一个列表作为参数,如果一个元素在列表中出

现不止一次,则返回 True,但不改变原列表的值。在主程序中测试该函数(提示:可以使用 count 函数)。

13. 编写 lambda()函数,用来求一个数的平方,然后调用该函数求出一个列表所有元素的平方和。

14. 编写一个函数,求一个正整数 n 的各位数字之和,并在主程序中测试该函数。

15. 编写一个函数,判断一个正整数是否为水仙花数,并在主程序中进行测试($1 ** 3 + 5 ** 3 + 3 ** 3 = 153$)。

16. 定义函数 say_hi_person(),它有一个参数 full_name,接收人名的字符串为参数,函数返回值为"xxx,你好!"。例如,参数为"李白",输出"李白,你好!"

17. 编写一个函数,判断某数是否为自除数。例如 128,这个数可以被 1、2、8 整除。

18. 编写一个函数,判断一个学生得到的分数是'优秀'、'合格'还是'不及格'。90 分以上(包含 90)为优秀,大于 60 分(包含 60)且小于 90 为合格,其他分数为不及格。

19. 编写一个函数,判断某数是否为完数。完数定义是一个数的所有因子(含 1)之和等于它自身。例如 $6 = 1 + 2 + 3$,则 6 是完数。

20. 编写一个函数,判断用户传入的列表长度是否大于 2,如果大于 2,只保留前两个元素并返回。

21. 编写一个函数,实现内置函数 len(),对象为列表。

三、课外在线作业

1. 排错问题。

圣诞节快到了,公司为每个员工都准备了礼物,每个礼物都有一个精美的盒子。如果所有的礼物都不小心装错了盒子,求所有礼物都装错盒子共有多少种不同情况。

【输入描述】

输入一个正整数 n,表示公司人数,n≤20。

【输出描述】

输出一个整数,代表全部装错盒子有多少种情况。

【输入样例】

2

【输出样例】

1

2. 分钱方案。

有 n 个人需要分配 m 元钱(m>n),每个人至少分到 1 元钱,且每个人分到的钱数必须是整数。问有多少种分配方案?

【输入描述】

输入一行,包含两个正整数 n、m,用空格间隔。

【输出描述】

输出分配方案数。

【输入样例】

5　10

【输出样例】

126

3. 父与子。

学校举办亲子运动会,所有的父亲一组,所有孩子一组。出场规则是:父亲组先派一个人上场,之后孩子组才能派一个人上场。假设每队 3 个人,可能的出场策略包括以下 5 种:

父父父子子子
父父子子父子
父父子父子子
父子父父子子
父子父子父子

任意输入父子对数 n(3≤n≤15),计算并输出有多少种出场策略。

【输入样例】

3

【输出样例】

5

4. 斐波那契数列(递归求解)。

前文讲解过斐波那契数列,它是这样一个数列:1,1,2,3,5,8,13,21…用 f_n 表示斐波那契数列的第 n 项,则有:$f_1=f_2=1,f_n=f_{n-1}+f_{n-2}(n>2)$。

为了提高难度,小黑决定修改公式如下:用 f_n 表示新数列的第 n 项,则有 $f_1=f_2=1$,$f_n=af_{n-1}+bf_{n-2}(n>2)$。

【输入描述】

输入 3 个整数 n(1≤n≤30)、a(1≤a≤10)、b(1≤b≤10)。

【输出描述】

输出 f_n 的值。

【输入样例】

3 1 1

【输出样例】

2

5. 快速幂(递归求解)。

大家都会计算 X^y(for 循环相乘),但是当 y 很大的时候怎么办(如 $y=10^{18}$)? 小黑经过研究,想到了一个好办法,公式如下:

$$f(x,y)=\begin{cases} f(x,y/2)\times f(x,y/2) & y\%2=0,y>0 \\ 1 & y=0 \\ f(x,y/2)\times f(x,y/2)\times x & y\%2=1,y>0 \end{cases}$$

当然这不是快速幂最好的写法,有兴趣的同学可以了解快速幂的另一种写法。

【输入描述】

第一行输入一个整数 t(t≤100);

然后输入 t 行,每行有两个整数 x(1≤x≤10)和 y(1≤y≤10)。

【输出描述】

输出 X^y 的值。

【输入样例】

1

2　10

【输出样例】

1024

6. 最大公约数（欧几里得递归求解算法）。

相信大家都会计算最大公约数，但怎么快速地计算呢？下面这个式子是辗转相除法的数学表达：

$$f(x,y) = \begin{cases} f(y, x\%y), & y > 0 \\ x & y = 0 \end{cases}$$

【输入描述】

第一行输入一个整数 $t(t \leq 100)$；

然后有 t 行，每行有两个整数 $x(1 \leq x \leq 10^9)$ 和 $y(1 \leq y \leq 10^9)$。

【输出描述】

输出 t 行，每行输出 x、y 的最大公约数。

【输入样例】

1

6　8

【输出样例】

2

7. 小黑爬楼梯。

又是美好的一天，小黑早早来到博园教学楼四号楼准备去实验室，但他发现电梯居然坏了，可怜的小黑只能选择爬楼梯上楼。他有一个习惯，走楼梯上楼时有时一步上一阶楼梯，有时一步上两阶楼梯。请你帮小黑计算，走 n 阶楼梯到达实验室共有多少种走法。

【提示】

$$f(x) = \begin{cases} f(x-2) + f(x-1), & x > 2 \\ 2 & x = 2 \\ 1 & x = 1 \end{cases}$$

【输入描述】

输入一个整数 $n(2 \leq n \leq 20)$。

【输出描述】

输出一行数字，表示你的答案。

【输入样例】

5

【输出样例】

8

8. 汉诺塔。

约 19 世纪末，在欧洲的商店中出售一种智力玩具，在一块铜板上有三根杆，最左边的杆上自上而下、按由小到大的顺序串着 64 个圆盘。目的是将最左边杆上的圆盘全部移到中间的杆上,每次只能移动一个圆盘,且不允许大盘放在小盘的上面。

若每 1 微秒计算(并不输出)一次移动,那么也需要几乎一百万年。我们只能找出问题的解决方法并解决较小 N 值时的汉诺塔,但很难用计算机解决 64 层的汉诺塔。

假定圆盘从小到大编号为 1,2,…

【输入描述】

输入为一个整数(小于 20),后面跟三个单字符字符串。整数为盘子的数目,后三个字符分别表示三个杆子的编号。

【输出描述】

输出每一次移动盘子的记录。一次移动为一行。

每次移动的记录为如 a→3→b 的形式,表示把编号为 3 的盘子从 a 杆移至 b 杆。

【输入样例】

2 a b c

【输出样例】

a→1→c

a→2→b

c→1→b

9. 计算最小差值。

基于对排序的理解,现在我们来尝试计算一个数组中的最小差值。最小差值指的是数组元素中两两之间相减所得到的最小绝对值。例如:

2 15 9 20 5

这五个数,它们的最小差值就是 $|5-2|=3$。

计算最小差值有很多种解法,可以先把数组从小到大排序,然后依次计算相邻两个数的差,计算它们的最小值就可以。

【输入描述】

第一行输入一个整数 n(n≤100);第二行输入 n 个整数。

【输出描述】

输出最小差值。

【输入样例】

5

2 15 9 20 5

【输出样例】

3

10. 奇偶排序。

将一个数组分成前半部分奇数、后半部分偶数,并将前后两部分各自从小到大排序。

【输入描述】

第一行输入一个整数 n(n≤100);第二行输入 n 个整数。

【输出描述】

输出 n 个数,前半部分是奇数(从小到大排序),后半部分是偶数(从小到大排序)。

【输入样例】

10

9 6 4 3 5 1 7 10 8 2

【输出样例】

1 3 5 7 9 2 4 6 8 10

11. 合唱队型。

已知合唱队的人数 n 和从左至右每个人的身高。合唱队排成一排，其中左半部分有 k 个人，是高声部；右半部分有 n−k 个人，是低声部。接下来需要将高声部的所有队员按照身高从低到高排列，再将低声部的所有队员按照身高从高到低排列，从而排成一个美观的合唱队形。

【输入描述】

第一行输入两个整数 n 和 k（k≤n≤100）；接下来一行输入合唱队一排每个人的身高。

【输出描述】

将排序后的结果输出。

【输入样例】

10 6

180 175 169 178 192 170 179 173 184 178

【输出样例】

169 170 175 178 180 192 184 179 178 173

12. 中位数。

中位数（Medians）是指将数据按大小顺序排列成一个数列，居数列中间位置的那个数据。例如，对于一组数据 2，3，5，7，9，它们的中位数就是 5。

当数列中元素的个数为偶数时，中位数是中间两个数的平均值。例如，对于一组数据 2，4，6，7，9，11，它们的中位数是（6＋7）/2＝6.5。

【输入描述】

第一行输入一个整数 n（n≤100）；第二行输入 n 个整数。

【输出描述】

输出一个数，表示该数列的中位数。

【输入样例】

5

2 3 5 7 9

【输出样例】

5

13. 分数段统计。

小红所在的班级进行了数学考试，老师请小红帮忙进行名次排序和各分数段的人数统计。现要求如下：将 N 名同学的考试成绩放在 A 数组中，各分数段的人数存到 B 数组中；成绩为 100 的人数存到 B[1]中，成绩为 90 到 99 的人数存到 B[2]中，成绩为 80 到 89 的人数存到 B[3]中，成绩为 70 到 79 的人数存到 B[4]中，成绩为 60 到 69 的人数存到 B[5]中，成绩为 60 分以下的人数存到 B[6]中。

【输入描述】

输入共有两行：第一行为小红所在班级的人数 N(1≤N≤30)；第二行为 N 个用 1 个空格隔开的数学考试分数(分数为 100 及以内的正整数)。

【输出描述】

输出共有若干行：前 N 行每行一个整数，是从高到低排序的数学考试分数；最后一行是 6 个按要求分别存放到数组 B[1]到 B[6]中的各分数段的人数(各数据之间以 1 个空格为间隔)。

【输入样例】

10

93　85　77　68　59　100　43　94　75　82

【输出样例】

100

94

93

85

82

77

75

68

59

43

1　2　2　2　1　2

实验十　文件操作实验

一、实验目的

1. 熟悉文件的定义、相对路径和绝对路径。

2. 了解如何处理不同类型的文件，如文本文件和二进制文件。

3. 了解文件编码和文件格式，以便正确地读取和写入数据。

4. 掌握文件操作的基础，包括打开、读取、写入和关闭文件。

5. 掌握文件的异常处理。

二、实验内容

1. 新建一个文本文件 xyx.txt，文件内容如下：

时间短暂，我们需要 python!

编写程序输出该文件的内容，要求一次性地输出整个文件内容。

2. 文件 x.txt 中每一行内容分别为购买的某一种商品的名称、价格、数量，如下所示。

求所购商品需要的总费用。

```
banana 10 3
bread 20 5
notebook 5000 5
chicken 10 4
```

3. 编写程序,随机产生 100 个两位正整数,并将这 100 个数写入文本文件 numbook. txt,要求每行 10 个整数,整数之间用空格分隔。

4. 有一个文件的内容为"hello whole world",将单词 world 改为其他内容并存储。

5. 有一个文件 numbook. txt 中存放了若干整数,各整数之间使用英文逗号分隔。编写程序读出文件中所有整数,将其升序排序后保存到一个新文件中。

6. 编写一个程序,在保持文件内容顺序不变的前提下,去除文件中的重复行。

7. 编写一个程序,接受用户输入的文件路径和新的权限设置,然后修改文件的权限。提示:使用 os 模块来修改文件权限,考虑如何将权限设置以合适的形式输入,例如使用数字或字符串。

8. 编写一个程序,接受用户输入的文件夹路径,然后将该文件夹中所有文件压缩为一个 ZIP 文件。

【提示】

(1) 使用 zipfile 模块创建 ZIP 文件。

(2) 考虑如何处理文件夹中的子文件夹。

9. 编写一个程序,接受用户输入的文件夹路径,然后列出该文件夹中的所有文件和子文件夹。将这些信息保存到一个文本文件中,并以树状结构显示文件夹和文件的层次关系。

【提示】

使用递归函数来遍历文件夹中的所有文件和子文件夹。

10. 编写一个程序,接受两个文件的路径作为输入,然后比较这两个文件的内容差异。输出有差异的行数,并将这些不同的行写入一个新文件中。

【提示】

(1) 将文件内容读取到内存中,并逐行比较。

(2) 考虑使用集合或列表等数据结构来存储不同的行。

11. 编写一个程序,接受用户输入的文件路径和一个关键字,然后在文件中查找并输出包含该关键字的行数及行内容。

【提示】

(1) 逐行读取文件内容,并使用关键字查找。

(2) 考虑使用正则表达式进行更灵活的匹配。

12. 创建一个包含以下数据的 CSV 文件(data. csv):

```
Name,Age,City
John,25,New York
Alice,30,San Francisco
Bob,22,Los Angeles
```

编写程序,读取文件内容并将其解析为 Python 字典列表。

【提示】

(1) 使用 csv 模块来读取和处理 CSV 文件。

(2) 考虑如何有效地计算平均值、最大值和最小值。

13. 假设有一个日志文件(log.txt)记录系统的运行日志。编写一个程序,分析日志文件,输出每小时的日志条数,以便找出系统最繁忙的时段。

【提示】

(1) 使用正则表达式或字符串分析技术来提取日志中的有用信息。

(2) 考虑使用时间戳来确定每小时的日志条数。

14. 编写一个程序,接受用户输入的文件路径,然后检查并显示该文件的权限信息(读、写、执行)。

【提示】

(1) 使用 os 模块检查文件权限。

(2) 考虑如何将权限信息以可读形式展示给用户。

15. 编写一个程序,接受用户输入的多个文件路径,然后将这些文件的内容合并到一个新文件中。

【提示】

(1) 考虑如何处理文件的顺序以及文件之间的分隔符。

(2) 使用异常处理来处理文件不存在的情况。

16. 文件复制。

```python
import os
file_name = input('请输入一个文件路径:')
if os.path.isfile(file_name):
    old_file = open(file_name, 'rb')              # 以二进制的形式读取文件
    names = os.path.splitext(file_name)
    new_file_name = names[0] + '.bak' + names[1]
    new_file = open(new_file_name, 'wb')          # 以二进制的形式写入文件
    while True:
        content = old_file.read(1024)             # 读取出来的内容是二进制
        new_file.write(content)
        if not content:
            break
    new_file.close()
    old_file.close()
else:
    print('您输入的文件不存在')
```

17. CSV 文件的读写。

(1) CSV 文件的读取。

```python
import csv
# 以读取方式打开一个 CSV 文件
file = open('test.csv', 'r')
# 调用 csv 模块的 reader()方法,得到的结果是一个可迭代对象
reader = csv.reader(file)
# 对结果进行遍历,获取结果里的每一行数据
```

```
for row in reader:
    print(row)
file.close()
```

（2）CSV 文件的写入。

```
import csv
# 以写入方式打开一个 CSV 文件
file = open('test.csv', 'w')
# 调用 writer 方法,传入 CSV 文件对象,得到的结果是一个 CSVWriter 对象
writer = csv.writer(file)
# 调用 CSVWriter 对象的 writerow()方法,一行行地写入数据
writer.writerow(['name', 'age', 'score'])
# 还可以调用 writerows()方法,一次性地写入多行数据
writer.writerows([['zhangsan', '18', '98'],['lisi', '20', '99'], ['wangwu', '17', '90'], ['jerry', '19',
'95']])
file.close()
```

18. 将数据写入内存。

（1）将字符串写入内存。

```
from io import StringIO
# 创建一个 StringIO 对象
f = StringIO()
# 可以像操作文件一样,将字符串写入内存中
f.write('hello\r\n')
f.write('good')
# 使用文件的 readline()和 readlines()方法,无法读取到数据
# print(f.readline())
# print(f.readlines())
# 需要调用 getvalue()方法才能获取写入内存中的数据
print(f.getvalue())
f.close()
```

（2）以二进制形式写入内存。

```
from io import BytesIO
f = BytesIO()
f.write('你好\r\n'.encode('utf-8'))
f.write('中国'.encode('utf-8'))
print(f.getvalue())
f.close()
```

19. 序列化和反序列化。

（1）使用 json 库实现序列化。

① dumps()方法的作用是把对象转换为字符串,它本身不具备将数据写入文件的功能。

```
import json
file = open('names.txt', 'w')
names = ['zhangsan', 'lisi', 'wangwu', 'jerry', 'henry', 'merry', 'chris']
# file.write(names) 出错,不能直接将列表写入文件
# 可以调用 json 库的 dumps()方法,传入一个对象参数
result = json.dumps(names)
# dumps()方法得到的结果是一个字符串
```

```
print(type(result))                              # < class 'str'>
# 可以将字符串写入文件
file.write(result)
file.close()
```

② dump()方法可以在将对象转换为字符串的同时,指定一个文件对象,把转换后的字符串写入这个文件。

```
import json
file = open('names.txt', 'w')
names = ['zhangsan', 'lisi', 'wangwu', 'jerry', 'henry', 'merry', 'chris']
# dump()方法可以接收一个文件参数,在将对象转换为字符串的同时写入该文件
json.dump(names, file)
file.close()
```

(2) 使用 json 库实现反序列化。

① loads()方法需要一个字符串参数,用来将一个字符串加载为 Python 对象。

```
import json
# 调用 loads()方法,传入一个字符串,可以将这个字符串加载为 Python 对象
result = json.loads('["zhangsan", "lisi", "wangwu", "jerry", "henry", "merry", "chris"]')
print(type(result)) # < class 'list'>
```

② load()方法可以传入一个文件对象,用来将该文件对象里的数据加载为 Python 对象。

```
import json
# 以可读方式打开一个文件
file = open('names.txt', 'r')
# 调用 load()方法,将文件里的内容加载为一个 Python 对象
result = json.load(file)
print(result)
file.close()
```

(3) 使用 pickle 库实现序列化。

① dumps()方法将 Python 数据转换为二进制。

```
import pickle
names = ['张三', '李四', '杰克', '亨利']
b_names = pickle.dumps(names)
# print(b_names)
file = open('names.txt', 'wb')
file.write(b_names)                              # 写入的是二进制数据,不是纯文本
file.close()
```

② dump()方法将 Python 数据转换为二进制,同时保存到指定文件。

```
import pickle
names = ['张三', '李四', '杰克', '亨利']
file2 = open('names.txt', 'wb')
pickle.dump(names, file2)
file2.close()
```

(4) 使用 pickle 库实现反序列化。

① loads()方法将二进制数据加载为 Python 数据。

```
import pickle
```

```
file1 = open('names.txt', 'rb')
x = file1.read()
y = pickle.loads(x)
print(y)
file1.close()
```

② load()方法读取文件，并将文件的二进制内容加载为 Python 数据。

```
import pickle
file3 = open('names.txt', 'rb')
z = pickle.load(file3)
print(z)
```

json 库是将对象转换为字符串，不管是在哪种操作系统、哪种编程语言里，字符串都是可识别的。json 库就是用来在不同平台间传递数据的；而 pickle 库是将对象转换为二进制，如果想要把内容写入文件，这个文件必须要以二进制的形式打开，它不能跨平台传递数据。并不是所有的对象都可以直接转换为一个字符串。下面列出了 Python 对象与 JSON 字符串的对应关系：

dict→object; list、tuple→array; str→string; int、float→number; True→true; False→false; None→null

20. 给图片加水印。

（1）加文本水印。

```
# pip install filestools
from watermarker.marker import add_mark
add_mark(file = "p1.jpg", out = "add_mark_test1.jpg", color = (0,100,0), size = 50, mark = "欢迎来到重庆理工大学! 明德笃行, 自强日新!", opacity = 0.2, angle = 30, space = 30)
```

或者

```
from PIL import Image, ImageDraw, ImageFont
image = Image.open("p1.jpg")                              # 打开原始图片
draw = ImageDraw.Draw(image)                              # 创建一个可以在给定图像上绘图的对象
font = ImageFont.truetype("simsun.ttc", 80)              # 设置字体和字号
text = "明德笃行, 自强日新!"                                # 设置水印文本的内容
textcolor = (0, 100, 0)                                   # 设置水印文本的颜色
left, top, right, bottom = draw.textbbox((0, 0), text, font)
textwidth, textheight = right, bottom                     # 获取文本的尺寸
position = (int(image.width/2 - textwidth/2), int(image.height/2 - textheight/2))
                                                          # 将水印文本放置在原始图片的正中间
draw.text(position, text, fill = textcolor, font = font)  # 在图片上添加水印
image.save("w1.jpg")                                      # 保存带有水印的图片
```

（2）加图片水印。

```
from PIL import Image
base_image = Image.open("p1.jpg")                         # 打开原始图片
watermark = Image.open("water.png").convert("RGBA")       # 打开水印图片
watermark = watermark.resize(100, 100)                    # 根据需要调整水印图片大小
# 将水印图片放置在原始图片的正中间
position = (int(base_image.width/2 - watermark.width/2), int(base_image.height/2 - watermark.height/2))
transparent = Image.new('RGBA', base_image.size, (0,0,0,0))
transparent.paste(base_image, (0,0))                      # 合并原始图片和水印图片
transparent.paste(watermark, position, mask = watermark)
```

```python
result_image = transparent.convert('RGB')      # 转换回 RGB 模式以保存为 JPG 格式
result_image.save("w1.jpg")                     # 保存带有水印的图片
```

21. 给 PDF 文档加水印。

```python
import PyPDF2
pdfFile = open('example.pdf', 'rb')
pdfReader = PyPDF2.PdfFileReader(pdfFile)
pdfWriter = PyPDF2.PdfFileWriter()
for pageNum in range(pdfReader.getNumPages()):
    pageObj = pdfReader.getPage(pageNum)
    pageObj.mergePage(PdfFileReader('watermark.pdf').getPage(0))
    pdfWriter.addPage(pageObj)
resultPdfFile = open('watermarked.pdf', 'wb')
pdfWriter.write(resultPdfFile)
pdfFile.close()
resultPdfFile.close()
```

22. 给 Word 文档加水印。

```python
from docx import Document
from docx.shared import Inches
doc = Document()
section = doc.sections[0]
header = section.header
header.paragraphs[0].text = " Welcome to CQUT!"
doc.add_paragraph('这是一些正文内容。')
doc.save('watermarked.docx')
```

23. 给 Excel 文档加水印。

```python
from openpyxl import load_workbook
from openpyxl.drawing.image import Image
wb = load_workbook('example.xlsx')
ws = wb.active
img = Image('watermark.png')
img.width = 200
img.height = 200
ws.add_image(img, 'C3')
wb.save('watermarked.xlsx')
```

24. 给 PPT 文档加水印。

```python
from pptx import Presentation
from pptx.util import Inches
prs = Presentation()
blank_slide_layout = prs.slide_layouts[6]
slide = prs.slides.add_slide(blank_slide_layout)
left = top = Inches(1)
height = Inches(1.5)
width = Inches(6)
txBox = slide.shapes.add_textbox(left, top, width, height)
tf = txBox.text_frame
tf.text = " Welcome to CQUT!"
prs.save('watermarked.pptx')
```

25. 处理大文件。

（1）逐行读取并处理。

```python
with open('large_file.txt', 'r') as file:        # 打开大文件并逐行读取
    for line in file:                             # 处理每一行
        print(line.strip())                       # strip()用于去除行尾换行符
```

（2）生成器按需生成数据（假设需要从大文件中提取每行的前 10 个字符）。

```python
def read_first_ten(file_path):
    with open(file_path, 'r') as file:
        for line in file:
            yield line[:10]                       # 只生成每行的前 10 个字符


for chunk in read_first_ten('large_file.txt'):
    print(chunk)
```

（3）分块读取以精细化处理大数据。

```python
def count_chars(file_path, block_size = 1024 * 1024):   # 1MB 块大小
    char_count = 0
    with open(file_path, 'r') as file:
        while True:
            data = file.read(block_size)
            if not data:
                break
            char_count += len(data)
    return char_count


total_chars = count_chars('large_file.txt')
print(f"总字符数：{total_chars}")
```

（4）利用 Pandas 库的智能切片高效分析数据。

```python
import pandas as pd


def analyze_in_chunks(file_path):
    chunksize = 10 ** 6                                          # 一百万行
    for chunk in pd.read_csv(file_path, chunksize = chunksize):  # 对每个数据块进行分析
        avg_value = chunk['column_name'].mean()
        print(f"当前块的平均值：{avg_value}")


analyze_in_chunks('large_dataset.csv')
```

（5）利用 NumPy 库和 Dask 库进行高效数值处理。

```python
import dask.dataframe as dd
ddf = dd.read_csv('large_numbers.csv')               # 加载大 CSV 文件，不需要全部加载到内存
mean_value = ddf['column_name'].mean().compute()     # 并行计算列的平均值
print(f"平均值：{mean_value}")
```

（6）利用 SQLAlchemy 操作数据库。

```python
from sqlalchemy import create_engine, Table, Column, Integer, MetaData
engine = create_engine('sqlite:///large_data.db')
metadata = MetaData()


table = Table('data', metadata,                      # 创建一个简单的表
        Column('id', Integer, primary_key = True),
```

```
        Column('value', Integer))

metadata.create_all(engine)

with open('large_file.txt', 'r') as file:
    data_list = [int(line.strip()) for line in file]  # data_list 是从大文件中读取的数据
                                                        # 列表

with engine.connect() as connection:
    connection.execute(table.insert(), data_list)      # 使用批量插入减少数据库交互次数
```

实验十一 中文文本分析实验

一、实验目的

1. 了解中文分词的基本概念及其在自然语言处理中的重要性,以及中文语言特点对分词任务的影响。

2. 掌握如何安装中文分词 jieba 库。

3. 掌握 jieba 库的基本操作。

4. 掌握词云的构建方法。

5. 掌握相关的中文文本情感分析方法。

二、实验内容

1. 编写程序,完成以下功能:

(1) 使用 jieba 库对字符串"他们喜欢吃饭桌上的菜。"进行分词,观察结果是否正确。如果结果不正确,如何通过修改词典进行调整?

(2) 使用 jieba 库对字符串"他们喜欢在饭桌上吃的菜。"进行分词,观察结果是否正确。如果结果不正确,如何通过修改词典进行调整?

2. 使用 jieba 库对字符串"繁花似锦锦一样愉快的玩耍"进行分词,并将结果输出。观察结果,如果结果不正确,想办法对结果进行修正。

【提示】 显然此处字符串中的"繁花"和"锦锦"均为人名,在修正结果时可考虑为这两个词标注词性。具体办法如下:

(1) 可通过 add_word()方法修改 jieba 词典。

(2) 可自定义词典,并通过 load_userdict()方法将词典文件导入。

3. 使用 jieba 库对文件"历史文化.txt"(内容如下)中的文本进行分词,并对每个词出现的次数进行统计,将词频最高的前三个词语输出。

【提示】 直接对分词结果进行统计时,标点符号及一些无意义的词语(如"了""的"等)也会参与统计。因此,在统计时需要将这些词语剔除。剔除的方法如下:

(1) 创建停用词列表,统计时判断词语是否在停用词列表中。

(2) 统计时对词语的长度进行限制,如剔除长度为 1 的词语。

　　自古以来,中华文明源远流长,绵延不绝。五千年的历史长河,留下了丰富的文化遗产,涵盖了诗歌、散文、小说、历史、哲学等各个领域。其中,诗歌作为中华文化的瑰宝之一,更是承载了中华民族的深厚情感和智慧。从古代的《诗经》《楚辞》到现代的新诗、现代诗,诗歌在不同历史时期都展现出了其独特的魅力和价值。

　　唐诗宋词是中国古代诗歌的巅峰之作,以其雄浑豪放、婉约细腻的风格,深受后人的推崇和喜爱。唐代诗人杜甫、李白的诗作,描绘了社会百态和个人情感,具有深刻的人文关怀和艺术审美。而宋代词人苏轼、李清照等,则以其含蓄婉约的笔触,表达了深沉的爱情和对生活的感悟,成为中国文学史上的不朽经典。

　　随着时代的变迁,现代诗歌不断涌现出新的面貌。新诗、现代诗以其独特的审美观念和表现形式,丰富了中国诗歌的艺术语言,为文学创作注入了新的活力。现代诗人海子、北岛等,通过对现实生活的感悟和对内心世界的探索,开拓了诗歌的边界,引领了诗歌创作的新方向。

　　总而言之,诗歌作为中国文学的瑰宝,承载了中华民族的文化传统和历史情感,是中华文化的重要组成部分。无论是古代的经典诗作,还是现代的新诗作品,都反映了中国人民对美好生活的向往和追求,展示了中华文化的博大精深。

4. 利用 jieba 库的 extract_tags()方法对第 3 题文件中的关键词进行提取,并根据关键词绘制词云。

【要求】

(1) 提取关键词时,参数 withWeight 设置为 True,参数 topK 设置为 50;

(2) 根据提取的关键词及其权重绘制词云,词云的形状设置为圆形。

5. 有如下文本:

　　在一个青山环绕、绿水潺潺的小镇上,有一家古色古香的茶馆,名叫"禅心阁"。茶馆的老板是一位悠然自得的中年人,他总是微笑着迎接每一位光顾的客人。茶馆里的布局别具一格,墙上挂着古代文人的字画,桌上摆放着各式茶具。每当有客人光顾,老板便会热情地为他们沏上一壶清香的龙井茶,轻轻地倾听他们的故事。茶馆里常常传来悠扬的古琴声,让人仿佛置身于时光的长河之中。人们来到这里,不仅仅是为了品茶,更是为了寻找一份心灵的宁静。在这里,他们可以忘却尘世的烦扰,沉浸在茶香与古韵之中,体验到一份别样的人生滋味。

利用 jieba 库的 textrank()方法对上述文本进行关键词的提取。

【要求】

(1) 提取关键词时,将参数 topK 设置为 30;

(2) 通过语句 jieba.analyse.set_stop_words("stopword.txt")设置停用词库;

(3) 根据提取的关键词绘制词云,词云的形状设置为五花瓣。

6. 有如下文本:

　　在一间充满活力的课堂里,新生小明加入了这个充满期待的环境,与同学小雨结下了深厚的友谊。尽管他们面对着课堂上的挑战和困惑,但在张老师和李华同学的鼓励下,他们逐渐克服了困难,取得了进步。而在周五的下午,他们与其他同学王强和刘芳一起自愿留下来,共同打扫了教室卫生。在大家团结合作的努力下,教室很快变得干净整洁,每个角落都焕然一新。这个简单的行动不仅加深了小明和小雨之间的友谊,也教会了他们团队合作的重要性,为他们未来的成长奠定了坚实的基础。

试编写程序,利用 networkx 库绘制上述文本中人物间的关系图。

【提示】

(1) 假设出现在同一句话中的人物之间具有共现关系,那么需要对文本中的每句话进行单独分词,提取出表示人物的词语。

(2) 对人物之间的共现次数进行计算,并将计算结果放入列表中。例如,列表[("小明","小雨",2),("李华","王强","刘芳",1),…],表示小明和小雨的共现次数为 2,李华、王强和刘芳的共现次数为 1,……

（3）将所有人物作为节点，人物之间的关系作为边，绘制人物关系图。

7. 对用户评论的好与坏进行判断是情感分析的常用方法。形容词、程度副词和连词都是用于判断的重要依据。假设字符串 s＝"这款电视画质好，色彩不错，观影效果极佳，让我沉浸其中，享受到了身临其境的感觉。而且，它的音质也相当出色，声音清晰，震撼人心，使用方便。不过，我也注意到了一些问题。首先，操作界面有些烦琐，有时候需要花费一些时间才能找到想要的功能。其次，长时间使用后，有时会出现一些画面卡顿的情况，稍显影响观影体验。综合来说，这款电视在画质和音质方面表现出色，但在操作界面和稳定性方面还有一些改进的空间"存放了用户对某产品的一条评论。

【要求】

（1）使用 jieba 库对该条评论进行分词，提取所有的形容词、副词及连词，并将结果输出。

（2）已知列表 good_lst ＝["好"，"不错"，"方便"，"赞"]存放了褒义词，列表 bad_lst ＝["糟糕"，"烂"，"烦琐"]存放了贬义词。假设文本中每有一个褒义词得 1 分，每有一个贬义词得－1 分，试编写程序，计算该条评论的情感分。分值大于 0 则为积极情感，小于 0 则为消极情感。

【提示】　对文本分词结果进行统计时，需要考虑是否存在否定词。例如，该文本中的"方便"本来为褒义词，应该得 1 分，但是因为前面有一个否定词"不"，因此实际应该得－1 分。

（3）已知字典 degree_dict＝{"很"：2，"太"：3，"非常"：2，"较"：1，"极"：3，"无比"：4}，存放了程度副词的分值。试编写程序，计算该条评论的情感分，分值大于 0 则为积极情感，小于 0 则为消极情感。计算时需要考虑程度副词对褒贬程度的影响。例如，褒义词"好"为 1 分，而"很好"则为 1×2 分；贬义词"糟糕"为－1 分，而"太糟糕"则为（－1）×3 分。

★8.《红岩》是现代作家罗广斌、杨益言创作的一部长篇小说，小说中第一个出场的主要人物是余新江，他的原型是余祖胜，余祖胜曾经就读的第二十一兵工厂附设第十一技工学校即现在的重庆理工大学。

《红岩》描写了在人民解放军进军大西南的形势下，重庆的国民党当局疯狂镇压共产党领导的地下革命斗争，着重表现以江姐、"小萝卜头"、许云峰、刘思扬、成岗、华子良、"双枪老太婆"等共产党人在狱中所进行的英勇战斗的事迹，充分展示了共产党人视死如归的大无畏英雄气概。红岩精神的内涵是："刚柔相济、锲而不舍的政治智慧；出淤泥不染、同流不合污的政治品格；以诚相待、团结多数的宽广胸怀；善处逆境、宁难不苟的英雄气概；坚如磐石的理想信念、和衷共济的爱国情怀、艰苦卓绝的凛然斗志和百折不挠的浩然正气。"红岩精神是中国共产党优良传统和作风在特定历史环境中的体现，更是中华民族精神的展示和升华。对《红岩》小说进行分词并生成词云图，以传承和弘扬红岩精神。

（1）导入分析文本所需要的包 jieba、wordcloud、matplotlib 和 csv 等，代码如下：

```
import jieba
import wordcloud
import matplotlib.pyplot as plt
from matplotlib.pyplot import imread
from matplotlib import cm
import csv
```

(2) 下载需要处理的相关文本,注意应是 utf-8 格式的文本,如果不是这种格式,就需要转换为这种格式。这里以学生较熟悉的长篇小说《红岩》为例。

(3) 通过 open()函数打开文件。open()函数用于打开文件并返回一个文件对象,可以使用该对象来读取或写入文件数据。open()函数的语法如下:

```
open(file, mode = 'r', buffering = - 1, encoding = None, errors = None, newline = None, closefd =
True, opener = None)
```

其中各参数的含义如下。

file:要打开的文件(包括文件的路径)。

mode:使用 open()函数打开文件的模式。使用不同的模式打开文件,能对文件进行不同的操作。常见模式有'r'、'w'、'a'、'x'、'b'和't'。

buffering:在读取或写入文件时,数据被存储在内存中的缓冲区。

encoding:指定打开文件时所采用的编码格式。

errors:指定在文件读取或写入时遇到编码错误时的处理方式,默认值为 None。其他常用的取值为"ignore"、"replace"和"strict"。

newline:指定在读取和写入文件时使用的换行符。

closefd:指定在关闭文件时是否同时关闭文件描述符。

opener:指定一个自定义的文件打开器,用于在打开文件时对文件进行预处理或后处理。

```
f = open('红岩.txt', 'r', encoding = 'UTF - 8')
```

(4) 通过 read()函数读取文件内容。

```
t = f.read()
```

(5) 读取文件完毕后关闭文件,避免误操作造成文件内容丢失。

```
f.close()
```

(6) 设置遮罩(蒙版)图片,这里以纪念抗战胜利的解放碑为蒙版图片。

```
img_file = 'jfb.jpg'
mask_img = imread(img_file)
```

(7) 自定义用户字典或用 suggestfreq()来使某个词能(或不能)被分开。

```
jieba.suggest_freq('团结多数', True)      # 避免将'团结多数'分成'团结'和'多数'两个词
jieba.suggest_freq(('中', '将'), True)     # 避免将'中'和'将'分成'中将'一个词
jieba.load_userdict('user_dict.txt')       # 更多的自定义词放在字典文件
```

(8) 使用 jieba.lcut()进行分词并用空格间隔。

```
words = jieba.lcut(t)
txt = " ".join(words)
```

(9) 设置停用词以去掉不需关心的词。

```
stop = {'的', '把', '了', '我', '他', '你', '和', '又', '也', '着', '是', '在', '不', '地'}
```

(10) 定义词云属性,这一步是关键。词云相关的属性和方法如下:

√字体 font_path　　　　　　　　　　　　　　√是否包含数字 include_numbers

√ 画布尺寸 width、height
√ 根据词频字典生成 generate_from_frequencies()
√ 颜色(表)colormap
√ 颜色函数 color_func
√ 词语组合频率 collocations
√ 遮罩(蒙版)mask
√ 轮廓宽度和颜色 contour_width、contour_color
√ 词云边界 margin
√ 词语水平排版频率 prefer_horizontal
√ 显示词语的最大个数 ax_words
√ 根据词频字典生成 fit_words()
√ 字体步长 font_step
√ 停用(屏蔽)词 stopwords
√ 背景色 background_color
√ 色彩模式 mode
√ 词语数量很少时重复 repeat
√ 词语最短长度 min_word_length

√ 正则表达式 regexp
√ 单词搭配(词组)出现最低频率 collocation_threshold
√ 单词复数转为单数 normalize_plurals
√ 词语相对大小 relative_scaling
√ 是否仅显示高频词 ranks_only
√ 随机生成器种子参数 random_state
√ 最小、最大的字体大小 min_font_size、max_font_size
√ 常用 generate()
√ 比例(缩放)scale
√ 根据文本生成 generate_from_text()
√ 词频统计 process_text()
√ 单词重新上色 recolor()
√ 保存为数组 to_array()
√ 保存为文件 to_file()
√ 转换为 PIL 图像 to_image()
√ 转换为 SVG 图像 to_svg()

```
w = wordcloud.WordCloud(font_path = "msyh.ttc", width = 1500, height = 1000, max_font_size = 200,
min_font_size = 12, background_color = 'white', mask = mask_img, stopwords = stop, max_words = 200,
collocations = False)
```

（11）将词组变量导入词云对象中保存并转换为 PIL 格式图像。

```
w.generate(txt)
w.to_image()
```

（12）创建新的图形窗口或画布。

```
plt.figure('红岩')
```

（13）设置词云标题并以中文字体显示，使用默认设置汉字会以方框形式显示，这里以《红岩》里第一个出场的主要人物余新江的原型余祖胜的简要信息为标题。

```
plt.rcParams['font.sans - serif'] = ['SimHei']
plt.title('余新江的原型是余祖胜,余祖胜曾经就读的第二十\n 一兵工厂附设第十一技工学校发展
为现在的重庆理工大学', fontweight = 'bold', y = - 0.12, color = 'red', fontproperties = 'STXingkai',
fontsize = 15)
```

（14）显示图像数据或数组。

```
plt.imshow(w)
```

（15）关闭坐标轴信息并显示之前绘制的图形，以便词云图简洁、美观。

```
plt.axis('off')
plt.show()
```

（16）词频信息写入文件。

```
data = {}
for word in words:
    if len(word)> 1:
        if word in data:
            data[word] += 1
```

```
        else:
                data[word] = 1
hist = list(data.items())
hist.sort(key = lambda x:x[1], reverse = True)                # 排序
with open(r"result.csv","w",newline = '') as csvfile:
    writer = csv.writer(csvfile)
    writer.writerow(["word","freq"])                          # 先写入列名
    for i in range(len(hist)):
        # 逐行写入词语及词频
        writer.writerow(hist[i])
```

9．中文文本情感分析方法。

（1）基于情感词典的方法。

情感词典是一种包含大量情感词汇的词典，其中每个词都被标记为积极、消极或中性。
基于情感词典的方法是将文本中的每个词与情感词典中的词进行匹配，然后根据匹配结果
计算文本的情感倾向。Python 中常用的情感词典包括"知网情感词典""哈工大情感词典"
等。使用这些情感词典进行情感分析的代码如下：

```
import jieba
import pandas as pd

# 加载情感词典
posdict = pd.read_excel('positive_words.xlsx', header = None)[0].tolist()
negdict = pd.read_excel('negative_words.xlsx', header = None)[0].tolist()

# 分词
text = '今天天气真好，心情非常愉快。'
words = jieba.lcut(text)

# 计算情感得分
poscount = 0
negcount = 0
for word in words:
    if word in posdict:
        poscount += 1
    elif word in negdict:
        negcount += 1
score = (poscount - negcount) / len(words)
print(score)
```

（2）基于机器学习的方法。

基于机器学习的方法是通过训练一个分类器来对文本进行情感分类。训练数据通常是
一些已经标注好情感倾向的文本，如电影评论、新闻报道等。常用的机器学习算法包括朴素
贝叶斯、支持向量机、神经网络等。Python 中常用的机器学习库包括 scikit-learn、
TensorFlow 等。使用 scikit-learn 进行情感分析的代码如下：

```
import jieba
from sklearn.feature_extraction.text import CountVectorizer
from sklearn.naive_bayes import MultinomialNB

# 加载训练数据
posdata = pd.read_excel('positive_data.xlsx', header = None)[0].tolist()
```

```
negdata = pd.read_excel('negative_data.xlsx', header = None)[0].tolist()
data = posdata + negdata
labels = [1] * len(posdata) + [0] * len(negdata)

# 分词
words = [''.join(jieba.lcut(text)) for text in data]

# 特征提取
vectorizer = CountVectorizer()
X = vectorizer.fit_transform(words)

# 训练分类器
clf = MultinomialNB()
clf.fit(X, labels)

# 预测情感
text = '今天天气真好,心情非常愉快。'
test_X = vectorizer.transform([''.join(jieba.lcut(text))])
score = clf.predict_proba(test_X)[0][1]
print(score)
```

（3）基于深度学习的方法。

基于深度学习的方法是使用神经网络对文本进行情感分类。常用的深度学习模型包括卷积神经网络、循环神经网络等。这些模型通常需要大量的训练数据和计算资源。Python 中常用的深度学习库包括 TensorFlow、Keras 等。使用 Keras 进行情感分析的代码如下：

```
import jieba
from keras.models import Sequential
from keras.layers import Embedding, Conv1D, GlobalMaxPooling1D, Dense

# 加载训练数据
posdata = pd.read_excel('positive_data.xlsx', header = None)[0].tolist()
negdata = pd.read_excel('negative_data.xlsx', header = None)[0].tolist()
data = posdata + negdata
labels = [1] * len(posdata) + [0] * len(negdata)

# 分词
words = [jieba.lcut(text) for text in data]

# 构建词向量
word2vec = {}
with open('sgns.weibo.bigram', encoding = 'utf - 8') as f:
    for line in f:
        line = line.strip().split()
        word = line[0]
        vec = [float(x) for x in line[1:]]
        word2vec[word] = vec

embedding_matrix = []
for word in vectorizer.get_feature_names():
    if word in word2vec:
        embedding_matrix.append(word2vec[word])
    else:
        embedding_matrix.append([0] * 300)
```

```python
# 构建模型
model = Sequential()
model.add(Embedding(len(vectorizer.get_feature_names()), 300, weights = [embedding_matrix],
input_length = 100))
model.add(Conv1D(128, 5, activation = 'relu'))
model.add(GlobalMaxPooling1D())
model.add(Dense(1, activation = 'sigmoid'))
model.compile(optimizer = 'adam', loss = 'binary_crossentropy', metrics = ['accuracy'])

# 训练模型
X = vectorizer.transform([''.join(words[i][:100]) for i in range(len(words))]).toarray()
model.fit(X, labels, epochs = 10, batch_size = 32)

# 预测情感
text = '今天天气真好,心情非常愉快。'
test_X = vectorizer.transform([''.join(jieba.lcut(text)[:100])]).toarray()
score = model.predict(test_X)[0][0]
print(score)
```

(4) 基于情感知识图谱的方法。

情感知识图谱是一种将情感词汇组织成图谱的方法,其中情感词汇之间的关系表示它们之间的情感联系。基于情感知识图谱的方法是将文本中的每个词与情感知识图谱中的词进行匹配,然后根据匹配结果计算文本的情感倾向。Python 中常用的情感知识图谱包括"情感知识图谱""情感词汇本体库"等。使用这些情感知识图谱进行情感分析的代码如下:

```python
import jieba
import pandas as pd
from pyhanlp import *

# 加载情感知识图谱
graph = pd.read_excel('emotion_graph.xlsx')

# 分词
text = '今天天气真好,心情非常愉快。'
words = jieba.lcut(text)

# 计算情感得分
poscount = 0
negcount = 0
for word in words:
    if word in graph['词语'].tolist():
        index = graph[graph['词语'] == word].index[0]
        if graph.loc[index, '情感分类'] == '正面':
            poscount += 1
        elif graph.loc[index, '情感分类'] == '负面':
            negcount += 1
score = (poscount - negcount) / len(words)
print(score)
```

(5) 基于情感规则的方法。

情感规则是一种将情感知识以规则的形式表达出来的方法,其中每个规则表示一种情感表达方式。基于情感规则的方法是将文本中的每个句子与情感规则进行匹配,然后根据匹配结果计算文本的情感倾向。Python 中常用的情感规则包括"情感规则库""情感知识库"等。使用这些情感规则进行情感分析的代码如下：

```python
import jieba
import pandas as pd

# 加载情感规则库
rules = pd.read_excel('emotion_rules.xlsx')

# 分句
text = '今天天气真好,心情非常愉快。'
sentences = HanLP.extractSummary(text, 3)

# 计算情感得分
poscount = 0
negcount = 0
for sentence in sentences:
    for index, row in rules.iterrows():
        if row['情感词'] in sentence and row['情感分类'] == '正面':
            poscount += 1
        elif row['情感词'] in sentence and row['情感分类'] == '负面':
            negcount += 1
score = (poscount - negcount) / len(sentences)
print(score)
```

（6）基于情感神经网络的方法。

情感神经网络是一种将情感知识和神经网络结合起来的方法,其中情感知识被用来初始化神经网络的权重和偏置。基于情感神经网络的方法是使用这个已初始化的神经网络对文本进行情感分类。Python 中常用的情感神经网络包括"情感神经网络""情感分析神经网络"等。使用这些情感神经网络进行情感分析的代码如下：

```python
import jieba
import pandas as pd
import numpy as np
from keras.models import load_model

# 加载情感神经网络
model = load_model('emotion_network.h5')

# 加载情感词典
posdict = pd.read_excel('positive_words.xlsx', header = None)[0].tolist()
negdict = pd.read_excel('negative_words.xlsx', header = None)[0].tolist()

# 分词
text = '今天天气真好,心情非常愉快。'
words = jieba.lcut(text)

# 构建输入向量
X = np.zeros((1, len(words)))
for i, word in enumerate(words):
```

```
        if word in posdict:
            X[0, i] = 1
        elif word in negdict:
            X[0, i] = -1

# 预测情感
score = model.predict(X)[0][0]
print(score)
```

三、课外在线作业

text = " Chongqing University of Technology was founded in 1940, formerly known as the 11th Technical School of the National Government's Ordnance Engineering Bureau. "

1. 文本清洗。

任何 NLP 项目的第一步是文本清洗。它涉及去除不必要的信息，如标点符号、数字、特殊字符等。代码示例：

```
import re
def clean_text(text):
    text = re.sub(r'[^\w\s]','',text)        # 去除标点符号
    text = re.sub(r'\d+','',text)            # 去除数字
    text = text.lower()                      # 将所有字母转为小写
    return text
cleaned_text = clean_text(text)
print(cleaned_text)
```

2. 分词。

将文本拆分成单词的过程。这有助于进一步处理，如词频统计、情感分析等。代码示例：

```
from nltk.tokenize import word_tokenize
tokens = word_tokenize(text)              # 使用 nltk 库中的 word_tokenize()函数进行分词
print(tokens)
```

3. 去除停用词。

停用词是指频繁出现但对语义贡献较小的词，如"the""is"等。代码示例：

```
from nltk.corpus import stopwords
from nltk.tokenize import word_tokenize
tokens = word_tokenize(text)                          # 分词
stop_words = set(stopwords.words('the'))              # 去除停用词
filtered_tokens = [token for token in tokens if token.lower() not in stop_words]
print(filtered_tokens)
```

可以使用 nltk.corpus.stopwords()获取英语停用词列表，使用列表推导式过滤掉停用词。

4. 词干提取。

词干提取是将单词还原为其基本形式的过程，可以减少词汇量。代码示例：

```
from nltk.stem import PorterStemmer
from nltk.tokenize import word_tokenize
```

```
tokens = word_tokenize(text)                      # 分词
stemmer = PorterStemmer()                          # 词干提取
stemmed_tokens = [stemmer.stem(token) for token in tokens]
print(stemmed_tokens)
```

5. 词形还原。

词形还原类似于词干提取,与词干提取不同的是使用词典来找到单词的基本形式。代码示例:

```
from nltk.stem import WordNetLemmatizer
from nltk.tokenize import word_tokenize
text = "running dogs are barking loudly."
tokens = word_tokenize(text)                      # 分词
lemmatizer = WordNetLemmatizer()                   # 词形还原
lemmatized_tokens = [lemmatizer.lemmatize(token) for token in tokens]
print(lemmatized_tokens)
```

6. 词频统计。

词频统计可以帮助我们了解文本中最常见的词汇。代码示例:

```
from nltk.tokenize import word_tokenize
from nltk.probability import FreqDist
import matplotlib.pyplot as plt
tokens = word_tokenize(text)                      # 分词
fdist = FreqDist(tokens)                           # 计算词频
# 绘制词频图
plt.figure(figsize = (10, 5))
fdist.plot(10)
plt.show()
```

7. 情感分析。

情感分析用于判断文本的情感倾向,如正面、负面或中性。代码示例:

```
from nltk.sentiment import SentimentIntensityAnalyzer
sia = SentimentIntensityAnalyzer()                 # 情感分析
sentiment_scores = sia.polarity_scores(text)
print(sentiment_scores)
```

8. 词向量化。

词向量化将单词表示为数值向量,便于计算机处理。代码示例:

```
import gensim.downloader as api
model = api.load("glove - twitter - 25")          # 加载预训练的 Word2Vec 模型
tokens = text.split()                              # 分词
vectorized_tokens = [model[token] for token in tokens if token in model.key_to_index]
                                                   # 向量化
print(vectorized_tokens)
```

9. 主题建模。

主题建模用于识别文档集合中的主题。代码示例:

```
from gensim import corpora, models
documents = ["Human machine interface for lab abc computer applications","A survey of user
opinion of computer system response time","The EPS user interface management system","System
and human system engineering testing of EPS","Relation of user perceived response time to error
```

```
measurement","The generation of random binary unordered trees","The intersection graph of
paths in trees","Graph minors IV Widths of trees and well quasi ordering","Graph minors A
survey"]
texts = [[word for word in document.lower().split()] for document in documents]    # 分词
dictionary = corpora.Dictionary(texts)                                            # 创建词典
# 转换为文档-词频矩阵
corpus = [dictionary.doc2bow(text) for text in texts]
lda = models.LdaModel(corpus, num_topics = 2, id2word = dictionary, passes = 10)   # LDA 模型
for topic in lda.print_topics(num_topics = 2, num_words = 5):
    print(topic)                                                                  # 输出主题
```

10. 文本分类。

文本分类是将文本分配给预定义类别的过程。代码示例：

```
from sklearn.feature_extraction.text import CountVectorizer
from sklearn.naive_bayes import MultinomialNB
from sklearn.model_selection import train_test_split
from sklearn.metrics import accuracy_score
labels = [0,0,0,0,0,1,1,1,1]
# 分词
vectorizer = CountVectorizer()
X = vectorizer.fit_transform(documents)
X_train, X_test, y_train, y_test = train_test_split(X, labels, test_size = 0.2, random_state = 42)
                                                  # 划分训练集和测试集
classifier = MultinomialNB()                      # 训练模型
classifier.fit(X_train, y_train)
y_pred = classifier.predict(X_test)               # 预测
accuracy = accuracy_score(y_test, y_pred)         # 评估准确率
print(f"Accuracy: {accuracy:.2f}")
```

11. 命名实体识别（NER）。

命名实体识别用于识别文本中的特定实体，如人名、地名等。代码示例：

```
import spacy
nlp = spacy.load("en_core_web_sm")                # 加载预训练模型
text = "He is looking at buying China. startup for ¥1 billion."
doc = nlp(text)                                   # 处理文本
for ent in doc.ents:                              # 提取实体
    print(ent.text, ent.label_)                   # 输出结果如下
# Xiaomi ORG
# China GPE
# ¥1 billion MONEY
```

12. 机器翻译。

机器翻译用于将一种语言的文本转换为另一种语言。代码示例：

```
from translate import Translator
# 在任何两种语言之间转换
translator = Translator(from_lang = "chinese", to_lang = "english")
translation = translator.translate("床前明月光,疑是地上霜;举头望明月,低头思故乡。")
print(translation)
```

13. 文本摘要。

文本摘要是指生成文本的简洁版本，同时保留主要信息。代码示例：

```
from transformers import pipeline
```

```
summarizer = pipeline("summarization")          # 创建摘要生成器
summary = summarizer(documents,max_length = 100,min_length = 30,do_sample = False)
                                                # 生成摘要
print(summary[0]['summary_text'])
```

14. 词云生成。

词云是一种可视化工具，可以直观地展示文本中最常出现的词汇。代码示例：

```
from wordcloud import WordCloud
import matplotlib.pyplot as plt
wordcloud = WordCloud(width = 800,height = 400,background_color = 'white').generate(documents)
                                # 生成词云
plt.figure(figsize = (10,5))
plt.imshow(wordcloud,interpolation = 'bilinear')
plt.axis('off')
plt.show()                      # 显示词云
```

15. 问答系统。

问答系统用于回答用户提出的问题。代码示例：

```
from transformers import pipeline
qa_pipeline = pipeline("question - answering",model = "distilbert - base - cased - distilled -
squad")      # 创建问答模型
# 示例问题和上下文
context = "Natural language processing (NLP) is a subfield of linguistics, computer science,
and artificial intelligence concerned with the interactions between computers and human
(natural) languages."
question = "What is NLP?"
answer = qa_pipeline(question = question,context = context)      # 生成答案
print(answer['answer'])
```

16. 信息抽取。

信息抽取是从非结构化文本中提取有用信息的过程。代码示例：

```
from transformers import pipeline
ner_pipeline = pipeline("ner", model = "dbmdz/bert - large - cuneiform - sumerian - ner")
                                                        # 创建信息抽取模型
text = "Sargon was a king of Akkad."        # 示例文本
entities = ner_pipeline(text)               # 提取信息
print(entities)                             # 输出结果如下
# [{'entity':'B - PER','score':0.9999799728393555,'index':0,
'word':'Sargon','start':0,'end':6},
# {'entity':'B - LOC','score':0.9999675750732422,'index':5,
'word':'Akkad','start':14,'end':19}]
```

17. 关系抽取。

关系抽取是指从文本中识别实体之间的关系。代码示例：

```
from transformers import pipeline
re_pipeline = pipeline("relation - extraction",model = "joeddav/xlm - roberta - large - xnli")
                                    # 创建关系抽取模型
text = "Sargon was a king of Akkad."        # 示例文本
entity_pairs = [                            # 定义实体对
    {"entity":"Sargon","offset":(0,6)},
    {"entity":"king","offset":(10,14)},
```

```
                {"entity":"Akkad","offset":(17,22)}
]
relations = re_pipeline(text,entity_pairs)    # 提取关系
print(relations)                              # 输出结果如下
# [{'score':0.9999675750732422,'entity':'was a','label':'is_a', 'entity_pair':{'entity_0':
'Sargon','entity_1':'king'},'index':0,'confidence':0.9999675750732422}]
```

18. 文本聚类。

文本聚类是将相似的文档归为一类的过程。代码示例：

```
from sklearn.feature_extraction.text import TfidfVectorizer
from sklearn.cluster import KMeans
from sklearn.metrics import silhouette_score
vectorizer = TfidfVectorizer()                          # TF-IDF 向量化
X = vectorizer.fit_transform(documents)
kmeans = KMeans(n_clusters = 2,random_state = 42)        # K-Means 聚类
kmeans.fit(X)
silhouette_avg = silhouette_score(X,kmeans.labels_)      # 评估聚类质量
print(f"Silhouette Score: {silhouette_avg:.2f}")
for i, doc in enumerate(documents):                      # 输出聚类结果
    print(f"{doc} -> Cluster {kmeans.labels_[i]}")
```

19. 事件检测。

事件检测是从文本中识别特定事件的过程。代码示例：

```
from transformers import pipeline
# 创建事件检测模型
event_pipeline = pipeline("event-extraction",model = "microsoft/ layoutlmv2-base-uncased
-finetuned-funsd")
text = "The company announced a new product launch on Monday."
events = event_pipeline(text)                 # 事件检测
print(events)
# 输出:[{'event_type':'Product Launch','trigger':'launch', 'trigger_start':35,'trigger_end':
40,'arguments':[{'entity':'company','entity_start':4,'entity_end':10,'role':'Company'},{'entity':
'Monday','entity_start':38,'entity_end':44,'role':'Date'}]}]
```

20. 词性标注。

词性标注是指将文本中的每个单词标记为其对应的词性。代码示例：

```
from nltk import pos_tag
from nltk.tokenize import word_tokenize
text = "John likes to watch movies. Mary likes movies too."
tokens = word_tokenize(text)                  # 分词
tagged_tokens = pos_tag(tokens)               # 词性标注
print(tagged_tokens)
# 输出:[('John','NNP'),('likes','VBZ'),('to','TO'),('watch',
'VB'),('movies','NNS'),('.','.'),('Mary','NNP'),('likes','VBZ'),
('movies','NNS'), ('too','RB'),('.','.')]
```

21. 依存句法分析。

依存句法分析是指分析句子中词与词之间的依存关系。代码示例：

```
import spacy
nlp = spacy.load("en_core_web_sm")            # 加载预训练模型
text = "John likes to watch movies. Mary likes movies too."
```

```
doc = nlp(text)                                    # 处理文本
for token in doc:                                  # 依存句法分析
    print(token.text,token.dep_,token.head.text,token.head.pos_,[child for child in token.
children])
```

22. 语法树构建。

语法树构建是指将句子的语法结构表示为树状结构。代码示例：

```
import nltk
from nltk import Tree
text = "John likes to watch movies. Mary likes movies too."
tokens = nltk.word_tokenize(text)                  # 分词
tagged_tokens = nltk.pos_tag(tokens)               # 词性标注
# 构建语法树
grammar = "NP: {<DT>?<JJ>*<NN>}"
cp = nltk.RegexpParser(grammar)
result = cp.parse(tagged_tokens)
result.draw()                                      # 显示语法树
```

23. 词性转换。

词性转换是指将一个词从一种词性转换为另一种词性。代码示例：

```
from nltk.stem import WordNetLemmatizer
from nltk.corpus import wordnet
text = "running dogs are barking loudly."
tokens = text.split()                              # 分词
lemmatizer = WordNetLemmatizer()                   # 词性转换
converted_tokens = []
for token in tokens:
    pos = wordnet.NOUN if token.endswith('ing') else wordnet.VERB
    converted_token = lemmatizer.lemmatize(token,pos = pos)
    converted_tokens.append(converted_token)
print(converted_tokens)
# 输出:['run', 'dog', 'are', 'bark', 'loudli', '.']
```

24. 情感分析在电商评论中的应用。

假设要为某电商平台开发一个情感分析系统,用于自动分析用户评论的情感倾向,具体步骤如下。

(1) 数据收集：收集电商平台上的用户评论数据。

(2) 数据预处理：清洗文本数据,去除无关信息,进行分词处理并去除停用词。

(3) 情感分析：使用 SentimentIntensityAnalyzer 进行情感分析,计算每条评论的情感得分。

(4) 结果展示：将分析结果可视化,显示正面、负面和中性评论的比例。

```
import pandas as pd
from nltk.sentiment import SentimentIntensityAnalyzer
import matplotlib.pyplot as plt
# 加载评论数据
data = pd.read_csv('reviews.csv')
comments = data['comment'].tolist()
# 情感分析
sia = SentimentIntensityAnalyzer()
sentiments = []
for comment in comments:
```

```
        sentiment_scores = sia. polarity_scores(comment)
        sentiments. append(sentiment_scores['compound'])
# 计算情感类别
positive_count = sum(1 for score in sentiments if score > 0)
negative_count = sum(1 for score in sentiments if score < 0)
neutral_count = sum(1 for score in sentiments if score == 0)
# 可视化结果
labels = ['Positive', 'Negative', 'Neutral']
sizes = [positive_count, negative_count, neutral_count]

plt. figure(figsize = (8,8))
plt. pie(sizes, labels = labels, autopct = '% 1.1f % % ', startangle = 140)
plt. title('Sentiment Analysis of Product Reviews')
plt. show()
```

🔑 实验十二　数据的处理、分析与可视化实验

一、实验目的

1. 理解并掌握 numpy 库的应用。
2. 理解并掌握 matplotlib 库中 pyplot 模块的使用。
3. 理解并掌握 pandas 库的基本应用。

二、实验内容

1. 利用 numpy 库创建两个 ndarray 数组 A、B,两个数组的 shape 均为 3×4,数组 A 的元素为[20,21,22,23],[50,51,52,53],[24,25,26,27],数组 B 的元素为[54,55,56,57],[28,29,30,31],[58,59,60,61]。编程实现以下功能:

(1) 输出 A+B、B−A、A * B、A/B、A^2+B^2 的结果;

(2) 对 A 的前面两行和 B 的前面两行的元素进行求和,并输出;

(3) 输出 B 的数组轴个数 rank、数轴形状 shape、数组大小和数组中每个元素占用的字节数。

2. 栖树一群鸦,鸦数不知数,五只栖一树,三只没去处,六只栖一树,闲了一棵树。编写程序,计算鸦树各几何?

3. 3 头牛和 4 只羊一天共吃草 77 千克,6 头牛和 5 只羊一天共吃草 130 千克。编写程序,计算每头牛、每只羊每天各吃草多少千克?

4. 如表 1.5 所示,列出了 x,y 两组数据,请依据 x 的值拟合 y 的值,其中多项式的最高次幂为 3。编写程序计算该多项式。

表 1.5　变量 x 和 y 数值表

变量	对应值					
x	0	1.2	2.1	3.0	4.0	5.0
y	0	0.8	0.9	1.0	−0.6	−1.0

【提示】　使用 numpy 库中的 polydiv() 函数进行拟合。

5. 利用 numpy 中的多项式处理函数,编写程序计算 $f(x) = 5x^5 + 4x^3 + 2$ 在 $x = 4$ 和 $x = 7$ 时的值,并输出 $f(x)$ 的一阶导数和二阶导数。

6. 绘制下列函数的图形。

(1) $\cos(x) + x^3, x \in [0, 2\pi]$

(2) $f(x) = 2x^3 + 3x^2 + 2, x \in [-4, 4]$

7. 利用 matplotlib 库中的 pyplot 模块,绘制 $[-15, 15]$ 取值区间上的 $f(x) = 5x^5 + 4x^3 + 2x + 1$ 函数及 $f(x)$ 的一阶导数和二阶导数的图形。

【要求】

(1) 绘制三个子图,分别放置上述的三个图形;

(2) 第一个子图区域标题为 Primitive,使用蓝色实现绘制;

(3) 第二个子图区域标题为 First Derivative,使用红色虚线绘制;

(4) 第三个子图区域标题为 Second Derivative,使用黄色实心圆点绘制。

8. 表 1.6 列出了一个班级所有同学出生的月份,使用柱状图进行直观的表达。图中要标明坐标轴标签、人数、标题("班级同学出生月份情况")来说明该图的相关信息。

【提示】

使用 matplotlib 库中的 pyplot 模块来绘制该图形。

表 1.6　月份与人数表

变量	对应值											
月份	1	2	3	4	5	6	7	8	9	10	11	12
人数	12	18	8	6	4	2	3	2	1	7	11	15

9. 某电商平台发展短短几年,用户的规模已经超过 3 亿。2019 年 9 月,该平台对所有子类目的销售额进行了统计,结果如表 1.7 所示,根据表 1.7 的数据绘制一个反映该平台子类目销售额占比情况的饼图。图中要标明标题("该平台子类项目销售额占比")和图例,把所占比例转换为百分数,并保留两位小数。

表 1.7　某电商平台销售数据表

子类目	销售额(亿)
童装	29 665
奶粉辅食	3135.4
孕妈专区	4292.4
洗护喂养	5240.9
宝宝尿裤	5543.4
春夏新品	5633.8
童车童床	6414.5
玩具文娱	9308.1
童鞋	10 353

10. 对于同样的一本书,不同平台上的图书价格如表 1.8 所示。

表 1.8　电商平台图书售价表

平　台　名	价　格
亚马逊	38
当当网	40
中国图书网	45.4
京东	38
天猫	34

【要求】

（1）绘制一个折线图，图中要标明标题"不同平台的图书价格"；并为 x 轴添加"亚马逊""当当网""中国图书网""京东""天猫"这些标签。

（2）绘制一个折线图，图中要标明标题"不同平台的图书价格"；并为 y 轴添加标签（价格）以及显示出不同网站的图书价格。

11. 某公司生产三种产品，每件产品的原料费、人工费、电力费如表 1.9 所示，每个月销售的产品数量如表 1.10 所示。

表 1.9　某公司产品成本表

成　本	产　品		
	A	B	C
原料费/万元	0.2	0.6	1
人工费/万元	0.1	0.2	0.8
电力费/万元	0.05	0.1	0.2

表 1.10　某公司产品销售数据表

成　本	月　份			
	1 月	2 月	3 月	4 月
A	2000	2100	2500	2300
B	4100	4300	4000	4500
C	1000	1200	1400	1600

利用 numpy 库编程实现：

（1）计算该公司四个月生产 A、B、C 三种产品所需的成本总和。

（2）计算该公司第一个月生产 A、B、C 三种产品所需的总成本。

（3）分别输出该公司每个月生产所有产品的原料费总成本、人工费总成本和电费总成本，并把这些数据以二维数组的形式写入文件 cost.csv。

【提示】

对于第 1 个问题，分别把表 1.9、表 1.10 中的数据转换为一个矩阵，使用 dot() 函数计算两个矩阵的乘积，然后使用 sum() 函数计算每个矩阵元素的和。

12. 假设有一个 Excel 文件 score.xlsx，其中存储了 20 位同学在期末考试中不同题型的得分，如表 1.11 所示。

表 1.11　成绩表

姓　　名	语　　文	数　　学	化　　学	英　　语	物　　理
涵柏	84	53	98	64	50
元霜	99	51	65	74	91
若南	74	72	76	57	67
笑霜	53	87	53	88	72
水桃	79	94	69	64	50
怜梦	70	97	100	90	76
寻真	95	56	86	69	61
海云	67	62	74	86	72
醉蓝	83	57	98	76	83
紫寒	73	51	79	52	79
晓亦	58	66	100	51	55
凝天	54	62	78	95	87
春儿	79	96	69	77	69
妙彤	62	93	63	65	93
向珊	74	55	83	56	57
沛珊	68	53	96	78	59
语琴	52	97	66	67	53
曼易	72	51	71	98	90
慕灵	95	78	74	87	98
寒云	82	79	56	67	61

利用 pandas 库和 matplotlib 库编程实现如下功能：

（1）利用 pandas 库中的 read_excel（）函数读取 score.xlsx 中的数据，并存入一个 DataFrame 对象 df 中；

（2）为 df 增加一列，列索引为"总分"，其值为相应学生的总成绩；

（3）为 df 再增加一列，列索引为"均分"，其值为相应学生的平均分；

（4）将更新过的 df 通过 pandas 库中的 to_csv（）函数写入文件 score.xlsx；

（5）输出 5 门课平均分超过 80 的学生姓名；

（6）输出数学成绩超过班级平均分的学生姓名；

（7）按照总分降序输出学生的成绩单；

（8）根据全部学生五门课程的相关数据，绘制如图 1.41 所示的"学生成绩箱形图"（箱形图的绘制可使用 matplotlib 库 pyplot 模块中的 boxplot（）函数，该函数的具体用法可自行查阅相关帮助文档），并且设置绘图区的相关元素（图的标题、x 轴标签和 y 轴的取值范围等）。

13. 假设有一个 CSV 文件 order.csv，其中存储了多位顾客的订餐信息，部分内容如表 1.12 所示。

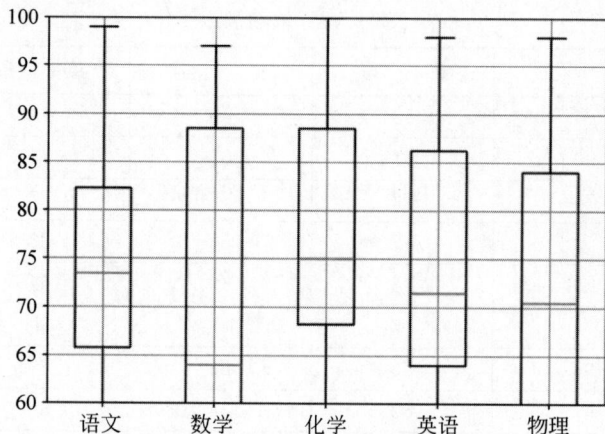

图 1.41　学生成绩箱型图

表 1.12　水果销售订单表

订　单　号	数　量	商　品　名	单　价
1	1	苹果	￥2.39
1	1	橘子	￥3.39
1	1	香蕉	￥3.39
1	1	猕猴桃	￥2.39
2	2	芒果	￥16.98

利用 pandas 库编程实现如下功能：

（1）利用 pandas 库中的 read_excel()函数读取 order.csv 中的数据，并存入一个 DataFrame 对象 df 中。

（2）对数量这一列进行求和。

（3）在商品名这一列中，一共有多少种商品被下单？

（4）被下单数量最多商品是什么？

（5）将单价转换为浮点数。

（6）在该数据集对应的时期内，收入（revenue）是多少？

（7）在订单号这一列中，一共有多少订单？提示：订单号一样的为同一个订单。

（8）每一单（order）对应的平均总价是多少？

14．假设有一个 CSV 文件 Euro2012.csv，记录了欧洲杯不同球队的比赛数据，其中部分内容如表 1.13 所示。

表 1.13　球队比赛数据表

球　队　名	进　球　数	射　正　率	黄　牌　数	红　牌　数
Croatia	4	51.90%	9	0
Czech Republic	4	41.90%	7	0
Denmark	4	50.00%	4	0
England	5	50.00%	5	0
France	3	37.90%	6	0

利用 pandas 库编程实现如下功能：

（1）利用 pandas 库中 read_excel()函数读取 Euro 2012.csv 中的数据,并存入一个 DataFrame 对象 df 中;

（2）将数据表中的列'球队名'、'黄牌数'和'红牌数'单独存为一个名为 discipline 的数据表;

（3）对数据表 discipline 按照先'红牌数'再'黄牌数'进行排序;

（4）计算每个球队拿到的黄牌数的平均值;

（5）找出进球数超过 6 的球队;

（6）找出以字母 G 开头的球队;

（7）找出英格兰(England)、意大利(Italy)和俄罗斯(Russia)三个球队的射正率。

15. 假设有一个 CSV 文件 wind.csv,记录了不同日期每两小时风速的统计情况,由于仪器问题某些时刻的风速数据有缺失,部分内容如表 1.14 所示。

表 1.14　某地气象监测数据表

日期	T1	T2	T3	T4	T5	T6	T7	T8	T9	T10	T11	T12
1961/1/1	15.04	14.96	13.17	9.29		9.87	13.67	10.25	10.83	12.58	18.5	15.04
1961/1/2	14.71		10.83	6.5	12.62	7.67	11.5	10.04	9.79	9.67	17.54	13.83
1961/1/3	18.5	16.88	12.33	10.13	11.17	6.17	11.25		8.5	7.67	12.75	12.71
1961/1/4	10.58	6.63	11.75	4.58	4.54	2.88	8.63	1.79	5.83	5.88	5.46	10.88
1961/1/5	13.33	13.25	11.42	6.17	10.71	8.21	11.92	6.54	10.92	10.34	12.92	11.83

利用 pandas 库编程实现如下功能:

（1）利用 pandas 库中 read_excel()函数读取 wind.csv 中的数据,并存入一个 DataFrame 对象 df 中;

（2）将日期设为索引,注意数据类型应该是 datetime64[ns];

（3）统计每一时刻内一共有多少数据值缺失;

（4）统计每一时刻内一共有多少完整的数据值;

（5）根据全体数据,计算风速的平均值;

（6）创建一个名为 loc_stats 的数据表,计算并存储每个时刻的风速最小值、最大值、平均值和标准差;

（7）创建一个名为 day_stats 的数据表,计算并存储每天的风速最小值、最大值、平均值和标准差;

（8）统计一月份每一时刻内的平均风速。

16. 爬取重庆理工大学通知公告(https://www.cqut.edu.cn/tzgg.htm)里面最新 5 条通知公告标题。

17. 爬取重庆理工大学通知公告(https://www.cqut.edu.cn/tzgg.htm)里面 2023 年的通知公告标题,并按照发布时间升序排序。

18. 爬取 https://www.keaitupian.cn/这个网页中的所有图片。

19. 爬取 https://piaofang.maoyan.com/rankings/year 这个网页中票房排名前 200 的电影的名称、上映日期、票房、平均票价、平均人次信息,并实现以下功能:

（1）把爬取的数据利用 pandas 库存入一个 DataFrame 对象 movies 中。

（2）对爬取的数据进行清洗,去掉"上映日期"中的"上映"二字,并把该数据类型转换为日期类型,提取日期中的年份和月份,并追加两列数据,其中一列为年份,另一列为月份。

(3) 对票房排名前 20 的电影画柱状图。要求:Y 轴为总票房,X 轴为电影名称。

(4) 对平均票价和平均人次进行分析。要求:在一幅图中绘制平均票价散点图、平均票价箱线图、人均票价散点图、人均票价箱线图,其中散点图和箱线图的 x 轴为年份,y 轴为平均票价或平均人次。

(5) 统计不同年份的高票房电影数量,并绘制不同年份高票房电影数量的折线图。

(6) 统计不同月份的高票房电影数量,并绘制不同月份高票房电影数量占比的饼图。

20. 爬取 https://ys.endata.cn/BoxOffice/Ranking 这个网页中票房排名前 50 的电影的名称、上映日期、票房、平均票价、场均人次信息。提示:这个网页中的数据是动态加载的,需要使用 selenium 库,安装命令为 pip install selenium。

21. 现有数据。

```
data = {
    'Name': ['Alice', 'Bob', 'Charlie', 'David', 'Eve', 'Bob'],
    'Age': [24, 27, 22, 32, 29,27],
    'Score': [85.5, 89.0, 95.0, 70.5, 88.5,89.0]
}
```

按下述要求分别进行相关操作:

(1) 导入 pandas 库和数据。

(2) 输出数据基本信息。

(3) 输出数据摘要信息。

(4) 输出数据头部信息。

(5) 输出数据尾部信息。

(6) 输出 Name 列的内容。

(7) 输出 Name 和 Score 列的内容。

(8) 输出第一行的内容。

(9) 输出第一行到第四行的内容。

(10) 输出 Age>25 的数据的信息。

(11) 添加新列 Pass,如果某学生的 Score 大于 75,该列的值为 True,否则为 False。

(12) 删除新添加的列 Pass。

(13) 将 Score 列更名为 Exam Score。

(14) 计算 Age 列的最大值。

(15) 计算 Age 列的最小值。

(16) 计算 Age 列的平均值。

(17) 计算 Age 列的总和。

(18) 计算 Age 列的标准差。

(19) 对 Age 列进行排序。

(20) 按 Age 列升序和 Exam Score 列降序进行排序。

(21) 输出重复的值。

(22) 删除重复的值。

(23) 按 Age 列的值进行分组并计算输出平均值。

（24）按 Age 列的值进行分组，根据 Exam Score 列的平均值生成透视表并输出。

（25）另有数据

data2 = { 'Name': ['Frank','Grace'],'Age': [28, 31],'Exam Score': [91.5, 83.0]}

按行合并上面的数据表。

（26）按 Name 列合并数据表，合并时取并集。

（27）按 Name 列合并数据表，合并时取交集。

（28）将读入的数据复制两份，并将第 2 条记录的 Age 列的值都设置为 None，将复制的第 1 份数据中有空值的记录删除并输出数据，将复制的第 2 份数据中的空值修改为 0 并输出数据。

（29）将所有人的姓名都更改为大写。

（30）用 df. columns. str. replace(' ','_')将列名中的空格替换为_。

（31）用 df. rename(columns＝str. lower)将列名都改为小写。

（32）用 df. rename(columns＝{'name': 'student_name'})将列重命名。

（33）对 student_name 列按 inplace＝True 修改行索引。

（34）按 inplace＝True 重置行索引。

（35）创建一个空的 Series 对象。

（36）现有 d＝['a','b','c','d']，分别在没有索引和使用显式索引的方法定义索引标签的情况下用 ndarray 创建 Series 对象。

（37）现有 d＝{'a': 0. ,'b': 1. ,'c': 2. }，分别在没有索引和指定索引的情况下用 dict 创建 Series 对象。

（38）标量值 5 创建 Series 对象（标量值创建 Series 对象时必须提供索引）。

（39）设有 s＝pd. Series([1,2,3,4,5],index＝['a','b','c','d','e'])，分别用位置索引和标签索引输出数据（具体索引值自己指定）。

（40）通过切片的方式分别输出第 39 题 Series 序列中的前 3 个和后 3 个数据。

（41）用索引标签分别输出单个和多个（见第 39 题）序列中的数据。

（42）现有 s＝pd. Series(np. random. randn(5))，分别完成以下要求：以列表的形式输出所有行索引标签，输出对象的数据类型，判断数据对象是否为空并输出结果，输出序列的维数，输出序列对象的大小（长度），以数组的形式输出 Series 对象中的数据，输出 Series 中索引的取值范围。

（43）分别用 head()和 tail()方法输出第 42 题序列中前两行和后两行的数据，用 isnull()和 nonull()方法检测第 42 题序列中的值是否缺少。

（44）创建空的 DataFrame 对象。

（45）现有 d＝[1,2,3,4,5]，用该列表创建 DataFame 对象。

（46）现有 d＝[['Alex',10],['Bob',12],['Clarke',13]]，用该嵌套列表创建 DataFame 对象并指定列名为 Name 和 Age，数值元素的数据类型为 float。

（47）现有 d＝{'Name':['Tom','Jack','Steve','Ricky'],'Age':[28,34,29,42]}，用该字典嵌套列表创建 DataFame 对象，并添加自定义的行标签索引。

（48）现有 d＝[{'a': 1,'b': 2},{'a': 5,'b': 10,'c': 20}]，用该列表嵌套字典创建 DataFrame 对象，并添加自定义列标签索引。

(49) 现有 d={'one'：pd.Series([1,2,3],index=['a','b','c']),'two'：pd.Series([1,2,3,4],index=['a','b','c','d'])}，传递一个字典形式的 Series，创建一个 DataFrame 对象。

(50) 通过列索引为第 49 题 DataFrame 对象添加数据列，分别用 del() 和 pop() 方法删除指定列，输出第 49 题指定列索引的数据。

(51) 分别通过行标签索引和整数索引输出第 50 题 DataFrame 对象中指定的行数据，通过切片操作输出第 50 题 DataFrame 对象的多行数据。

(52) 在第 51 题 DataFrame 对象中分别用 append() 函数在行末追加数据行，使用行索引标签，从该 DataFrame 中删除某一行数据。如果索引标签存在重复，那么它们将被一起删除。

(53) 现有 d={'Name':pd.Series(['c 语言中文网','编程帮','百度','360 搜索','谷歌','微学苑','Bing 搜索']),'years':pd.Series([5,6,15,28,3,19,23]),'Rating':pd.Series([4.23,3.24,3.98,2.56,3.20,4.6,3.8])}，创建一个 DataFrame 对象。

(54) 将第 53 题 DataFrame 对象转置并输出转置后的结果。

(55) 将第 53 题 DataFrame 对象中行标签、列标签组成列表并输出。

(56) 输出第 53 题 DataFrame 对象中每一列的数据类型。

(57) 判断第 53 题 DataFrame 对象的数据对象是否为空并输出判断结果。

(58) 输出第 53 题 DataFrame 对象的维数。

(59) 输出第 53 题 DataFrame 对象维度的元组(a,b)，其中 a 表示行数，b 表示列数。

(60) 输出第 53 题 DataFrame 对象的元素数量。

(61) 以 ndarray 数组的形式输出第 53 题 DataFrame 对象中的数据。

(62) 分别用 head() 和 tail() 方法查看并输出第 53 题 DataFrame 对象中前两行和后两行的数据。

(63) 使用 shift() 函数移动行或列，shift() 函数的语法格式为

```
DataFrame.shift(periods, freq, axis,fill_value)
```

其中各参数的含义分别如下。

periods：移动的幅度，类型为 int，可以是正数，也可以是负数，默认值为 1；

freq：日期偏移量，默认值为 None，适用于时间序，取值为符合时间规则的字符串；

axis：移动的方向，如果值是 0 或者"index"表示上下移动，如果是 1 或者"columns"则表示左右移动；

fill_value：该参数用来填充移动后缺失的值，注意该参数不仅可以填充缺失值，还会对原数据进行替换。

★22. 消隐计算是计算机图形学的一类典型算法，上海船舶工艺研究所在 1980 年以前就开始对消隐问题进行研究。1980 年 10 月，上海交通大学何援军在南宁召开的"中国造船工程学会电子计算机应用学术委员会 1980 学术年会"上介绍了他的消隐算法成果。1981 年，清华大学唐泽圣、孙家广等发布了"快速裁剪任意多边形的一种方法"。1984 年 1 月，浙江大学梁友栋教授发布了著名的 Liang-Barsky 裁剪算法，这是唯一一个以中国人命名的计算机图形学经典算法。Liang-Barsky 算法使用直线的参数方程和描述裁剪窗口范围的不等式来确定直线和裁剪窗口之间的交点，通过这些交点，可以知道应该绘制线的哪一部分。该

算法的思想是在计算线的交点之前进行尽可能多的测试，明显比 Cohen-Sutherland 算法更有效。结合 OpenGL 库，编程实现 Liang-Barsky 裁剪算法。

```python
import matplotlib.pyplot as plt

def liang_barsky(x_min, y_min, x_max, y_max, x1, y1, x2, y2):
    dx = x2 - x1
    dy = y2 - y1
    p = [-dx, dx, -dy, dy]
    q = [x1 - x_min, x_max - x1, y1 - y_min, y_max - y1]
    t_enter = 0.0
    t_exit = 1.0

    for i in range(4):
        if p[i] == 0:
            if q[i] < 0:
                return None
        else:
            t = q[i] / p[i]
            if p[i] < 0:
                if t > t_enter:
                    t_enter = t
            else:
                if t < t_exit:
                    t_exit = t

    if t_enter > t_exit:
        return None

    x1_clip = x1 + t_enter * dx
    y1_clip = y1 + t_enter * dy
    x2_clip = x1 + t_exit * dx
    y2_clip = y1 + t_exit * dy

    return x1_clip, y1_clip, x2_clip, y2_clip

x_min, y_min = 20, 20
x_max, y_max = 80, 80

x1, y1 = 10, 30
x2, y2 = 90, 60

clipped_line = liang_barsky(x_min, y_min, x_max, y_max, x1, y1, x2, y2)

plt.figure(figsize=(8, 6))

plt.plot([x_min, x_max, x_max, x_min, x_min], [y_min, y_min, y_max, y_max, y_min], 'b', label='Clipping Window')

if clipped_line is not None:
    x1_clip, y1_clip, x2_clip, y2_clip = clipped_line
    plt.plot([x1, x2], [y1, y2], 'r', label='Original Line')
    plt.plot([x1_clip, x2_clip], [y1_clip, y2_clip], 'g', label='Clipped Line')
    plt.title('Liang-Barsky Line Clipping Algorithm')
```

```
        plt.legend()
    else:
        plt.title('Line is outside the clipping window')

    plt.xlabel('X - axis')
    plt.ylabel('Y - axis')
    plt.grid()
    plt.axis('equal')
    plt.show()
```

★23. 内插法是用一组未知函数自变量的值及其对应的函数值来求该未知函数其他值的近似计算方法,是一种数值逼近求解法。公元前 1 世纪左右的《九章算术》中的"盈不足术"就相当于一次差内插（线性内插）；隋朝天文学家刘焯最早发明了二次内插法（抛物线内插）,早于牛顿一千多年；唐代僧人一行在《大衍历》中将其发展为不等间距二次内插公式；元朝作《授时历》的郭守敬进一步发明了三次差内插法。用 matplotlib 库模拟《九章算术》中的内插法绘制抛物线。

```
    """
    @brief: 获得分段二次插值函数
    @param: x 插值节点的横坐标集合
    @param: fx 插值节点的纵坐标集合
    @return: 参数所指定的插值节点集合对应的插值函数
    """

    def get_sub_two_insert(x = [], fx = []):
        def sub_two_insert(Lx):
            result = 0
            for i in range(len(x) - 2):
                if Lx >= x[i] and Lx <= x[i + 2]:
                    result = fx[i] * (Lx - x[i + 1]) * (Lx - x[i + 2])/(x[i] - x[i + 1])/(x[i] - x[i
+ 2]) + fx[i + 1] * (Lx - x[i]) * (Lx - x[i + 2])/(x[i + 1] - x[i])/(x[i + 1] - x[i + 2]) + fx[i +
2] * (Lx - x[i]) * (Lx - x[i + 1])/(x[i + 2] - x[i])/(x[i + 2] - x[i + 1])
            return result
        return sub_two_insert
    if __name__ == '__main__':

        '''插值节点, 这里用二次函数生成插值节点'''
        sr_x = [i for i in range(- 50, 51, 10)]
        sr_fx = [i ** 2 for i in sr_x]
        Lx = get_sub_two_insert(sr_x, sr_fx)          # 获得插值函数
        tmp_x = [i for i in range(- 45, 45)]          # 测试用例
        tmp_y = [Lx(i) for i in tmp_x]                # 根据插值函数获得测试用例的纵坐标

        '''画图'''
        import matplotlib.pyplot as plt
        plt.figure("play")
        ax1 = plt.subplot(111)
        plt.sca(ax1)
        plt.plot(sr_x, sr_fx, linestyle = '', marker = 'o', color = 'b')
        plt.plot(tmp_x, tmp_y, linestyle = '-- ', color = 'r')
        plt.show()
```

★24. 线性方程组在古代称为方程,其解法称为方程术。它最早出现于《九章算术》中,

其中求解联立一次方程组的方法早于印度 600 多年，早于欧洲 1500 多年。在用矩阵排列法求解线性方程组方面，我国要比世界其他国家早 1800 多年。用 numpy 库解方程组。

示例方程组如下：

$2x + 3y = 5$
$x + 3y = 3$

求解代码如下：

```
import numpy as np
from numpy.linalg import solve
a = np.mat([[2,3],[1,3]])              ♯ 系数矩阵
b = np.mat([5,3]).T                    ♯ 常数项列矩阵
x = solve(a,b)                         ♯ 方程组的解
print(x)
```

★25. 在解高次方程的发展中，我国宋代数学家贾宪于 11 世纪发明了增乘开方法（经 12 世纪的刘益，到 13 世纪秦九韶最后完成），比 19 世纪英国数学家霍纳提出的时间早 800 年左右，该方法在现代数学中又称"霍纳法"；宋、元时期数学家李冶于 1248 年在其著作《测圆海镜》中，系统地介绍了用天元术建立二次方程，并巧妙地把它表达在运算中；元代数学家王恂广泛使用天元术解高次方程，这个方法早于世界其他国家 300 年以上。用相关的 Python 库解高次方程。

方程 1：x ** 2＋2 * x＋1＝0
求解代码如下：

```
import numpy as np
arg = [1, 2, 1]                        ♯ 方程参数列表的抽象形式
np.roots(arg)                          ♯ 求解
```

方程 2：x＋2 *（x ** 2）＋3 *（x ** 3）－6＝0
求解代码如下：

```
from sympy import *
x = symbols('x')
solve(x + 2 * (x ** 2) + 3 * (x ** 3) - 6, x)
```

方程 3：

```
x + 2 * y + 3 * z - 6 = 0
5 * (x ** 2) + 6 * (y ** 2) + 7 * (z ** 2) - 18 = 0
9 * (x ** 3) + 10 * (y ** 3) + 11 * (z ** 3) - 30 = 0
```

求解代码如下：

```
from scipy.optimize import fsolve
def func(i):
    x, y, z = i[0],i[1], i[2]
    return [x + 2 * y +3 * z - 6, 5 * (x ** 2) + 6 * (y ** 2) + 7 * (z ** 2) - 18,
9 * (x ** 3) + 10 *(y ** 3) + 11 * (z ** 3) - 30 ]
r = fsolve(func,[0, 0, 0])
print(r)
```

★26. 幻方又称魔方、方阵或厅平方，最早起源于中国。宋代数学家杨辉称之为纵横图。幻方的"幻"在于无论取哪一条线，最后得到的和或积都是完全相同的。

关于幻方的起源，中国有"河图"和"洛书"之说。相传在远古时期，伏羲氏取得天下，把国家治理得井井有条，感动了上天，于是黄河中跃出一匹龙马，背上驮着一张图，作为礼物献给他，这就是"河图"，也是最早的幻方。伏羲氏凭借着"河图"而演绎出了八卦。后来大禹治洪水时，洛水中浮出一只大乌龟，它的背上有图有字，人们称之为"洛书"。"洛书"中的图共有黑、白圆 45 个，把这些连在一起的小圆和数目表示出来，得到九个数，这九个数就可以组成一个幻方。人们把由九个数组成即 3 行、3 列的幻方称为 3 阶幻方，除此之外，还有 4 阶、5 阶……

后来，人们经过研究，得出计算任意阶数幻方的各行、各列、各条对角线上所有数之和的公式：

$$S = n(n^2 + 1)/2$$

其中 n 为幻方的阶数，S 为所求的数。

幻方最早记载于中国公元前 500 年春秋时期的《大戴礼》中，这说明中国人民早在 2500 年前就已经知道了幻方的排列规律。而在国外，公元 130 年希腊人塞翁才第一次提起幻方。

中国不仅拥有幻方的发明权，而且对幻方进行了深入研究。公元 13 世纪的数学家杨辉已经编制出 3～10 阶幻方，记载在他 1275 年编写的《续古摘奇算法》一书中。在欧洲，直到 1514 年，德国著名画家丢勒才绘制出了完整的四阶幻方。

中国取得了不少幻方世界纪录：幻方专家李文是第一位成功构造 10 阶标准幻立方，第一位构造出最低阶 729 阶五次幻方，第一位构造出 36 阶广义五次幻方，第一位在理论上证明了存在最难的完美平方幻方的人；幻方专家苏茂挺是第一位成功构造 32 阶完美平方幻方的人；等等。编程生成幻方。

```python
# 利用 numpy 库构造幻方
import numpy as np
# 列表循环向左移 offset 位
def shift_left(lst, offset):
    return [lst[(i + offset) % len(lst)] for i in range(len(lst))]
# 列表循环向右移 offset 位
def shift_right(lst, offset):
    return [lst[i - offset] for i in range(len(lst))]
# 构造奇数阶幻方函数
def magic_of_odd_order(n):
    p = (int)((n - 1)/2)
    # 创建矩阵 1
    initial_lst1 = list(range(p + 1, n)) + list(range(p + 1))
    initial_mat1 = []
    for i in range(n):
        initial_mat1.append(shift_left(initial_lst1, i))
    mat1 = np.array(initial_mat1)
    # 创建矩阵 2
    initial_lst2 = list(range(p, -1, -1)) + list(range(2 * p, p, -1))
    initial_mat2 = []
    for i in range(n):
        initial_mat2.append(shift_right(initial_lst2, i))
    mat2 = np.array(initial_mat2)

    # 创建矩阵 3，即元素全为 1 的矩阵
    mat3 = np.ones((n, n), dtype = np.int)
```

```python
    # 构造幻方
    magic = n * mat2 + mat1 + mat3
    return magic
# 构造 4n 阶幻方函数
def magic_of_4n_order(n):
    mat = np.array(range(1, n * n + 1)).reshape(n, n)
    for i in range((int)(n/4)):
        for j in range((int)(n/4)):
            for k in range(4):        # 将每个 4 * 4 小方块的对角线换成互补元素
                mat[k + 4 * j][k + 4 * i] = n * n + 1 - mat[k + 4 * j][k + 4 * i]
                mat[k + 4 * j][3 - k + 4 * i] = n * n + 1 - mat[k + 4 * j][3 - k + 4 * i]


    return mat
# 构造 4n + 2 阶幻方函数
def magic_of_4n2_order(n):
    p = (int)(n/2)
    matA = magic_of_odd_order(p)
    matD = matA + p ** 2
    matB = matD + p ** 2
    matC = matB + p ** 2
    # 交换矩阵块 A 与矩阵块 C 中特定元素的位置
    row = (int)((p - 1)/2)
    for i in range(p):
        if i != row:
            for k in range((int)((n - 2)/4)):
                matA[i][k], matC[i][k] = matC[i][k], matA[i][k]
        else:
            for k in range((int)((n - 2)/4)):
                matA[i][row + k], matC[i][row + k] = matC[i][row + k], matA[i][row + k]

    # 交换矩阵块 B 与矩阵块 D 中特定元素的位置
    col = (int)((p - 1)/2)
    for j in range(col + 2 - (int)((n - 2)/4), col + 1):
        for i in range(p):
            matB[i][j], matD[i][j] = matD[i][j], matB[i][j]

    # 合并矩阵块 A, B, C, D, 组成幻方
    magic = np.row_stack((np.column_stack((matA, matB)), np.column_stack((matC, matD))))
    return magic
def main():
    order = eval(input('请输入幻方的阶数(>= 3): '))

    if order % 2 == 1:
        magic = magic_of_odd_order(order)
    elif order % 4 == 0:
        magic = magic_of_4n_order(order)
    else:
        magic = magic_of_4n2_order(order)
    print('生成的 %d 阶幻方如下: ' % order)

    for row in magic:
        for col in row:
            print(col, end = '\t')
        print()
```

```
#验证生成的magic是否为幻方
val = input(("是否要验证?[Y|N]"))
if val == 'Y' or val == 'y':
    print('每行的和:', np.sum(magic, axis = 0))
    print('每列的和:', np.sum(magic, axis = 1))
    print('主对角线的和:', sum([magic[i][i] for i in range(order)]))
    print('副对角线的和:', sum([magic[i][order - 1 - i] for i in range(order)]))
print('幻方生成结束!')


if __name__ == "__main__":
    main()
```

★27.《红楼梦》中的人物关系。

(1) 准备数据:《红楼梦》电子文件(TXT 格式)、人物名称列表(列表是用于分词,内容如下,后面的 rm 就是人名的意思)。

宝玉 rm
黛玉 rm
宝钗 rm
湘云 rm
凤姐 rm
李纨 rm
元春 rm
迎春 rm
探春 rm
惜春 rm
妙玉 rm
巧姐 rm
秦氏 rm

(2) 统计人物出场次数。

```
with open("红楼梦.txt", encoding = "gb18030") as f:
    honglou = f.read()
honglou = honglou.replace("\n", " ")
honglou_new = honglou.split(" ")
renwu_list = ['宝玉', '黛玉', '宝钗', '湘云', '凤姐', '李纨', '元春', '迎春', '探春', '惜春',
'妙玉', '巧姐', '秦氏']
renwu = pd.DataFrame(data = renwu_list, columns = ['姓名'])
renwu['出现次数'] = renwu.apply(lambda x: len([k for k in honglou_new if x[u'姓名'] in k]),
axis = 1)
renwu.to_csv('renwu.csv', index = False, sep = ',')
renwu.sort_values('出现次数', ascending = False, inplace = True)
attr = renwu['姓名'][0:12]
v1 = renwu['出现次数'][0:12]
```

(3) 绘制柱状图。

```
bar = (
    Bar()
    .add_xaxis(attr.tolist())
    .add_yaxis("出场次数", v1.tolist())
    .set_global_opts(title_opts = opts.TitleOpts(title = "红楼梦出场 13 人"))
)
bar.render_notebook()
```

（4）绘制人物关系图。

```python
# 分词处理,由于"贾妃""元春""李宫裁""李纨"等人物名字混用严重,也要进行替换处理
import jieba
jieba.load_userdict("renwu_forcut")
renwu_data = pd.read_csv("renwu_forcut", header = -1)
mylist = [k[0].split(" ")[0] for k in renwu_data.values.tolist()]
tmpNames = []
names = {}
relationships = {}
for h in honglou:
    h.replace("贾妃", "元春")
    h.replace("李宫裁", "李纨")
    poss = pseg.cut(h)
    tmpNames.append([])
    for w in poss:
        if w.flag != 'rm' or len(w.word) != 2 or w.word not in mylist:
            continue
        tmpNames[-1].append(w.word)
        if names.get(w.word) is None:
            names[w.word] = 0
        relationships[w.word] = {}
        names[w.word] += 1
# 处理人物关系
for name in tmpNames:
    for name1 in name:
        for name2 in name:
            if name1 == name2:
                continue
            if relationships[name1].get(name2) is None:
                relationships[name1][name2] = 1
            else:
                relationships[name1][name2] += 1
# 把信息写入文档.文件1:人物关系表,包含首先出现的人物,之后出现的人物和一同出现次数;
# 文件2:人物比重表,包含各人物出现次数,出现次数越多,认为其所占比重越大
with open("relationship.csv", "w", encoding = 'utf-8') as f:
    f.write("Source,Target,Weight\n")
    for name, edges in relationships.items():
        for v, w in edges.items():
            f.write(name + "," + v + "," + str(w) + "\n")
with open("NameNode.csv", "w", encoding = 'utf-8') as f:
    f.write("ID,Label,Weight\n")
    for name, times in names.items():
        f.write(name + "," + name + "," + str(times) + "\n")
# 数据分析并绘制人物关系图
def deal_graph():
    relationship_data = pd.read_csv('relationship.csv')
    namenode_data = pd.read_csv('NameNode.csv')
    relationship_data_list = relationship_data.values.tolist()
    namenode_data_list = namenode_data.values.tolist()
    nodes = []
    for node in namenode_data_list:
        if node[0] == "宝玉":
            node[2] = node[2]/3
```

```
            nodes.append({"name": node[0], "symbolSize": node[2]/30})
        links = []
        for link in relationship_data_list:
            links.append({"source": link[0], "target": link[1], "value": link[2]})
        g = (
            Graph()
            .add("", nodes, links, repulsion = 8000)
            .set_global_opts(title_opts = opts.TitleOpts(title = "红楼人物关系"))
        )
        return g
```

28. Pandas 缺失值处理。

（1）检测缺失值。

isnull()/isna()：检测 DataFrame 中的缺失值，返回布尔值的 DataFrame，缺失值显示为 True。

sum()：统计每列/每行的缺失值数量。

代码示例：

```
import pandas as pd
import numpy as np
# 创建一个有缺失值的小数据集
data = {'A':[1,2,np.nan,4],
        'B':[5,np.nan,np.nan,8],
        'C':['x','y','z',np.nan]}
df = pd.DataFrame(data)
print("是否存在缺失值：")
print(df.isnull())              # 逐个元素输出其是否为缺失值
print("\n 每列缺失值数量：")
print(df.isnull().sum())        # 统计每列缺失值的数量
```

输出结果：

```
是否存在缺失值：
    A      B      C
0  False  False  False
2  True   True   False
3  False  False  True
每列缺失值数量：
A   1
B   2
C   1
dtype: int64
```

（2）删除缺失值（dropna()）。在某些情况下，数据中有太多缺失值或者某列数据对于分析不重要，可以选择直接删除含有缺失值的行或列。

dropna() 删除包含缺失值的行或列，支持自定义删除的方式，有如下几种。

axis=0：删除行。

axis=1：删除列。

how='all'：仅删除全为缺失值的行/列。

代码示例：

```
df_drop_rows = df.dropna(axis = 0)          # 删除含有缺失值的行
```

```
print("删除缺失值行后的 DataFrame: ")
print(df_drop_rows)
df_drop_columns = df.dropna(axis = 1)          # 删除含有缺失值的列
print("\n 删除缺失值列后的 DataFrame: ")
print(df_drop_columns)
df_drop_all = df.dropna(how = 'all')           # 只删除全为缺失值的行
print("\n 删除全为缺失值行后的 DataFrame: ")
print(df_drop_all)
```

输出结果：

```
删除缺失值行后的 DataFrame:
      A      B      C
0    1.0    5.0    x
删除缺失值列后的 DataFrame:
    A   C
0  1.0  x
1  2.0  y
2  NaN  z
3  4.0  NaN
删除全为缺失值行后的 DataFrame:
      A      B      C
0    1.0    5.0    x
1    2.0    NaN    y
2    NaN    NaN    z
3    4.0    8.0    NaN
```

（3）用均值填充(fillna())。对于数值型数据，缺失值可以用该列的均值进行填充，以保留数据信息。

fillna(value)：用指定值填充缺失值。

inplace＝True：直接修改原数据集，不返回副本。

代码示例：

```
# 用均值填充 A 列的缺失值
df_mean_fill = df.copy()
df_mean_fill['A'].fillna(df['A'].mean(), inplace = True)
print("用均值填充 A 列后的 DataFrame: ")
print(df_mean_fill)
```

输出结果：

```
用均值填充 A 列后的 DataFrame:
      A          B      C
0    1.0        5.0    x
1    2.0        NaN    y
2    2.333333   NaN    z
3    4.0        8.0    NaN
```

（4）用中位数填充。如果数据中有较多的异常值（离群点），使用中位数代替均值来填充缺失值更加稳健。

fillna(df['column'].median())：用该列的中位数填充缺失值。

代码示例：

```
# 用中位数填充 B 列的缺失值
```

```
df_median_fill = df.copy()
df_median_fill['B'].fillna(df['B'].median(),inplace = True)
print("用中位数填充 B 列后的 DataFrame: ")
print(df_median_fill)
```

输出结果:

```
用中位数填充 B 列后的 DataFrame:
      A      B      C
0    1.0    5.0    x
1    2.0    6.5    y
2    NaN    6.5    z
3    4.0    8.0    NaN
```

(5) 用众数填充。对于分类变量或文本数据,缺失值可以用该列的众数(最常见的值)填充。

mode():返回 DataFrame 中出现频率最高的值。

代码示例:

```
# 用众数填充 C 列的缺失值
df_mode_fill = df.copy()
df_mode_fill['C'].fillna(df['C'].mode()[0],inplace = True)
print("用众数填充 C 列后的 DataFrame: ")
print(df_mode_fill)
```

输出结果:

```
用众数填充 C 列后的 DataFrame:
      A      B      C
0    1.0    5.0    x
1    2.0    NaN    y
2    NaN    NaN    z
3    4.0    8.0    x
```

(6) 前向填充(ffill())和后向填充(bfill())。在时间序列或顺序数据中,前向填充和后向填充是一种常用的方法,用来使用相邻的值填充缺失数据。

ffill():用前一个有效值填充缺失值。

bfill():用后一个有效值填充缺失值。

代码示例:

```
# 前向填充
df_ffill = df.copy()
df_ffill.fillna(method = 'ffill',inplace = True)
print("前向填充后的 DataFrame: ")
print(df_ffill)
# 后向填充
df_bfill = df.copy()
df_bfill.fillna(method = 'bfill',inplace = True)
print("\n 后向填充后的 DataFrame: ")
print(df_bfill)
```

输出结果:

前向填充后的 DataFrame:

```
        A        B       C
0      1.0      5.0      x
1      2.0      5.0      y
2      2.0      5.0      z
3      4.0      8.0      z
后向填充后的 DataFrame:
        A        B       C
0      1.0      5.0      x
1      2.0      8.0      y
2      4.0      8.0      z
3      4.0      8.0      NaN
```

（7）插值法（interpolate()）。插值法通过估算缺失值之间的趋势进行填充，常用于时间序列或连续型数据。常见的插值方法包括线性插值和时间插值。

interpolate(method='linear')：线性插值法。

代码示例：

```
# 用线性插值法填充 A 列
df_interpolate = df.copy()
df_interpolate['A'].interpolate(method = 'linear', inplace = True)
print("插值法填充 A 列后的 DataFrame: ")
print(df_interpolate)
```

输出结果：

```
插值法填充 A 列后的 DataFrame:
        A        B       C
0      1.0      5.0      x
1      2.0      NaN      y
2      3.0      NaN      z
3      4.0      8.0      NaN
```

（8）条件填充。通过条件逻辑来选择填充的值，可以根据数据集的其他特征来填充缺失值。

loc[]：基于条件进行定位和填充。

代码示例：

```
# 根据条件填充 A 列的缺失值，例如根据 C 列的值填充
df_conditional_fill = df.copy()
df_conditional_fill.loc[df['C'] == 'z', 'A'] = 100
print("根据条件填充 A 列后的 DataFrame: ")
print(df_conditional_fill)
```

输出结果：

```
根据条件填充 A 列后的 DataFrame:
        A        B       C
0      1.0      5.0      x
1      2.0      NaN      y
2    100.0      NaN      z
3      4.0      8.0      NaN
```

（9）通过模型预测填充。对于复杂数据，可以通过训练机器学习模型预测缺失值。常见的方法包括使用回归模型来预测数值的缺失值，或使用分类模型预测类别的缺失值。

LinearRegression：用于数值预测。

KNN：用于分类缺失值的预测。

代码示例：

```
from sklearn.linear_model import LinearRegression
df_model_fill = df.copy()              # 用其他列作为特征,训练模型填充缺失值
df_train = df_model_fill.dropna()      # 删除含有 NaN 的行,获取训练数据
# 特征与目标
X_train = df_train[['A','C']].dropna() # 假设 A 列与 C 列有关系
y_train = df_train['B']
model = LinearRegression()             # 构建线性回归模型
model.fit(X_train,y_train)
# 预测缺失值
missing_data = df_model_fill[df_model_fill['B'].isnull()]
predicted_values = model.predict(missing_data[['A','C']])
# 填充缺失值
df_model_fill.loc[df_model_fill['B'].isnull(),'B'] = predicted_values
print("用模型预测填充 B 列后的 DataFrame: ")
print(df_model_fill)
```

(10) 标记缺失值。有时缺失值自身携带信息,可以创建一个新的二进制列,标记数据是否为缺失。

isnull()：检测缺失值,返回布尔值。

astype(int)：将布尔值转换为整数(1 表示缺失,0 表示不缺失)。

代码示例：

```
# 创建一个新列来标记 A 列中的缺失值
df_mark_missing = df.copy()
df_mark_missing['A_missing'] = df['A'].isnull().astype(int)
print("标记 A 列缺失值后的 DataFrame: ")
print(df_mark_missing)
```

输出结果：

```
标记 A 列缺失值后的 DataFrame:
      A       B       C       A_missing
0     1.0     5.0     x       0
1     2.0     NaN     y       0
2     NaN     NaN     z       1
3     4.0     8.0     NaN     0
```

有了以上 10 种方式,基本可以在适当的时候选择其中一种,避免数据丢失或偏差,并确保模型能获得更高的预测准确率。

(11) 综合案例。

这是一个包含虚拟数据的案例。数据集包含数值型和分类型数据,数据会被生成并包含多个缺失值。使用 Pandas 进行处理,并将这些处理方法的效果可视化。这个案例包括以下操作。

① 生成一个包含缺失值的虚拟数据集。

② 使用不同的缺失值处理方法：删除缺失值、均值填充、中位数填充、前向填充、插值等。

③ 绘制 4 个不同图表展示每个处理方法的效果，这些图表将组合成一个图形。

案例代码：

```
import pandas as pd
import numpy as np
import matplotlib.pyplot as plt
import seaborn as sns
# 设置随机种子,保证可重复性
np.random.seed(42)
# 生成虚拟数据集
data = {'A':np.random.randint(1,100,size = 50).astype(float),    # 数值型
    'B':np.random.normal(50,10,size = 50),                       # 数值型(带有正态分布)
    'C':np.random.choice(['X','Y','Z'],size = 50),               # 类别型
    'D':np.random.choice([np.nan,1,0],size = 50,p = [0.2,0.4,0.4])
                                    # 二进制分类,带有缺失值
}
# 将部分数据设为 NaN(人为加入缺失值)
df = pd.DataFrame(data)
df.loc[np.random.choice(df.index,size = 10,replace = False),'A'] = np.nan
df.loc[np.random.choice(df.index,size = 15,replace = False),'B'] = np.nan
# 创建子图布局
fig,axes = plt.subplots(2,2,figsize = (14,10))
# 1.原始数据(带缺失值)
sns.scatterplot(x = df.index,y = df['A'],ax = axes[0,0],color = 'red',marker = 'o',s = 100,label
    = "列 A 原始数据")
sns.scatterplot(x = df.index,y = df['B'],ax = axes[0,0],color = 'blue', marker = 'x',s = 100,label
    = "列 B 原始数据")
axes[0,0].set_title('带缺失值的原始数据')
axes[0,0].legend()
# 2.均值填充
df_mean_filled = df.copy()
df_mean_filled['A'].fillna(df['A'].mean(),inplace = True)
df_mean_filled['B'].fillna(df['B'].mean(),inplace = True)
sns.scatterplot(x = df_mean_filled.index,y = df_mean_filled['A'],ax = axes[0,1],color = 'green',
marker = 'o',s = 100,label = "列 A 均值填充")
sns.scatterplot(x = df_mean_filled.index,y = df_mean_filled['B'],ax = axes[0,1],color =
'purple',marker = 'x',s = 100,label = "列 B 均值填充")
axes[0,1].set_title('均值填充')
axes[0,1].legend()
# 3.中位数填充
df_median_filled = df.copy()
df_median_filled['A'].fillna(df['A'].median(),inplace = True)
df_median_filled['B'].fillna(df['B'].median(),inplace = True)
sns.scatterplot(x = df_median_filled.index,y = df_median_filled['A'],ax = axes[1,0],color =
'orange',marker = 'o',s = 100,label = "列 A 中位数填充")
sns.scatterplot(x = df_median_filled.index,y = df_median_filled['B'], ax = axes[1,0],color =
'cyan',marker = 'x',s = 100,label = "列 B 中位数填充")
axes[1,0].set_title('中位数填充')
axes[1,0].legend()
# 4.插值填充
df_interpolated = df.copy()
df_interpolated['A'].interpolate(method = 'linear',inplace = True)
df_interpolated['B'].interpolate(method = 'linear',inplace = True)
sns.scatterplot(x = df_interpolated.index,y = df_interpolated['A'], ax = axes[1,1],color =
```

```
'pink', marker = 'o', s = 100, label = "列 A 插值填充")
sns.scatterplot(x = df_interpolated.index, y = df_interpolated['B'], ax = axes[1,1], color =
'yellow', marker = 'x', s = 100, label = "列 B 插值填充")
axes[1,1].set_title('插值填充')
axes[1,1].legend()
# 调整子图间距
plt.tight_layout()
# 显示图形
plt.show()
```

29. Pandas 合并与连接实验。

（1）沿轴连接多个 DataFrame 或 Series。pd.concat()是 Pandas 中最常用的函数之一，它用于沿着指定轴（axis＝0 表示按行连接，axis＝1 表示按列连接）连接多个数据集（DataFrame 或 Series）。

关键参数 axis：设置合并的方向，axis＝0 表示按行合并，axis＝1 表示按列合并。

ignore_index：如果值为 True，新 DataFrame 的索引将重置为连续的整数索引。

join：类似于 SQL 中的连接方式，有 outer（默认值，取所有列）和 inner（取公共列）两种。

keys：如果值是给定的，会在结果中添加一个多级索引，方便区分数据来源。

代码示例：

```
import pandas as pd
# 创建三个 DataFrame
df1 = pd.DataFrame({'A':['A0','A1'], 'B':['B0','B1']})
df2 = pd.DataFrame({'A':['A2','A3'], 'B':['B2','B3']})
df3 = pd.DataFrame({'A':['A4','A5'], 'B':['B4','B5']})
# 使用 keys 参数合并并加上标识
result = pd.concat([df1,df2,df3], keys = ['Group1','Group2','Group3'])
print(result)          # 输出结果如下
            A      B
  Group1 0  A0     B0
         1  A1     B1
  Group2 0  A2     B2
         1  A3     B3
  Group3 0  A4     B4
         1  A5     B5
```

合并列并处理不同列名。当数据集的列名不完全相同时，可以通过 join＝'outer'或 join＝'inner'来控制是否保留全部列或仅保留公共列。

代码示例：

```
df1 = pd.DataFrame({'A':['A0','A1'], 'B':['B0','B1']})
df2 = pd.DataFrame({'A':['A2','A3'], 'C':['C2','C3']})
# outer:保留所有列,缺失值填 NaN
result_outer = pd.concat([df1,df2], axis = 1, join = 'outer')
print(result_outer)         # 输出结果如下
    A      B      A      C
0   A0     B0     A2     C2
1   A1     B1     A3     C3
```

代码示例：

```
# inner:只保留公共列
result_inner = pd.concat([df1,df2],axis = 1,join = 'inner')
print(result_inner)          # 公共列中没有值相等的行,所以输出结果为空
```

（2）合并操作。merge()是 Pandas 中功能最丰富的合并操作之一,它可以基于一个或多个列进行连接,类似于 SQL 的 JOIN 操作。merge()提供了多种连接方式,如内连接、左连接、右连接和外连接,能灵活处理复杂的表结构。

关键参数 on:指定要连接的列名。如果不指定,Pandas 会尝试寻找同名列进行连接。

left_on 和 right_on:如果左右两个 DataFrame 的列名不同,可以分别用这两个参数指定列。

how:指定连接方式。连接方式有 left(左连接)、right(右连接)、inner(内连接,默认方式)、outer(外连接)。

suffixes:当两个 DataFrame 中有同名列时,用于区分列名的后缀。

① 多键合并。可以通过指定多个列来进行多键合并,尤其适合需要精确匹配多个条件的情况。代码示例:

```
# 创建 DataFrame
df1 = pd.DataFrame({'key1':['K0','K0','K1'],'key2':['X0','X1','X0'],'A':['A0','A1','A2']})
df2 = pd.DataFrame({'key1':['K0','K1','K1'],'key2':['X0','X0','X1'],'B':['B0','B1','B2']})
# 多列合并
result = pd.merge(df1,df2,on = ['key1','key2'],how = 'inner')
print(result)          # 输出结果如下
    key1    key2    A    B
0    K0    X0    A0    B0
1    K1    X0    A2    B1
```

② 不同列名的合并。当两个 DataFrame 的连接列名不同时,可以通过 left_on 和 right_on 参数来指定它们。代码示例:

```
df1 = pd.DataFrame({'lkey':['K0','K1','K2'],'A':['A0','A1','A2']})
df2 = pd.DataFrame({'rkey':['K0','K2','K3'],'B':['B0','B2','B3']})
# 使用不同列名进行连接
result = pd.merge(df1,df2,left_on = 'lkey',right_on = 'rkey',how = 'outer')
print(result)          # 输出结果如下
    lkey    A    rkey    B
0    K0    A0    K0    B0
1    K1    A1    NaN    NaN
2    K2    A2    K2    B2
3    NaN    NaN    K3    B3
```

③ 多对多合并。merge()支持多对多的合并,即当键值在左表、右表中有重复时,会产生笛卡儿积的组合。代码示例:

```
df1 = pd.DataFrame({'key':['K0','K1'],'A':['A0','A1']})
df2 = pd.DataFrame({'key':['K0','K0','K1'],'B':['B0','B1','B2']})
result = pd.merge(df1,df2,on = 'key',how = 'inner')          # 多对多连接
print(result)          # 输出结果如下
    key    A    B
0    K0    A0    B0
1    K0    A0    B1
2    K1    A1    B2
```

④ 自连接。merge()还可以用于自连接,即将一个 DataFrame 与其自身连接。这在需要匹配某些特定的条件时很有用。代码示例:

```
df = pd.DataFrame({'key':['K0','K1','K2'],'value':['V0','V1','V2']})
# 自连接
result = pd.merge(df,df,on = 'key',how = 'inner')
print(result)          # 输出结果如下
    key v    alue_x    value_y
0    K0    V0        V0
1    K1    V1        V1
2    K2    V2        V2
```

(3) 基于索引的合并。join()是一个基于索引的横向连接操作。与 merge()类似,但 join()默认基于索引进行连接,可以方便地连接两个 DataFrame 而不需要指定键。

关键参数 on:用于指定连接的列(如果不基于索引)。

how:指定连接方式,默认值为 left,即左连接。

① 左连接与右连接。代码示例:

```
df1 = pd.DataFrame({'A':['A0','A1','A2']},index = ['K0','K1','K2'])
df2 = pd.DataFrame({'B':['B0','B1']},index = ['K1','K2'])
result_left = df1.join(df2,how = 'left')    # 左连接,df1 为主表
print(result_left)                # 输出结果如下
      A        B
K0    A0    NaN
K1    A1    B0
K2    A2    B1
```

代码示例:

```
result_right = df1.join(df2,how = 'right')    # 右连接,df2 为主表
print(result_right)                # 输出结果如下
      A    B
K1    A1    B0
K2    A2    B1
```

② 同时连接多个 DataFrame。代码示例:

```
df1 = pd.DataFrame({'A':['A0','A1','A2']},index = ['K0','K1','K2'])
df2 = pd.DataFrame({'B':['B0','B1','B2']},index = ['K0','K1','K2'])
df3 = pd.DataFrame({'C':['C0','C1','C2']},index = ['K0','K1','K2'])

# 同时连接多个 DataFrame
result = df1.join([df2,df3])
print(result)            # 输出结果如下
      A    B    C
K0    A0    B0    C0
K1    A1    B1    C1
K2    A2    B2    C2
```

(4) 添加新行到 DataFrame。append()是一种简单的行连接操作,它用于将一个 DataFrame 或 Series 作为新行追加到已有的 DataFrame。它的操作类似于 concat(),但仅适用于按行操作(axis=0)。

关键参数 ignore_index:设置为 True 时,会重新分配新 DataFrame 的索引;默认值为

False,会保留原索引。

verify_integrity：设置为 True 时，如果产生重复索引就会抛出错误。

代码示例：

```
import pandas as pd
# 创建两个 DataFrame
df1 = pd.DataFrame({'A':['A0','A1'],'B':['B0','B1']})
df2 = pd.DataFrame({'A':['A2','A3'],'B':['B2','B3']})
result = df1.append(df2,ignore_index = True)        # 追加新行
print(result)                                       # 输出结果如下
     A    B
0    A0   B0
1    A1   B1
2    A2   B2
3    A3   B3
```

注意事项：append()在处理大数据集时效率不高，因为每次调用都会生成一个新的
DataFrame。如果需要多次追加数据，建议使用列表并一次性调用 concat()。

处理 Series 场景的代码示例：

```
# 创建一个 Series 并追加到 DataFrame
s = pd.Series(['A4','B4'],index = ['A','B'])
# 追加单个 Series 作为新行
result = df1.append(s,ignore_index = True)
print(result)            # 输出结果如下
     A    B
0    A0   B0
1    A1   B1
2    A4   B4
```

（5）数据补全。combine_first()用于将两个 DataFrame 按照相同的索引进行合并。如
果第一个 DataFrame 中某个位置为空值（NaN），就从第二个 DataFrame 中取该位置的值。
它是数据补全或修复缺失值的理想选择。

代码示例：

```
# 创建两个 DataFrame
df1 = pd.DataFrame({'A':[1,None],'B':[None,2]})
df2 = pd.DataFrame({'A':[3,4],'B':[5,6]})
# 使用 df2 的数据补全 df1
result = df1.combine_first(df2)
print(result)            # 输出结果如下
     A      B
0    1.0    5.0
1    4.0    2.0
```

补全数据缺失值：combine_first()常用于数据修复场景，例如有一个主要数据集和一
个备份数据集，可以用备份数据集的非空值来补全主要数据集的空值。

时间序列数据的拼接：可以用于补充不同来源的时间序列数据。

（6）按索引更新 DataFrame。update()用于根据另一个 DataFrame 中的值更新当前
DataFrame 的数据。它不会返回新对象，而是就地更新。通常用于将一个表中的某些值覆
盖到另一个表中，并保持表的结构不变。

代码示例：

```
# 创建两个 DataFrame
df1 = pd.DataFrame({'A':['A0','A1','A2'],'B':['B0','B1','B2']})
df2 = pd.DataFrame({'A':['A3','A4'],'B':['B3','B4']},index = [1,2])
df1.update(df2)          # 更新 df1 中的数据
print(df1)               # 输出结果如下
     A     B
0    A0    B0
1    A3    B3
2    A4    B4
```

注意事项：update()是就地操作，它不会返回一个新的 DataFrame，而是直接修改原 DataFrame。如果需要保留原始数据，可以在调用 update()之前调用 copy()。

（7）重新索引。reindex()用于根据新的索引重新排列 DataFrame 或者 Series 的行或列。可以用它来引入缺失值，根据新的顺序重新排列数据，或者根据新的列名调整 DataFrame 的列顺序。

关键参数 axis：指定重新索引的轴，axis＝0 表示行，axis＝1 表示列。

fill_value：指定在新的索引中填充缺失值的默认值。

代码示例：

```
# 创建一个 DataFrame
df = pd.DataFrame({'A':['A0','A1','A2'],'B':['B0','B1','B2']})
result = df.reindex([0,2,1,3])          # 重新按新的索引排列
print(result)                           # 输出结果如下
     A      B
0    A0     B0
2    A2     B2
1    A1     B1
3    NaN    NaN
```

时间序列数据的对齐：可以使用 reindex()对齐两个时间序列。

根据新列名重新排列：可以使用 reindex()来调整 DataFrame 列的顺序，特别是在对某些列进行操作时。

代码示例：

```
result = df.reindex(columns = ['B','A'])          # 根据新列名重新排列
print(result)                                     # 输出结果如下
     B     A
0    B0    A0
1    B1    A1
2    B2    A2
```

（8）将宽格式数据转换为长格式。melt()用于将宽格式的数据转换为长格式，适合数据透视表、长格式的分析和可视化。它将多个列名作为变量名，然后将对应值放入新的列中。

代码示例：

```
# 创建一个 DataFrame
df = pd.DataFrame({
    'ID':['ID1','ID2'],
    'Math':[85,90],
    'Physics':[88,93],
```

```
    'Chemistry':[92,85]
})
```

```
# 将宽表转换为长表
result = pd.melt(df,id_vars = ['ID'],value_vars = ['Math','Physics','Chemistry'],var_name =
'Subject',value_name = 'Score')
print(result)              # 输出结果如下
       ID       Subject       Score
0     ID1      Math           85
1     ID2      Math           90
2     ID1      Physics        88
3     ID2      Physics        93
4     ID1      Chemistry      92
5     ID2      Chemistry      85
```

常见的应用场景如下。

数据可视化准备：将宽格式的特征列展开为长格式，便于在绘图工具（如 Seaborn）中进行分组和绘制。

数据透视：当多个列代表相同的变量但分布在不同列时，可以通过 melt() 将其转换为标准的长格式。

（9）构建透视表。pivot() 用于将长格式数据转换为宽格式，类似于 Excel 中的透视表。通过指定行索引、列索引和要展示的值将数据进行汇总和展开。

代码示例：

```
# 创建一个长格式的 DataFrame
df = pd.DataFrame({
    'ID':['ID1','ID2','ID1','ID2'],
    'Subject':['Math','Math','Physics','Physics'],
    'Score':[85,90,88,93]
})
```

```
# 构建透视表
result = df.pivot(index = 'ID',columns = 'Subject',values = 'Score')
print(result)              # 输出结果如下
Subject     Math       Physics
ID
ID1         85         88
ID2         90         93
```

注意事项：pivot() 要求每个组合（index 和 columns）必须是唯一的。如果不唯一，可以使用 pivot_table() 来处理重复值。

（10）聚合透视表。pivot_table() 是 pivot() 的扩展版，它可以处理重复值，并允许对数据进行聚合操作（如求和、均值等）。它通常用于对数据分组聚合后生成表格形式的结果。

关键参数 index：设置透视表的行标签。

columns：设置透视表的列标签。

aggfunc：用于聚合的函数（如 sum、mean 等），默认值为 mean。

代码示例：

```
# 创建一个长格式的 DataFrame
df = pd.DataFrame({
```

```
    'ID':['ID1','ID2','ID1','ID2','ID1'],
    'Subject':['Math','Math','Physics','Physics','Math'],
    'Score':[85,90,88,93,87]
})

# 构建透视表并计算均值
result = pd.pivot_table(df,index = 'ID',columns = 'Subject',values = 'Score',aggfunc = 'mean')
print(result)              # 输出结果如下
Subject       Math      Physics
ID
ID1           86.0        88.0
ID2           90.0        93.0
```

数据聚合：pivot_table()可以对数据进行多维度分组聚合，并灵活选择聚合函数，适合生成汇总报告或透视表。

（11）综合案例。

假设某家电商平台的销售数据记录了过去 100 天的日销售额。现在需要分析日销售额的变化趋势，计算滚动均值和滚动标准差，并与原始数据一起进行可视化分析，查看销售额是否有显著波动。

案例代码：

```
import pandas as pd
import numpy as np
import matplotlib.pyplot as plt
np.random.seed(42)            # 设置随机数种子,确保每次生成相同的随机数据
# 生成日期范围
date_rng = pd.date_range(start = '2023 - 01 - 01',end = '2024 - 10 - 01',freq = 'D')
# 生成随机销售额数据
sales = np.random.randint(1000,5000,size = len(date_rng))
# 创建时间序列 DataFrame
df = pd.DataFrame(date_rng,columns = ['date'])
df['sales'] = sales
# 设置日期为索引
df.set_index('date',inplace = True)
# 计算滚动均值和滚动标准差(窗口大小为 7 天)
df['rolling_mean'] = df['sales'].rolling(window = 7).mean()
df['rolling_std'] = df['sales'].rolling(window = 7).std()
# 创建一个图,包含两个子图
fig, (ax1,ax2) = plt.subplots(2,1,figsize = (12,8),sharex = True)
# 销售额的时间序列图
ax1.plot(df.index,df['sales'],color = 'cyan',label = 'Daily Sales')
ax1.plot(df.index,df['rolling_mean'],color = 'magenta',linestyle = ' -- ',label = '7 - day
Rolling Mean')
ax1.set_title('Daily Sales and 7 - Day Rolling Mean',fontsize = 14)
ax1.set_ylabel('Sales( $ )')
ax1.legend(loc = 'upper left')
ax1.grid(True)

# 滚动标准差与原始数据的对比
ax2.plot(df.index,df['sales'],color = 'cyan',label = 'Daily Sales')
ax2.plot(df.index,df['rolling_std'],color = 'orange',linestyle = ' -- ', label = '7 - day Rolling
Std Dev')
```

```
ax2.set_title('Sales and 7 - Day Rolling Standard Deviation', fontsize = 14)
ax2.set_xlabel('Date')
ax2.set_ylabel('Sales / Std Dev')
ax2.legend(loc = 'upper left')
ax2.grid(True)

# 设置整个图的布局并显示
plt.tight_layout()
plt.show()
```

数据生成：使用 Numpy 生成一个长度为 100 的随机销售额数据（1000～5000），并将其作为时间序列。

时间序列处理：计算 7 天的滚动均值和滚动标准差，滚动均值用于平滑销售额的变化趋势，而滚动标准差用于衡量波动性。

30. Pandas 分组和分区操作实验。

（1）groupby()。它根据一个或多个列的值对数据进行分组，然后可以对每个分组的数据进行聚合（如求平均值、求和等）、转换或过滤。通常 groupby() 与聚合函数结合使用，如mean()、sum()、count()等。代码示例：

```
import pandas as pd
# 示例数据
data = {'Category':['A', 'B', 'A', 'B', 'C', 'A', 'C', 'B'],
    'Value': [10, 20, 30, 40, 50, 60, 70, 80],
    'Count': [1, 2, 3, 4, 5, 6, 7, 8]}
df = pd.DataFrame(data)
# 按 Category 列进行分组,计算每个分组的 Value 列的平均值
grouped_mean = df.groupby('Category')['Value'].mean()
# 按 Category 列进行分组,计算每个分组的 Value 和 Count 列的值总和
grouped_sum = df.groupby('Category').sum()
# 按 Category 分组,并统计每个分组的大小
grouped_size = df.groupby('Category').size()
```

（2）agg()。它用于对 groupby() 的结果进行多重聚合操作。通过 agg()，可以在不同列上应用不同的聚合函数，甚至在同一列上应用多个聚合函数。代码示例：

```
# 按 Category 列分组,并对 Value 列进行多个聚合操作
grouped_agg = df.groupby('Category').agg({
    'Value': ['mean', 'sum', 'max'],
    'Count': ['min', 'count']
})
```

（3）transform()。它用于将聚合操作的结果"广播"回原始数据框的每一行，而不是直接返回一个汇总后的数据框。transform() 对每个分组执行操作，并返回与输入数据大小相同的结果。代码示例：

```
# 计算每个分组的平均值,并将其广播回原始数据框
df['Mean_Value'] = df.groupby('Category')['Value'].transform('mean')
```

（4）apply()。它允许在分组数据上应用自定义函数，可以返回标量、Series 或 DataFrame。代码示例：

```
# 自定义函数:计算每个分组的最大值减去最小值
def range_func(x):
```

```
    return x.max() - x.min()
```

\# 按 Category 列分组，对 Value 列应用自定义函数
```
grouped_apply = df.groupby('Category')['Value'].apply(range_func)
```

（5）filter()。它用于根据某些条件对分组后的数据进行过滤，可以保留符合条件的整个分组。常用于基于某些聚合结果的过滤操作。代码示例：

```
data = {'Category': ['A', 'B', 'A', 'B', 'C', 'A', 'C', 'B'],
        'Value': [10, 20, 30, 40, 50, 60, 70, 80]}
df = pd.DataFrame(data)
```
\# 按 Category 列分组，保留 Value 列值总和大于 100 的分组
```
filtered_df = df.groupby('Category').filter(lambda x: x['Value'].sum() > 100)
```

（6）pivot_table()。它类似于 Excel 中的透视表，用于基于某些键（key）对数据进行聚合。它能够灵活地对多维数据进行聚合操作，并返回一个类似于透视表的结构化结果。代码示例：

```
data = {'Category': ['A', 'B', 'A', 'B', 'C', 'A', 'C', 'B'],
    'SubCategory': ['X', 'X', 'Y', 'Y', 'X', 'Y', 'X', 'X'],
    'Value': [10, 20, 30, 40, 50, 60, 70, 80]}
df = pd.DataFrame(data)
```
\# 创建透视表，按 Category 和 SubCategory 列分组，并对 Value 列进行聚合
```
pivot_df = df.pivot_table(values = 'Value', index = 'Category', columns = 'SubCategory', aggfunc
= 'sum')
```

（7）cut()。它用于将连续的数值数据分箱（binning），将数据划分为不同的区间（bins），并将每个数据点分配到对应的区间。代码示例：

```
values = [22, 25, 27, 35, 45, 55, 65, 75, 85, 95]
```
\# 使用 cut()将数据划分为 4 个区间
```
bins = pd.cut(values, bins = 4)
```

（8）qcut()。qcut()是 cut()的变体，区别在于 cut()按照等宽区间分箱，而 qcut()按照等频区间分箱（每个区间包含相同数量的数据点）。代码示例：

\# 使用 qcut()将数据按分位数划分为 4 个等频区间
```
q_bins = pd.qcut(values, q = 4)
```

（9）rolling()。它用于计算移动窗口（rolling window）上的统计量。代码示例：

```
ts = pd.Series([1, 2, 3, 4, 5, 6, 7, 8, 9, 10])
```
\# 计算滚动窗口为 3 的移动均值
```
rolling_mean = ts.rolling(window = 3).mean()
```

（10）expanding()。它是累积窗口的版本，与 rolling()类似，但它计算的是从开始到当前行的所有数据的聚合。它用于累计和递增计算，如累计总和、累计均值等。代码示例：

```
expanding_mean = ts.expanding().mean()
```

（11）完整案例。

该案例的任务如下：使用 groupby()对销售额按产品类别和地区进行分组汇总；使用 pivot_table()创建不同产品类别和地区的销售额透视表；使用 rolling()计算各类别产品的销售额的移动均值，探索其时间趋势；使用 cut()和 qcut()分析销售额的分布情况；结合上述操作，绘制多个可视化图表。

案例代码：

```python
import pandas as pd
import numpy as np
import matplotlib.pyplot as plt
import seaborn as sns
np.random.seed(42)              # 设置随机种子,确保结果可复现
# 生成虚拟数据集
n = 500
dates = pd.date_range('2023-01-01', periods=n, freq='D')
categories = np.random.choice(['Electronics', 'Clothing', 'Furniture'], size=n)
regions = np.random.choice(['North','South','East','West'],size=n)
sales = np.random.randint(100, 1000, size=n)
discounts = np.random.uniform(0, 0.3, size=n)
# 构造 DataFrame
df = pd.DataFrame({'Date': dates, 'Category': categories,
    'Region': regions, 'Sales': sales, 'Discount': discounts})
# 1.按产品类别和地区分组,计算总销售额
s = df.groupby(['Category','Region'])['Sales'].sum().reset_index()
# 2.使用 pivot_table()生成透视表
pivot_table = df.pivot_table(values='Sales', index='Category', columns='Region', aggfunc=
'sum')
# 3.计算移动平均销售额,使用滚动窗口
df['Rolling_Sales'] = df.groupby('Category')['Sales'].transform(lambda x: x.rolling(window=
7).mean())
# 4.将销售额分为 4 个区间,使用 cut()和 qcut()
df['Sales_Bins'] = pd.cut(df['Sales'], bins=4, labels=['Low', 'Medium', 'High', 'Very High'])
df['Sales_Quartiles'] = pd.qcut(df['Sales'], q=4, labels=['Q1', 'Q2', 'Q3', 'Q4'])
# 5.绘制图形
fig, axes = plt.subplots(2, 2, figsize=(14, 10))
# 图1:各类别产品在不同地区的总销售额柱状图
sns.barplot(x='Category', y='Sales', hue='Region', data=s, ax=axes[0, 0])
axes[0, 0].set_title('Total Sales by Category and Region')
axes[0, 0].set_xlabel('Category')
axes[0, 0].set_ylabel('Total Sales')
# 图2:移动平均销售额的时间趋势
for category in df['Category'].unique():
    sns.lineplot(x='Date',y='Rolling_Sales',data=df[df['Category']
== category], label=category, ax=axes[0, 1])
axes[0, 1].set_title('Rolling Mean of Sales Over Time by Category')
axes[0, 1].set_xlabel('Date')
axes[0, 1].set_ylabel('Rolling Mean Sales')
# 图3:使用 cut()实现的销售额分箱结果分布
sns.countplot(x='Sales_Bins',data=df,palette='viridis',ax=axes[1, 0])
axes[1, 0].set_title('Sales Distribution by Bins (Using cut)')
axes[1, 0].set_xlabel('Sales Bins')
axes[1, 0].set_ylabel('Count')
# 图4:使用 qcut()实现的销售额四分位分布
sns.countplot(x='Sales_Quartiles',data=df,palette='coolwarm', ax=axes[1,1])
axes[1,1].set_title('Sales Distribution by Quartiles (Using qcut)')
axes[1,1].set_xlabel('Sales Quartiles')
axes[1,1].set_ylabel('Count')
# 调整图形布局
plt.tight_layout()
```

```
plt.show()
```

31. Pandas 聚合实验。

```
import pandas as pd
# 创建一个 DataFrame,包含类别和数值列
data = { 'Category': ['A', 'B', 'A', 'B', 'A'],
         'Values': [10, 20, None, 40, 50]}
df = pd.DataFrame(data)
```

按类别分组并求和：

```
result = df.groupby('Category').sum()
```

按类别分组并计算均值：

```
result = df.groupby('Category').mean()
```

按类别分组并统计非空值数量：

```
result = df.groupby('Category').count()
```

按类别分组并获取最小值：

```
result = df.groupby('Category').min()
```

按类别分组并获取最大值：

```
result = df.groupby('Category').max()
```

按类别分组并计算中位数：

```
result = df.groupby('Category').median()
```

按类别分组并计算标准差：

```
result = df.groupby('Category').std()
```

按类别分组并计算方差：

```
result = df.groupby('Category').var()
```

按类别分组并应用多个聚合函数：

```
result = df.groupby('Category').agg(['sum','mean','max','min'])
```

定义一个自定义函数：

```
def custom_function(x):
return x.max() - x.min()
```

按类别分组并应用自定义函数：

```
result = df.groupby('Category')['Values'].apply(custom_function)
```

count()方法：用于计算数据中非空值的数量,它与 size()的区别在于 count()忽略 NaN 值,而 size()不忽略。同样,mean()也会忽略空值。

```
import pandas as pd
import numpy as np
import matplotlib.pyplot as plt
import seaborn as sns
sns.set_theme(style = "whitegrid")          # 设置 Seaborn 主题和颜色
```

```
# 创建虚拟数据集
np.random.seed(42)
data = {'Category': np.random.choice(['Electronics', 'Furniture', 'Clothing'], size = 100),
'City':np.random.choice(['Chongqing', 'Los Angeles', 'Chicago'], size = 100),
'Sales': np.random.uniform(100, 1000, size = 100),
'Discount': np.random.uniform(0, 0.3, size = 100)}
df = pd.DataFrame(data)
# 数据转换操作
# 1.添加一列利润率(假设利润率 = 销售额 * (1 - 折扣))
df['Profit'] = df['Sales'] * (1 - df['Discount'])
# 2.按类别和城市进行数据汇总,计算总销售额和平均折扣
grouped = df.groupby(['Category', 'City']).agg({'Sales': 'sum', 'Discount': 'mean'}).reset_index()
# 3.创建数据透视表,方便绘图
pivot_s = grouped.pivot_table(index = "Category", columns = "City", values = "Sales")
pivot_d = grouped.pivot_table(index = "Category", columns = "City", values = "Discount")
# 绘图
fig, ax = plt.subplots(2, 1, figsize = (14, 10))
# 绘制第一个图表:每个城市每个类别的总销售额(条形图)
pivot_s.plot(kind = 'bar', ax = ax[0], color = sns.color_palette ("Set2", n_colors = 3))
ax[0].set_title('Total Sales by Category and City')
ax[0].set_ylabel('Total Sales')
ax[0].legend(title = 'City', bbox_to_anchor = (1.05, 1), loc = 'upper left')
# 绘制第二个图表:每个城市每个类别的平均折扣率(折线图)
pivot_d.plot(marker = 'o', ax = ax[1], color = sns.color_palette("husl", n_colors = 3))
ax[1].set_title('Average Discount by Category and City')
ax[1].set_ylabel('Average Discount')
ax[1].legend(title = 'City', bbox_to_anchor = (1.05, 1), loc = 'upper left')
# 调整布局
plt.tight_layout()
# 显示图表
plt.show()
```

32. Pandas 数据清洗实验。

```
import pandas as pd
data = {'Name': ['Sun', 'Zhang ', 'Wang', None, 'Sun'],
'Age': [20, 30, None, 2200, 20],
'City': ['Chongqing', None, 'Zhengzhou', 'Xuchang', 'Chongqing'],
'Salary': ['3000', '3200', '3150', '5150', '3000'],
'Date':['2021 - 01 - 01', '2022 - 02 - 02', '2023 - 03 - 03', '2024 - 04 - 04', '2021 - 01 - 01']}
df = pd.DataFrame(data)
```

(1) 处理缺失值。

① 删除缺失值。使用 dropna()方法可以删除包含 NaN 的行或列。通过设置参数 axis 的值为 0 或 1,可以分别删除行或列。代码示例:

```
df_cleaned = df.dropna()          # 删除包含 NaN 的行
```

② 填充缺失值。使用 fillna()方法可以填充缺失值,常见填充方式包括使用固定值、前向填充(ffill)或后向填充(bfill)。代码示例:

```
df_filled = df.fillna(0)              # 填充缺失值为 0
df_ffill = df.fillna(method = 'ffill')    # 前向填充(用前一个值填充)
```

(2) 处理重复数据。Python 使用 duplicated()方法检测重复行,返回一个布尔序列,表

示该行与前面的数据相比较是否为重复项。代码示例:

```
print(df.duplicated())              # 检测重复行
# 删除重复行,可以保留首次出现的行或最后一次出现的行
df_cleaned = df.drop_duplicates()
```

(3) 数据类型转换。astype()方法可以将某一列转换为指定类型。代码示例:

```
df['Salary'] = df['Salary'].astype(int)       # 将 Salary 列由字符串转换为整数
```

(4) 处理异常值。describe()方法可以查看数据的基本统计信息,包括均值、中位数、标准差等,这可以帮助识别异常值。代码示例:

```
print(df['Age'].describe())
```

通过条件过滤移除异常值:可以根据具体条件过滤掉异常值。

```
df_filtered = df[df['Age'] <= 60]              # 过滤掉 Age 大于 60 的行
```

(5) 数据标准化与归一化。使用 sklearn.preprocessing 模块中的 StandardScaler 可以将数据调整为均值为 0、标准差为 1 的标准化分布,使用 min()、max()方法可以将数据缩放到 0～1 之间的归一化分布。代码示例:

```
from sklearn.preprocessing import StandardScaler
data = {'Feature1': [1.0, 2.0, 3.0, 4.0, 5.0],
        'Feature2': [100, 150, 200, 250, 300]}
df = pd.DataFrame(data)
scaler = StandardScaler()
df_s = pd.DataFrame(scaler.fit_transform(df), columns = df.columns)
df_n = (df - df.min()) / (df.max() - df.min())
```

(6) 字符串操作。常见操作有去除空格、大小写转换、正则表达式匹配等。代码示例:

```
df['Name'] = df['Name'].str.strip()                # 去除空格
df['Name'] = df['Name'].str.lower()                # 将字符串转换为小写
df['Name'] = df['Name'].str.upper()                # 将字符串转换为大写
df['Name'] = df['Name'].str.replace('Sun', 'Qian')  # 字符串替换,支持正则表达式
```

(7) 时间序列数据处理。代码示例:

```
df['Date'] = pd.to_datetime(df['Date'])            # 将字符串转换为日期时间格式
```

resample()对时间序列数据进行重采样,例如按天、按周、按月等进行聚合操作。

```
rng = pd.date_range('2021 - 01 - 01', periods = 100, freq = 'D')
ts = pd.Series(range(len(rng)), index = rng)
ts_resampled = ts.resample('W').sum()              # 按周重新采样并求和
```

(8) 条件筛选与过滤。代码示例:

```
df_filtered = df[df['Age'] >= 20]        # 筛选 Age 值大于 20 的行
```

可以进行多条件筛选。例如:

```
df_filtered = df[(df['Age'] >= 20) & (df['Age'] <= 60)]        # & 和 | 操作符
```

(9) 数据分箱与离散化。pd.cut()可以将数据分割成离散的区间或组。代码示例:

```
# 将 Age 分为 3 个区间
df['Age_Group'] = pd.cut(df['Age'], bins = 3, labels = ["Young", "Middle - aged", "Old"])
df['Age_Quar'] = pd.qcut(df['Age'], 4)   # 将 Age 按分位数分为 4 组
```

（10）数据合并与连接。pd. merge()可以根据一个或多个键将两个 DataFrame 合并为一个,pd. concat()可以将多个 DataFrame 按行或列拼接在一起。代码示例：

```
data1 = {'Key': ['A', 'B', 'C', 'D'],
        'Value1': [1, 2, 3, 4]}
data2 = {'Key': ['A', 'B', 'E', 'F'],
        'Value2': [5, 6, 7, 8]}
df1 = pd.DataFrame(data1)
df2 = pd.DataFrame(data2)
# 按照 Key 列进行合并(内连接)
df_merged = pd.merge(df1, df2, on = 'Key', how = 'inner')
print(df_merged)
```

输出结果：

```
    Key       Value1      Value2
0    A         1           5
1    B         2           6
df_concat = pd.concat([df1, df2], axis = 0)
print(df_concat)
```

输出结果：

```
    Key       Value1      Value2
0    A         1.0         NaN
1    B         2.0         NaN
2    C         3.0         NaN
3    D         4.0         NaN
0    A         NaN         5.0
1    B         NaN         6.0
2    E         NaN         7.0
3    F         NaN         8.0
```

（11）综合案例。

案例代码：

```
import pandas as pd
import numpy as np
import matplotlib.pyplot as plt
import seaborn as sns
np.random.seed(42)              # 设置随机种子
# 生成虚拟数据集,并将 Age 和 Income 列设为浮点类型以便引入 NaN
data = {'CustomerID': range(1, 101),
    'Age': np.random.randint(18, 70, size = 100).astype(float),
                                # 将 Age 列设为浮点类型
    'Income': np.random.normal(50000, 15000, 100),
    'Purchases': np.random.poisson(5, 100),
    'RegistrationDate': pd.to_datetime('2021 - 01 - 01') + pd.to_timedelta(np.random.randint
(0, 365, 100), unit = 'd')
}
# 随机引入缺失值
for col in ['Age', 'Income']:
    data[col][np.random.choice(100, 10, replace = False)] = np.nan
df = pd.DataFrame(data)
# Step 1: 数据展示
print("原始数据: ")
```

```python
print(df.head())
# Step 2: 处理缺失值
df['Age'].fillna(df['Age'].median(), inplace = True) # 用中位数填充
df.dropna(subset = ['Income'], inplace = True)    # 删除收入为空的行
# Step 3: 数据类型转换
df['RegistrationDate'] = pd.to_datetime(df['RegistrationDate'])
# Step 4: 处理异常值(删除极端收入值)
income_threshold = df['Income'].mean() + 3 * df['Income'].std()
df = df[df['Income'] < income_threshold]
# Step 5: 数据分箱(按年龄分箱)
df['AgeGroup'] = pd.cut(df['Age'], bins = [17, 30, 40, 50, 60, 70], labels = ['18 - 30', '31 -
40', '41 - 50', '51 - 60', '61 - 70'])
# Step 6: 数据可视化
plt.figure(figsize = (14, 7))
# 子图 1: 年龄分布柱状图
plt.subplot(1, 2, 1)
sns.histplot(df['Age'], bins = 15, kde = True, color = 'orange')
plt.title('Age Distribution')
plt.xlabel('Age')
plt.ylabel('Frequency')
# 子图 2: 收入与购买次数的散点图
plt.subplot(1, 2, 2)
sns.scatterplot(data = df, x = 'Income', y = 'Purchases', hue = 'AgeGroup', palette = 'Set1', s =
100)
plt.title('Income vs Purchases')
plt.xlabel('Income')
plt.ylabel('Purchases')
plt.tight_layout()
plt.show()
```

33. Numpy 基础操作实验。

(1) 数组创建。

```python
import numpy as np
arr_1d = np.array([1,2,3,4])                      # 创建一维数组
arr_2d = np.array([[1,2],[3,4]])                  # 创建二维数组
arr_3d = np.array([[[1,2],[3,4]],[[5,6],[7,8]]])  # 创建三维数组
arr4 = np.array([1,2,3,4],dtype = float)          # 指定数据类型为浮点型
# 检查数组的属性
print("数组的形状为:",arr_2d.shape)                # 返回数组的形状
print("数组元素的类型为:",arr_2d.dtype)            # 返回数组元素的数据类型
print("数组的维度数为:",arr_2d.ndim)               # 返回数组的维度数
print("数组中元素的总数为",arr_2d.size)            # 返回数组元素的总数
```

(2) 数组形状操作。

```python
arr = np.array([1,2,3,4,5,6])
reshaped_arr = arr.reshape(2,3)                    # 将一维数组转换为 2x3 的二维数组
# 展平成一维数组或者使用 reshape(-1)
flattened_arr1 = reshaped_arr.ravel()
flattened_arr2 = arr.flatten()                     # 展平数组
# 转置二维数组,T 是 transpose()的简写
transposed_arr = reshaped_arr.T
```

reshape()方法改变数组的形状(如从一维变成二维),但要求改变后的数组总元素数和

原来的一样,它是在不改变数组数据的情况下改变其形状的好方法。ravel()方法将多维数组展平成一维数组,它返回的是原数组的视图(即新数组和原数组共享内存),所以对返回的数组进行修改会影响原数组。transpose()方法转置数组,主要用于矩阵运算(例如将矩阵从 m×n 转换为 n×m)。

(3) 数组索引与切片。

```
arr = np.array([[1,2,3],[4,5,6],[7,8,9]])
element = arr[0,2]                         # 获取第一行第三列的元素
row_slice = arr[1,:]                        # 获取第二行的所有元素
col_slice = arr[:,1]                        # 获取第二列的所有元素
sub_array1 = arr[0:2,1:3]                   # 获取子数组,包含第一、二行和第二、三列的元素
negative_index = arr[-1,-1]                 # 获取最后一行最后一列的元素
rc_slice = arr[1:,1:]
sub_array2 = arr[::2,::2]                    # 步长为 2 的切片
```

(4) 数组广播。

```
arr = np.array([[1,2,3],[4,5,6]])
result = arr + 10                           # 将标量 10 加到数组的每个元素上
# 将较小数组广播到较大数组
arr1 = np.array([[1],[2],[3]])              # 形状为(3,1)
arr2 = np.array([4,5,6])                    # 形状为(3,)
broadcasted_result = arr1 + arr2            # 形状为(3,3)
```

(5) 数组运算。

```
arr1 = np.array([1,2,3])
arr2 = np.array([4,5,6])
sum_arr = arr1 + arr2                       # 数组加法
diff_arr = arr1 - arr2                      # 数组减法
product_arr = arr1 * arr2                   # 数组乘法
quotient_arr = arr1 / arr2                  # 数组除法
scaled_arr = arr1 * 10                      # 标量与数组运算,将每个元素乘以 10
power_arr = arr1 ** 2                       # 幂运算,将每个元素改为其平方值
```

(6) 聚合操作。

```
arr = np.array([[1,2,3],[4,5,6],[7,8,9]])
total = np.sum(arr)                         # 数组所有元素之和
row_sum = np.sum(arr,axis=1)               # 每行的总和
col_sum = np.sum(arr,axis=0)               # 每列的总和
mean_val = np.mean(arr)                     # 所有元素的平均值
max_val = np.max(arr)                       # 所有元素的最大值
min_val = np.min(arr)                       # 所有元素的最小值
std_dev = np.std(arr)                       # 所有元素的标准差
```

(7) 数组拼接与分割。

```
arr1 = np.array([[1,2],[3,4]])
arr2 = np.array([[5,6],[7,8]])
c_arr1 = np.concatenate((arr1,arr2),axis=0)          # 按行拼接
c_arr2 = np.concatenate((arr1,arr2),axis=1)          # 按列拼接
# 将数组按行分割成两个子数组
s_arr1 = np.split(concatenated_arr,2,axis=0)
# 将数组按列分割成两个子数组
s_arr2 = np.split(concatenated_arr2,2,axis=1)
```

```
stacked_arr = np.stack((arr1,arr2),axis = 0)          # 沿新轴(0轴)堆叠
```

（8）线性代数操作。

```
arr1 = np.array([[1,2],[3,4]])
arr2 = np.array([[5,6],[7,8]])
dot_product = np.dot(arr1,arr2)                        # 矩阵乘法(点积)
matmul_result = np.matmul(arr1,arr2)                   # 矩阵乘法(或使用@)
inv_arr1 = np.linalg.inv(arr1)                         # 矩阵求逆
eig_vals,eig_vecs = np.linalg.eig(arr1)                # 特征值和特征向量
```

dot()方法计算两个矩阵或向量的点积,常用于矩阵乘法,当用于二维数组时,它执行标准的矩阵乘法。matmul()方法实现矩阵乘法,适用于高维数组。对于二维数组,matmul()和 dot()是等效的,但 matmul()支持更高维度的张量乘法。inv()方法计算方阵的逆矩阵,只有方阵(行数和列数相同的矩阵)才能求逆,且该矩阵必须是非奇异的(即行列式不为零)。eig()方法计算方阵的特征值和特征向量。

（9）随机数生成。

```
rand_uniform = np.random.rand(3,3)                     # 均匀分布随机数(0到1之间)
rand_normal = np.random.normal(0,1,(3,3))              # 均值为0,标准差为1
randn_arr = np.random.randn(3, 3)                      # 生成标准正态分布的随机数
rand_integers = np.random.randint(0,10,(3,3))          # 0到10之间的随机整数
np.random.seed(42)                                     # 随机种子(保证结果可复现)
```

（10）条件筛选与布尔索引。

```
arr = np.array([10,0,30,40,50])
filtered_arr = arr[arr > 25]                           # 筛选出大于25的元素
where_arr = np.where(arr > 25,arr,0)                   # 保留满足条件的元素,不满足的元素替换为0
arr[arr > 25] = - 1                                    # 将大于25的元素替换为-1
```

34. Numpy 高级操作实验。

（1）数组广播。NumPy 自动执行广播操作,遵循以下规则:如果两个数组的形状不相同,则从右端开始比较每一维。如果某一维的大小不同,而其中一个数组的该维度为 1,则 NumPy 将该维度扩展为与另一个数组相同的大小。如果维度不匹配且没有维度为 1,则抛出异常(错误)。代码示例:

```
import numpy as np
# 示例:广播两个不同形状的数组
a = np.array([1, 2, 3])
b = np.array([[1], [2], [3]])
# b的形状是(3,1),a的形状是(3,),通过广播,b将被扩展为(3,3)
result = a + b
print(result)
```

输出结果:

```
[[2 3 4]
 [3 4 5]
 [4 5 6]]
```

a 的形状为(3,),b 的形状为(3,1)。广播机制将 b 扩展为与 a 兼容的形状(3,3),然后进行逐元素相加。

（2）矢量化操作。矢量化操作主要通过 NumPy 的数组运算来替代循环,提升性能,使

代码更加简洁易读,减少人为错误。代码示例:

```
import numpy as np
a = np.array([1,2,3,4,5])
b = np.zeros_like(a)
for i in range(len(a)):          # 通过 for 循环非矢量化的方式操作
    b[i] = a[i] ** 2
c = a ** 2                        # 矢量化操作
```

(3) 高级索引。高级索引能够根据条件或特定模式来提取和修改数据。其中布尔索引根据布尔条件筛选数组中的元素;花式索引使用整数数组来选择数组中的特定元素或子集;混合索引将基本索引和高级索引结合使用。代码示例:

```
import numpy as np
a = np.array([1,2,3,4,5])
b = np.array([[1, 2, 3], [4, 5, 6], [7, 8, 9]])
c = np.array([[0, 1], [1, 2]])
d = np.array([0, 1])
m1 = a > 3
m2 = b > 3
result = a[m1]                   # 布尔索引
indices = np.array([0,2,4])
result_fancy1 = a[indices]       # 花式索引
result_fancy2 = b[indices, indices]   # 花式索引
print("布尔索引结果:", result)
print("花式索引结果:", result_fancy1)
```

输出结果:

```
布尔索引结果: [4 5]
花式索引结果: [1 3 5]
```

代码示例:

```
e = b[1, 1]              # 选择第二行第二列的元素
row = b[1, :]            # 选择第二行的所有元素
col = b[:, 1]            # 选择第二列的所有元素
s1 = b[c]                # 使用整数索引选择特定位置的元素
s2 = b[m2][d]            # 使用布尔索引和整数索引的组合选择特定位置的元素
s3 = b[c[:, 0], c[:, 1]]  # 使用多维索引数组选择特定位置的元素
# 使用广播机制将一个一维数组加到二维数组上,结果是[[2 4 6] [5 7 9] [8 10 12]]
s4 = b + np.array([1, 2, 3])
s5 = b[[0, 1, 2], [2, 1, 0]]    # 使用复杂索引表达式选择特定位置元素
```

(4) 矩阵操作。NumPy 提供了一组强大的线性代数工具用于矩阵操作,主要包括矩阵乘法(np.dot()或@)、转置(a.T 或 np.transpose())、矩阵求逆(np.linalg.inv())、线性方程求解(np.linalg.solve())和特征值分解(np.linalg.eig())。代码示例:

```
import numpy as np
A = np.array([[1,2],[3,4]])
B = np.array([[5,6],[7,8]])
result_dot = np.dot(A,B)         # 矩阵乘法
result_T = A.T                   # 矩阵转置
result_inv = np.linalg.inv(A)    # 矩阵求逆
b = np.array([1,2])
result_solve = np.linalg.solve(A,b)   # 线性方程求解:Ax = b
```

```
# 特征值分解,特征值是 eig_vals,特征向量是 eig_vecs
eig_vals, eig_vecs = np.linalg.eig(A)
```

(5) 数组连接与分割。NumPy 提供了多种函数来实现数组连接与分割：np. concatenate()沿指定轴连接多个数组；np. vstack()和 np. hstack()分别沿垂直方向和水平方向连接数组；np. stack()沿新的轴连接数组；np. split()将数组沿指定轴分割为多个子数组；np. array_split()允许不等分割；np. hsplit()和 np. vsplit()分别沿水平方向和垂直方向分割数组。代码示例：

```
import numpy as np
a = np.array([[1,2],[3,4]])
b = np.array([[5,6],[7,8]])
c = np.array([[1,2,3,4],[5,6,7,8]])
result_vstack = np.vstack((a,b))          # 沿垂直方向连接
result_hstack = np.hstack((a,b))          # 沿水平方向连接
result_stack = np.stack((a,b),axis=0)     # 沿新轴连接
result_hsplit = np.hsplit(c,2)            # 沿水平方向分割为两个子数组
result_vsplit = np.vsplit(c,2)            # 沿垂直方向分割为两个子数组
```

(6) 数组变形。NumPy 提供了多种方法,可以灵活地实现数组变形。reshape()调整数组的形状为指定的维度；flatten()将数组展平成一维；ravel()类似于 flatten(),但返回的数组是原数组的视图；transpose()对数组进行转置操作；resize()类似于 reshape(),但会直接改变原数组的大小。代码示例：

```
import numpy as np
a = np.array([[1,2,3],[4,5,6]])
result_reshape = a.reshape(3,2)           # 变形为 3x2 的数组
result_flatten = a.flatten()              # 展平数组
result_transpose = a.transpose()          # 将数组转置
```

(7) 排序、搜索与去重。NumPy 提供了高效的排序和搜索功能：np. sort()返回排序后的数组；np. argsort()返回排序后元素的索引；np. lexsort()按多个键进行排序；np. where()根据条件返回元素的索引；np. argmax()和 np. argmin()返回最大值和最小值的索引；np. searchsorted()在排序数组中查找元素的位置；np. unique()去除重复元素。代码示例：

```
import numpy as np
a = np.array([3,1,2,5,4])
b = np.array([10,20,30,40,50,30])
result_sort = np.sort(a)                  # 数组排序
result_argsort = np.argsort(a)            # 获取排序后的索引
result_where = np.where(b>25)             # 查找满足条件的元素索引
result_argmax = np.argmax(b)              # 查找最大值索引
result_unique = np.unique(arr)            # 去除重复元素
```

(8) 统计运算。NumPy 提供了一系列统计函数：np. mean()计算均值；np. median()计算中位数；np. std()计算标准差；np. var()计算方差；np. max()和 np. min()分别计算最大值和最小值；np. percentile()计算百分位数；np. corrcoef()计算相关系数矩阵；np. histogram()计算直方图数据。代码示例：

```
import numpy as np
a = np.array([1,2,3,4,5])
b = np.array([[1,2,3],[4,5,6]])
```

```
c = np.array([5,4,3,2,1])
correlation_matrix = np.corrcoef(a,b)              # 计算相关系数矩阵
covariance_matrix = np.cov(a,b)                    # 计算协方差矩阵
result_mean = np.mean(a)                           # 计算均值
mean0 = np.mean(b,axis = 0)                         # 沿 axis = 0(即列方向)计算均值
mean1 = np.mean(b,axis = 1)                         # 沿 axis = 1(即行方向)计算均值
# 注意下面几个函数均可对二维数组分别按列方向和行方向进行统计
result_median = np.median(a)      # 计算中位数,即排序后位于中间的那个值对于偶数个数据,
                                  # 中位数是中间两个数的平均值
result_std = np.std(a)                             # 计算标准差
result_var = np.var(a)                             # 计算方差
result_min = np.min(a)                             # 计算最小值
result_max = np.max(a)                             # 计算最大值
result_percentile = np.percentile(a,50)            # 计算百分位数
result_quantil = np.quantile(data,0.25)            # 计算分位数
```

（9）数组合并。NumPy 提供了一些常用的聚合函数：np. sum（）沿指定轴求和；np. prod（）沿指定轴计算乘积；np. mean（）沿指定轴计算平均值；np. max（）和 np. min（）沿指定轴计算最大值和最小值；np. cumsum（）沿指定轴计算累加和；np. cumprod（）沿指定轴计算累乘的乘积；np. average（）计算加权平均值。代码示例：

```
import numpy as np
a = np.array([[1,2,3],[4,5,6]])
result_sum_axis0 = np.sum(a,axis = 0)              # 沿轴 0 求和(列求和)
result_mean_axis1 = np.mean(a,axis = 1)            # 沿轴 1 求平均(行平均)
```

（10）随机数生成。NumPy 提供了一系列随机数生成函数：np. random. rand（）生成 [0,1）之间的均匀分布随机数；np. random. randn（）生成标准正态分布随机数；np. random. randint（）生成指定范围内的随机整数；np. random. choice（）从给定数组中随机抽取元素；np. random. permutation（）返回数组的随机排列；np. random. seed（）设置随机数生成的种子,以确保结果的可重复性。代码示例：

```
import numpy as np
# 生成随机数
random_float = np.random.rand(3)                   # 随机浮点数
random_normal = np.random.randn(3)                 # 正态分布随机数
random_int = np.random.randint(0,10,size = 3)      # 随机整数
a = np.array([1,2,3,4,5])
r_c = np.random.choice(a,size = 3,replace = False) # 随机抽样
np.random.shuffle(a)                               # 随机打乱数组
np.random.seed(42)                                 # 设置种子
random_seeded = np.random.rand(3)                  # 设置种子后的随机数
```

（11）数组维度扩展与压缩。维度扩展与压缩用于在需要时增加或减少数组的维度。squeeze（）删除数组中尺寸为 1 的维度,压缩维度；expand_dims（）在指定轴插入一个新的维度,增加数组的维度。代码示例：

```
arr = np.array([1, 2, 3])
expanded = np.expand_dims(arr, axis = 0)           # 扩展维度
squeezed = np.squeeze(expanded)                    # 压缩维度
```

（12）完整案例。

本案例将实现数据标准化、均值调整、形状变换、多个数组的合并、条件筛选、广播、统计

汇总等操作。

案例代码：

```python
import numpy as np
import matplotlib.pyplot as plt
from sklearn.linear_model import LinearRegression
np.random.seed(42)                              # 设置随机种子，确保结果可复现
# 使用 NumPy 生成虚拟数据集，生成 X 特征数据，均匀分布在 0 至 10 之间
X = np.random.rand(100, 1) * 10
# 生成 Y 特征数据，假设 Y 与 X 存在线性关系，但有噪声影响，
# Y = 2.5 * X + 噪声，噪声服从正态分布
noise = np.random.randn(100, 1) * 5
Y = 2.5 * X + noise
# 数组操作 - 数据标准化(Z-Score Normalization)
X_mean = X.mean()
X_std = X.std()
X_norm = (X - X_mean) / X_std                    # 标准化后的 X
Y_mean = Y.mean()
Y_std = Y.std()
Y_norm = (Y - Y_mean) / Y_std                    # 标准化后的 Y
# 数组合并 - 合并标准化后的 X 和 Y
data = np.concatenate((X_norm, Y_norm), axis=1)
# 数组形状变换，假设需要将一维数组展平处理或重塑为不同形状
X_flat = X_norm.flatten()                        # 展平数组
Y_flat = Y_norm.flatten()
# 条件筛选 - 筛选 X_norm 中大于 0 的数据
X_positive = X_norm[X_norm > 0]
Y_positive = Y_norm[:X_positive.shape[0]]        # 对应筛选出的 Y 数据
# 统计运算 - 计算均值、方差、最大值、最小值
X_stats = {
    'mean': np.mean(X),
    'var': np.var(X),
    'max': np.max(X),
    'min': np.min(X)
}
Y_stats = {
    'mean': np.mean(Y),
    'var': np.var(Y),
    'max': np.max(Y),
    'min': np.min(Y)
}
# 广播操作 - 对 Y 进行批量运算，将所有元素乘以一个常数
Y_scaled = Y_norm * 2.5
# 线性回归拟合 - 使用标准化后的数据
model = LinearRegression()
model.fit(X_norm, Y_norm)
Y_pred = model.predict(X_norm)
fig, axs = plt.subplots(2, 2, figsize=(12, 10))  # 设置图形大小
fig.suptitle('Advanced Data Analysis: Scatter Plot, Regression Line, Distribution and Operations', fontsize=16)
# 绘制散点图和线性回归线
```

```
axs[0, 0].scatter(X_norm, Y_norm, color = 'red', label = 'Data Points (Normalized)', alpha = 0.7)
axs[0, 0].plot(X_norm, Y_pred, color = 'blue', label = 'Regression Line', linewidth = 2)
axs[0, 0].set_title('Normalized Scatter Plot with Regression Line')
axs[0, 0].set_xlabel('X (Normalized)')
axs[0, 0].set_ylabel('Y (Normalized)')
axs[0, 0].legend()
# 绘制 X 的直方图
axs[0, 1].hist(X_norm, bins = 20, color = 'green', edgecolor = 'black', alpha = 0.7)
axs[0, 1].set_title('Distribution of X (Normalized)')
axs[0, 1].set_xlabel('X Values')
axs[0, 1].set_ylabel('Frequency')
# 绘制 Y 的直方图
axs[1, 0].hist(Y_norm, bins = 20, color = 'purple', edgecolor = 'black', alpha = 0.7)
axs[1, 0].set_title('Distribution of Y (Normalized)')
axs[1, 0].set_xlabel('Y Values')
axs[1, 0].set_ylabel('Frequency')
# 绘制残差图,展示真实值与预测值之间的差异
residuals = Y_norm - Y_pred
axs[1, 1].scatter(X_norm, residuals, color = 'orange', label = 'Residuals', alpha = 0.7)
axs[1, 1].axhline(0, color = 'black', linestyle = '--', linewidth = 2)
axs[1, 1].set_title('Residuals Plot (Normalized)')
axs[1, 1].set_xlabel('X (Normalized)')
axs[1, 1].set_ylabel('Residuals')
axs[1, 1].legend()
plt.tight_layout(rect = [0, 0, 1, 0.96])        # 调整布局以避免子图重叠
plt.show()                                       # 显示图形
print("X 的统计信息:", X_stats)
print("Y 的统计信息:", Y_stats)
```

35. NumPy 矩阵运算实验。

(1) 矩阵创建。

```
import numpy as np
A = np.array([[1,2,3],[4,5,6]])              # 使用 np.array()创建矩阵
B = np.zeros((3,3))                          # 创建一个 3x3 的全零矩阵
C = np.ones((3,3))                           # 创建一个 3x3 的全一矩阵
D = np.eye(3)                                # 创建一个 3x3 的单位矩阵
E = np.random.rand(3,3)                      # 创建一个 3x3 的随机矩阵
```

(2) 矩阵加法、减法与乘法。

```
A = np.array([[1,2],[3,4]])                  # 创建 2x2 的矩阵 A
B = np.array([[5,6],[7,8]])                  # 创建 2x2 的矩阵 B
C = np.add(A,B)                              # 矩阵加法
D = np.subtract(A,B)                         # 矩阵减法
E = np.dot(A,B)                              # 矩阵乘法,或写为 A@B
F = np.multiply(A,B)                         # 元素逐个相乘
```

(3) 矩阵转置。

```
A = np.array([[1,2],[3,4]])
B = np.transpose(A)                          # 矩阵转置,或写为 A.T
C = np.linalg.inv(A)                         # 求逆矩阵
det = np.linalg.det(A)                       # 计算矩阵的行列式
eigvals,eigvecs = np.linalg.eig(A)           # 计算矩阵的特征值和特征向量
```

（4）矩阵范数。

```
v = np.array([1, -2, 3])              # 创建一个向量
# 计算 L1 范数(向量元素的绝对值之和)
l1_norm = np.linalg.norm(v,ord = 1)
# 计算 L2 范数(欧几里得范数，平方和的平方根)
l2_norm = np.linalg.norm(v)
```

（5）矩阵的奇异值分解。

```
A = np.array([[1,2,3],[4,5,6]])              # 创建一个 2x3 的矩阵
# 计算矩阵的左奇异矩阵(U)，奇异值(s)和右奇异矩阵(V)
U, s, V = np.linalg.svd(A)
```

🔑 实验十三 面向对象实验

一、实验目的

1. 了解面向对象编程中代码重用、模块化、易于扩展、多态性、封装等相关知识。

2. 掌握类的创建与对象的实例化的方法，类属性和实例属性的定义，实例方法、类方法和静态方法，类的继承，封装的私有属性和方法的使用，多态的实现，特殊方法的作用和属性装饰器@property 的应用方法。

二、实验内容

1. 类的创建与对象的实例化。

在 Python 中，利用 class 关键字来定义一个类，这个类随后可以作为模板，用于创建具有特定属性和方法的对象。

```
class Car:                                  # 使用 class 关键字定义一个名为 Car 的类
    def __init__(self, brand, model, year):  # 类的初始化方法,用于设置新创建对象的初始状态
        self.brand = brand                   # 为对象设置品牌属性
        self.model = model                   # 为对象设置型号属性
        self.year = year                     # 为对象设置年份属性
    def display_info(self):                  # 定义一个方法,用于显示汽车的信息
        print(f"Brand: {self.brand}, Model: {self.model}, Year: {self.year}")

my_car = Car("Toyota", "Camry", 2021)        # 创建 Car 类的一个实例,即一个具体的汽车对象
my_car.display_info()                        # 调用实例的方法,输出汽车的信息
```

2. 定义类属性和实例属性。

类属性是属于类本身的，所有实例共享这个属性；实例属性则是每个对象独有的。

```
class Dog:
    species = "Canine"                   # 类属性

    def __init__(self, name, age):
        self.name = name                 # 实例属性
        self.age = age
```

```
print(Dog.species)                        # 使用类属性,输出: Canine
my_dog = Dog("Buddy", 3)
print(my_dog.name)                        # 使用实例属性,输出: Buddy
print(my_dog.age)                         # 使用实例属性,输出: 3
```

3. 实例方法、类方法和静态方法。

实例方法:实例方法是与类的实例(即对象)紧密关联的函数。它们需要通过类的实例来调用,并且通常用于操作或访问该实例的特定数据(即实例属性)。实例方法能够访问并修改实例的状态,是面向对象编程中实现对象行为的主要手段。

类方法:类方法则不同,它们与类本身相关联,而不是与类的某个具体实例相关联。因此,类方法需要通过类本身来调用,而不是通过类的实例。类方法主要用于操作那些与类本身相关而不是与任何特定实例相关的数据(即类属性)。类方法可以通过@classmethod 装饰器来定义,并且它们的第一个参数通常是 cls,用于指代调用该方法的类。

静态方法:静态方法是另一种特殊的方法,它既不与类的实例相关联,也不与类本身直接相关。静态方法主要用于定义一些工具性质的函数,这些函数可能位于某个类的命名空间中,但实际上它们并不需要访问或修改类的任何状态(无论是实例状态还是类状态)。静态方法可以通过@staticmethod 装饰器来定义,它们可以像普通函数一样被调用,但它们在类的命名空间中提供了更好的组织性和封装性。静态方法的调用既不需要类的实例,也不需要类本身作为前缀,但它们仍然可以通过类的实例或类名来调用。

```
class Dog:
species = "Canine"

    def __init__(self, name, age):
        self.name = name
        self.age = age

    def bark(self):                       # 实例方法
        return "Woof!"

    @classmethod
    def get_species(cls):                 # 类方法
        return cls.species

    @staticmethod
    def sleep():                          # 静态方法
        return "Zzz..."
my_dog = Dog("Buddy", 3)
print(my_dog.bark())                      # 实例方法调用,输出: Woof!
print(Dog.get_species())                 # 类方法调用,输出: Canine
print(Dog.sleep())                       # 静态方法调用,输出: Zzz...
```

4. 类的继承。

继承是面向对象编程中的一个核心概念,它提供了一种强大的机制来创建新的类(称为子类或派生类),这些新类能够扩展或修改现有类(称为父类或基类)的行为和功能。通过继承,子类可以继承父类的属性和方法,同时也能够添加新的属性、方法或覆盖(重写)父类中的方法以改变其行为。这种机制极大地提高了代码的可复用性,使得开发者能够基于已有的代码库快速构建复杂的系统,同时也促进了代码的组织和模块化。继承不仅减少了代码冗余，还使得代码结构更加清晰，易于理解和维护。在 Python 中，通过在类定义中列出父类来实现继承。

```python
class Animal:
    def __init__(self, name):
        self.name = name
    def speak(self):
        raise NotImplementedError("Subclasses must implement this method")

class Dog(Animal):                              # Dog 继承自 Animal
    def speak(self):                            # 重写父类方法
        return "Woof!"

my_dog = Dog("Buddy")
print(my_dog.speak())                           # 输出：Woof!
```

5. 封装的私有属性和方法的使用。

Python 中的封装是面向对象编程的一个核心概念，它指的是将数据（属性）和操作这些数据的方法捆绑在一起，形成一个独立的单元（即类）。封装隐藏了对象的属性和实现细节，仅对外公开接口（即方法），使得外部代码无法直接访问对象的内部状态，只能通过特定的方法来进行操作。这样做的好处是提高了代码的安全性，降低了模块间的耦合度，并增强了代码的复用性。在 Python 中，使用双下画线_前缀来表示私有属性或方法，这表示它们不应该被类的外部直接访问。

```python
class Account:
    def __init__(self, owner, balance = 0):
        self.owner = owner
        self.__balance = balance                # 私有属性

    def deposit(self, amount):
        if amount > 0:
            self.__balance += amount

    def withdraw(self, amount):
        if 0 < amount <= self.__balance:
            self.__balance -= amount
            return amount
        else:
            raise ValueError("Insufficient funds")

    def get_balance(self):                      # 公开的接口来访问私有属性
        return self.__balance
# 使用封装
account = Account("Alice", 100)
account.deposit(50)
print(account.get_balance())                    # 输出：150
```

6. 多态的实现。

在 Python 中，多态性体现了一种极为优雅和强大的特性，它允许开发者设计程序时采用统一的接口（或称为方法签名）来操作不同种类的对象。这一特性的核心在于，尽管调用的是相同的接口，但具体执行的行为却是根据被调用对象在运行时所实际属于的类（包括其基类或派生类)来动态决定的。这种方式不仅极大地提高了代码的灵活性和可复用性,还促进了代码的模块化设计,使得系统更加易于扩展和维护。简而言之,Python 的多态性使得"一个接口,多种实现"成为可能,从而简化了复杂系统的构建和管理。在 Python 中,多态通常是通过继承父类并重写其方法来实现的。

```python
class Animal:
    def speak(self):
        raise NotImplementedError("Subclasses must implement this method")

class Dog(Animal):
    def speak(self):                     # 重写父类方法
        return "Woof!"

class Cat(Animal):
    def speak(self):                     # 重写父类方法
        return "Meow!"

def animal_sound(animal):
    print(animal.speak())

# 使用多态
dog = Dog()
cat = Cat()
animal_sound(dog)                        # 输出: Woof!
animal_sound(cat)                        # 输出: Meow!
```

7. 特殊方法的作用。

特殊方法(也称为魔术方法或双下画线方法)在 Python 中扮演着至关重要的角色,它们为 Python 类提供了一种与内置操作、函数及协议进行无缝交互的机制。这些特殊方法通过预定义的命名约定(即方法名前后各有两个下画线,如 __init__、__str__ 等)来标识,允许类的实例在参与比较、字符串表示、迭代、数学运算等操作时展现出预定义的行为。通过这种方式,Python 的类能够以一种高度集成和标准化的方式参与到 Python 的内置机制和协议中,从而增强了代码的可读性和可维护性,同时也为 Python 的灵活性和可扩展性奠定了坚实的基础。

__str__:定义对象的字符串表示。

__eq__:定义对象的等价性比较。

```python
class Person:
    def __init__(self, name):
        self.name = name

    def __str__(self):                   # 特殊方法,定义字符串表示
        return f"Person(name = {self.name})"

    def __eq__(self, other):             # 特殊方法,定义等价性比较
        if isinstance(other, Person):
            return self.name == other.name
        return False
# 使用特殊方法
p1 = Person("Alice")
p2 = Person("Alice")
print(str(p1))                           # 输出: Person(name = Alice)
```

```
print(p1 == p2)                            # 输出: True
```

8. 类的高级特性。

属性装饰器@property 是 Python 中一个非常实用的特性,它巧妙地实现了将方法的调用过程封装成属性访问的错觉。这意味着,尽管以访问类实例属性的方式(即使用点号. 后跟属性名)来访问某个值,但实际上这个值是通过调用一个方法来获取的。这种做法的妙处在于,它允许开发者在属性被访问时自动执行一系列的逻辑操作,如计算、验证或转换,而无须改变外部代码对该属性的访问方式。因此,@property 装饰器极大地提升了代码的可读性和可维护性,同时也使得属性的使用更加灵活和安全。

```python
class Circle:
    def __init__(self, radius):
        self._radius = radius

    @property
    def radius(self):
        return self._radius

    @radius.setter
    def radius(self, value):
        if value < 0:
            raise ValueError("Radius cannot be negative")
        self._radius = value

    @property
    def area(self):
        return 3.14159 * self._radius ** 2
# 使用属性装饰器
circle = Circle(5)
print(circle.radius)           # 输出: 5
print(circle.area)             # 输出: 78.53975
circle.radius = 10
print(circle.area)             # 输出: 314.15925
```

再看看类装饰器的使用(类装饰器可以修改类的行为,通常用于日志记录、缓存、访问控制等),如下所示:

```python
def logged(cls):
    class Wrapper:
        def __init__(self, *args, **kwargs):
            print(f"Initializing {cls.__name__}")
            super().__init__(*args, **kwargs)

        def __str__(self):
            original = super().__str__()
            print(f"{cls.__name__} instance created")
            return original

    return Wrapper

@logged
class Rectangle:
    def __init__(self, width, height):
        self.width = width
        self.height = height
```

```
    def area(self):
        return self.width * self.height
# 使用类装饰器
rect = Rectangle(10, 20)
print(rect)                    # 同时输出初始化信息和对象的字符串表示
print(rect.area())             # 输出: 200
```

🔑 实验十四 正则表达式实验

一、实验目的

1. 掌握正则表达式的函数。
2. 掌握在中文文本中过滤特殊符号、标点符号、英文、数字的方法。

二、实验内容

★1. 现有文本 text＝"余祖胜,别名苍扉,祖籍为江西湖口,1927 年 12 月 19 日出生于湖北汉阳三眼桥的一个普通工人家庭,1949 年 11 月 27 日在重庆'11.27'大屠杀中牺牲,时年 22 岁。他就是《红岩》小说中第一个出场的主要人物余新江的原型,他曾经就读的第二十一兵工厂附设第十一技工学校即现在的重庆理工大学。他被叛徒蒲志高出卖而被捕,被关押在重庆渣滓洞监狱。尽管在狱中受到严刑拷打,但他始终没有透露任何关于游击队和地下党的信息。他还在狱中积极参与各种抵抗活动,如组织学习小组和传递情报等。Welcome to Chongqing University of Technology!"。

(1) 匹配并输出文本中第一个数(可能由多个数字组成)。

(2) 匹配并输出文本中所有的数。

(3) 将文本中的每个英文单词替换为一个空格。

(4) 拆分并输出字符串。

(5) 将文本中的数分别乘以 2。

2. 现有文本 text = "   There are 3; cats. and, 4 dogs and the Cat is on the catwalk. cat cut cot ct!   "

(1) 匹配单词边界并输出 Cat 一词。

(2) 忽略大小写,匹配并输出所有 cat 字符串。

(3) 通过匹配任意字符,匹配并输出 cat、cut 和 cot。

(4) 通过匹配可选字符,匹配并输出 cat、cut、cot 和 ct。

(5) 匹配前导空白字符并输出前导空白字符个数。

(6) 匹配结尾空白字符并输出结尾空白字符个数。

(7) 匹配并输出所有字符。

(8) 匹配并输出所有非数字字符。

(9) 匹配并输出所有非单词字符。

(10) 匹配并输出所有空白字符。

(11) 匹配并输出 cat 在字符串中首次出现的位置(包括开始的位置和结束的位置)。

（12）匹配并输出 cat 在字符串中出现的所有位置（包括开始的位置和结束的位置）。

（13）通过反向匹配并输出字符串中最后一个数。

（14）匹配并输出非字符集"abc"中的字符。

（15）匹配并输出字符串中所有单词。

（16）匹配并将字符串中前两次出现的"cat"替换为"mouse"。

⚷ 实验十五　爬虫实验

一、实验目的

1. 了解 Scrapy、BeautifulSoup、Requests-HTML、Selenium 等库的作用。

2. 了解多线程爬虫、异步 I/O 爬虫的相关知识。

3. 掌握 Scrapy、BeautifulSoup、Requests-HTML、Selenium 等库的应用。

4. 掌握多线程爬虫、异步 I/O 爬虫的相关方法。

二、实验内容

1. 用 BeautifulSoup 爬取数据。

用 BeautifulSoup 爬取数据包括发送请求、解析页面内容和保存数据。BeautifulSoup 直观的 API 和灵活的查找方式适合初学者。代码示例：

```python
import requests
from bs4 import BeautifulSoup
import csv
import time
# 设置请求头
headers = { "User - Agent": "Mozilla/5.0 (Windows NT 10.0; Win64; x64) AppleWebKit/537.36
(KHTML, like Gecko) Chrome/90.0.4430.212 Safari/537.36"}
# 定义数据存储函数，将抓取到的数据写入 CSV 文件
def save_to_csv(data, filename = "db_mo.csv"):
  with open(filename, mode = 'a', encoding = 'utf - 8 - sig', newline = '') as file:
    writer = csv.writer(file)
    writer.writerow(data)


def fetch_db_movies():              # 定义函数来抓取豆瓣电影评分信息
  for page in range(10):           # 遍历页面, Top250 共有 10 页, 每页 25 部电影
    url = f"https://movie.douban.com/top250?start = {page * 25}"
    response = requests.get(url, headers = headers)
    if response.status_code == 200: # 检查响应状态
      soup = BeautifulSoup(response.text, 'html.parser')
      movies = soup.find_all('div', class_ = 'info')            # 查找所有电影条目
      for movie in movies:
        title = movie.find('span', class_ = 'title').get_text()# 提取电影标题
        rating = movie.find('span', class_ = 'rating_num').get_text()     # 提取评分
        rating_count_text = movie.find('div', class_ = 'star').find_all('span')[ - 1].get_
text()                                                    # 提取评价人数
        rating_count = rating_count_text.replace("人评价", "").strip("()")
        print(f"标题: {title},评级: {rating}, 评价人数: {rating_count}")
```

```
        save_to_csv([title, rating, rating_count])            # 保存到 CSV 文件
        time.sleep(1) # 增加延迟, 避免被服务器禁止访问
    else:
        print(f"Failed to retrieve page {page + 1}")
with open("db_mo.csv", mode = 'w', encoding = 'utf - 8 - sig', newline = '') as file:
    writer = csv.writer(file)
    writer.writerow(["Title", "Rating", "Rating Count"])

fetch_db_movies()                                              # 开始爬取
```

2. 用 lxml 爬取数据。

用 lxml 爬取数据包括发送请求、解析页面内容和保存数据。lxml 解析速度快且支持 XPath,是处理复杂结构和高效爬取的首选。

将上文"1. 用 BeautifulSoup 爬取数据"部分的代码中 "from bs4 import BeautifulSoup"替换为"from lxml import etree",并将 def fetch_db_movies():这部分函数定义替换成如下内容。

```
def fetch_db_movies():
    for page in range(10):
        url = f"https://movie.douban.com/top250?start = {page * 25}"
        response = requests.get(url, headers = headers)
        if response.status_code == 200:
            html = etree.HTML(response.text)
            movies = html.xpath('//div[@class = "info"]')
            for movie in movies:
                title = movie.xpath('.//span[@class = "title"]/text()')[0]
                rating = movie.xpath('.//span[@class = "rating_num"]/text()')[0]
                rating_count_text = movie.xpath('.//div[@class = "star"]/span[last()]/ text()')[0]
                rating_count = rating_count_text.replace("人评价", "").strip("()")
                print(f"标题: {title}, 评级: {rating}, 评价人数: {rating_count}")
                save_to_csv([title, rating, rating_count])
            time.sleep(1)
        else:
            print(f"Failed to retrieve page {page + 1}")
```

3. 异步爬取。

在需要爬取大量网页时,异步编程可以显著地缩短爬取时间。代码示例:

```
import asyncio
import aiohttp
from bs4 import BeautifulSoup
import csv
import random
import time
# 设置目标 URL 模板
BASE_URL = "https://movie.douban.com/top250?start = {}"
# 设置请求头和 User - Agent 列表(伪装浏览器, 避免被封禁)
HEADERS = [ { "User - Agent": "Mozilla/5.0 (Windows NT 10.0; Win64; x64) AppleWebKit/537.36
(KHTML, like Gecko) Chrome/85.0.4183.121 Safari/537.36"},
{"User - Agent": "Mozilla/5.0 (Macintosh; Intel Mac OS X 10_15_6) AppleWeb Kit/537.36 (KHTML,
like Gecko) Chrome/85.0.4183.121 Safari/537.36"},
# 可以添加更多 User - Agent 以模拟多种客户端
]

async def fetch_page(session, url):                            # 异步请求单个页面数据
```

```python
    headers = random.choice(HEADERS)              # 随机选择一个 User-Agent
    try:
        async with session.get(url, headers = headers) as response:
            if response.status == 200:
                return await response.text()
            else:
                print(f"Failed to fetch {url} with status code {response.status}")
    except Exception as e:
        print(f"Error fetching {url}: {e}")

def parse_page(html):                             # 解析页面内容,提取电影信息
    soup = BeautifulSoup(html, "html.parser")
    movie_list = []
    items = soup.select(".item")                  # 选择包含电影信息的 HTML 元素
    for item in items:
        title = item.select_one(".title").get_text(strip = True)
        rating = item.select_one(".rating_num").get_text(strip = True)
        info = item.select_one(".bd p").get_text(strip = True)
        director, release_year = None, None       # 解析导演和上映时间信息
        info_parts = info.split()
        if len(info_parts) > 0:
            director = info_parts[0].replace("导演:", "")
        if len(info_parts) > 1:
            release_year = info_parts[-1]
        movie_list.append({
            "title": title,
            "rating": rating,
            "director": director,
            "release_year": release_year,
        })
    return movie_list

sync def fetch_all_pages(start_indices):          # 异步爬取多个页面
    async with aiohttp.ClientSession() as session:
        tasks = [fetch_page(session, BASE_URL.format(start)) for start in start_indices]
        pages = await asyncio.gather(* tasks)
    return pages

async def main():                                 # 主程序, 包含任务调度, 数据解析和存储
    # 遍历页面, Top250 共有 10 页, 每页 25 部电影
    start_indices = [i * 25 for i in range(10)]
    print("开始抓取豆瓣电影 Top 250...")
    pages = await fetch_all_pages(start_indices)
    # 解析数据并收集结果
    all_movies = []
    for page in pages:
        if page:
            movies = parse_page(page)
            all_movies.extend(movies)
    # 将结果写入 CSV 文件
    with open("db_mo.csv", mode = "w", newline = "", encoding = "utf-8") as file:
        writer = csv.DictWriter(file, fieldnames = ["title", "rating", "director", "release_year"])
        writer.writeheader()
        writer.writerows(all_movies)
    print("抓取完成, 数据已保存到 db_mo.csv 文件中")
```

```
# 运行主程序
if __name__ == "__main__":
    asyncio.run(main())
```

4. 并发编程爬虫实验。

Python 中通过多线程、多进程和异步编程这三种手段，可以实现并发或并行编程，这一方面可以加速代码的执行，另一方面也可以带来更好的用户体验。爬虫程序是典型的 I/O 密集型任务，对于 I/O 密集型任务来说，多线程和异步 I/O 都是很好的选择，因为当程序的某个部分因 I/O 操作阻塞时，程序的其他部分仍然可以运行，这样不用在等待和阻塞中浪费大量的时间。

下面以爬取 360 图片网站的图片并保存到本地为例（https://image.so.com/zjl?ch＝beauty&sn＝0），分别使用单线程、多线程和异步 I/O 编程的爬虫爬取相关信息。

（1）单线程爬虫。

```
import os
import requests


def download_picture(url):
    filename = url[url.rfind('/') + 1:]
    resp = requests.get(url)
    if resp.status_code == 200:
        with open(f'images/beauty/{filename}', 'wb') as file:
            file.write(resp.content)


def main():
    if not os.path.exists('images/beauty'):
        os.makedirs('images/beauty')
    for page in range(3):
        resp = requests.get(f'https://image.so.com/zjl?ch=beauty&sn={page * 30}')
        if resp.status_code == 200:
            pic_dict_list = resp.json()['list']
            for pic_dict in pic_dict_list:
                download_picture(pic_dict['qhimg_url'])


if __name__ == '__main__':
    main()
```

（2）多线程爬虫。

```
import os
from concurrent.futures import ThreadPoolExecutor

import requests


def download_picture(url):
    filename = url[url.rfind('/') + 1:]
    resp = requests.get(url)
    if resp.status_code == 200:
        with open(f'images/beauty/{filename}', 'wb') as file:
            file.write(resp.content)


def main():
    if not os.path.exists('images/beauty'):
```

```python
        os.makedirs('images/beauty')
    with ThreadPoolExecutor(max_workers = 16) as pool:
        for page in range(3):
            resp = requests.get(f'https://image.so.com/zjl?ch = beauty&sn = {page * 30}')
            if resp.status_code == 200:
                pic_dict_list = resp.json()['list']
                for pic_dict in pic_dict_list:
                    pool.submit(download_picture, pic_dict['qhimg_url'])

if __name__ == '__main__':
    main()
```

（3）异步 I/O 爬虫。

```python
import asyncio
import json
import os
import aiofile
import aiohttp


async def download_picture(session, url):
    filename = url[url.rfind('/') + 1:]
    async with session.get(url, ssl = False) as resp:
        if resp.status == 200:
            data = await resp.read()
            async with aiofile.async_open(f'images/beauty/{filename}', 'wb') as file:
                await file.write(data)


async def fetch_json():
    async with aiohttp.ClientSession() as session:
        for page in range(3):
            async with session.get(
                url = f'https://image.so.com/zjl?ch = beauty&sn = {page * 30}',
                ssl = False
            ) as resp:
                if resp.status == 200:
                    json_str = await resp.text()
                    result = json.loads(json_str)
                    for pic_dict in result['list']:
                        await download_picture(session, pic_dict['qhimg_url'])


def main():
    if not os.path.exists('images/beauty'):
        os.makedirs('images/beauty')
    loop = asyncio.get_event_loop()
    loop.run_until_complete(fetch_json())
    loop.close()


if __name__ == '__main__':
    main()
```

5. 反爬虫实验。

常见的反爬虫策略包括请求头验证、IP 限制、验证码验证、User-Agent 检测、行为分析、JS 加密、动态页面加载等。

（1）请求头验证。

① 请求头验证的重要性。请求头验证是一种常见的反爬虫策略，网站会检查请求头中的各种信息来判断请求是否来自合法的浏览器。请求头中的关键信息包括 User-Agent、Referer、Cookie 等，网站可以根据这些信息来判断请求的合法性。例如，User-Agent 可以告诉网站发出请求的是什么浏览器和操作系统，而 Referer 可以告诉网站用户是从哪个页面跳转而来。如果请求头中的这些信息与合法浏览器的特征不符，网站就有理由怀疑该请求是来自爬虫程序，进而采取相应的限制措施。

② 规避请求头验证的技巧。爬虫程序可以通过设置合理的请求头信息来规避请求头验证。例如，可以设置合适的 User-Agent 来伪装成浏览器，使得请求头中的 User-Agent 信息与合法浏览器一致；还可以设置合适的 Referer 来伪装请求的来源，使得请求头中的 Referer 与合法跳转一致；此外，还可以通过携带合法的 Cookie 信息，从而让请求头中的 Cookie 与合法用户一致。这些技巧可以帮助爬虫程序通过请求头验证，成功获取网站的数据。

下面是一个使用 Python 实现规避请求头验证的示例代码：

```python
import requests
headers = {
    'User-Agent': 'Mozilla/5.0 (Windows NT 10.0; Win64; x64) AppleWebKit/537.36 (KHTML, like Gecko) Chrome/58.0.3029.110 Safari/537.3',
    'Referer': 'https://www.example.com',
    'Cookie': 'your_cookie_here'
}

url = 'https://www.example.com/data'
response = requests.get(url, headers = headers)
print(response.text)
```

在这个示例中，通过设置合理的 User-Agent、Referer 和 Cookie，让请求看起来像是来自合法的浏览器，从而通过请求头验证，获取网站的数据。

（2）IP 限制。

① IP 限制的作用。IP 限制是一种常见的反爬虫策略，网站会根据请求的 IP 地址来判断是否恶意访问。网站可以通过黑名单、白名单、频率限制等方式对 IP 进行限制。例如，可以将恶意 IP 加入黑名单，拒绝其访问网站；也可以只允许白名单中的 IP 访问，其他 IP 则无法访问网站。

② 规避 IP 限制的技巧。爬虫程序可以通过使用代理 IP 或者进行 IP 切换来规避 IP 限制。代理 IP 是指通过第三方服务获取的 IP 地址，可以让请求看起来像是来自不同的 IP。通过使用代理 IP，爬虫程序可以绕过网站对特定 IP 的限制。另外，爬虫程序也可以通过 IP 切换的方式，使得在访问网站时每次使用不同的 IP 地址，从而规避 IP 限制。

下面是一个使用 Python 实现代理 IP 的示例代码：

```python
import requests
url = 'https://www.example.com/data'
proxy = {
    'http': 'http://your_proxy_ip:your_proxy_port',
    'https': 'https://your_proxy_ip:your_proxy_port',
}
```

```
response = requests.get(url, proxies = proxy)
print(response.text)
```

在这个示例中，通过设置合理的代理 IP，让爬虫程序使用不同的 IP 地址访问网站，从而规避 IP 限制。

（3）验证码验证。

① 验证码验证的作用。验证码验证是一种常见的反爬虫策略，网站通过显示验证码来判断请求是否来自人类而非爬虫程序。验证码可以有效阻止自动化程序的恶意请求，从而保护网站的数据和资源。

② 破解验证码的技术手段。爬虫程序可以通过识别和破解验证码，绕过验证码验证，成功获取网站的数据。破解验证码需要一定的技术和算法，常见的破解方式包括图像识别和机器学习。图像识别技术可以通过分析验证码的图像特征，识别出验证码中的字符或图形。机器学习技术可以通过训练模型，使其能够自动识别不同类型的验证码。

下面是一个使用 Python 实现验证码破解的示例代码，使用了图像识别的方法来识别验证码中的字符：

```
import pytesseract
from PIL import Image

def crack_captcha(image_path):
    image = Image.open(image_path)
    code = pytesseract.image_to_string(image)
    return code

captcha_image_path = 'captcha.png'
captcha_code = crack_captcha(captcha_image_path)
print(captcha_code)
```

在这个示例中，通过使用 pytesseract 库和 PIL 库，将验证码图片转换为文本，从而实现验证码的自动识别和破解。

（4）User-Agent 检测。

① User-Agent 检测的作用。User-Agent 检测是一种常见的反爬虫策略，网站检测请求中的 User-Agent 信息来判断是否爬虫程序。User-Agent 是 HTTP 请求头中的一个字段，用来标识发起请求的客户端信息，包括浏览器类型、操作系统等。通过检测请求中的 User-Agent 信息，网站可以判断请求是否来自合法的浏览器。

② 规避 User-Agent 检测的技巧。爬虫程序可以通过设置合适的 User-Agent 信息来伪装成浏览器或移动设备，从而规避 User-Agent 检测。可以从真实浏览器中获取合法的 User-Agent 信息，然后将其设置为爬虫程序的 User-Agent；还可以使用第三方库（如 fake_useragent）来自动生成合法的 User-Agent 信息，避免被网站检测到。

下面是一个使用 Python 实现设置 User-Agent 的示例代码：

```
import requests
from fake_useragent import UserAgent
ua = UserAgent()
headers = {'User - Agent': ua.random}
url = 'https://www.example.com/data'
```

```
response = requests.get(url, headers = headers)
print(response.text)
```

在这个示例中，通过使用 fake_useragent 库生成一个随机的合法 User-Agent，然后将其设置为请求的 User-Agent，实现了 User-Agent 检测的规避。

（5）行为分析。

① 行为分析的重要性。行为分析是一种较高级的反爬虫策略，网站通过分析用户行为来判断是否是爬虫程序。行为分析包括对用户的鼠标轨迹、页面停留时间、单击模式等信息的分析。通过分析用户的真实行为，网站可以识别并拒绝爬虫程序的请求，从而保护网站的数据和资源。

② 规避行为分析的技巧。爬虫程序可以通过模拟人类的行为特征来规避行为分析。例如，可以设置爬虫程序在请求之间的延迟时间以模拟人类的单击间隔。另外，可以给请求添加随机的鼠标移动和单击操作，以模拟人类的操作行为。还可以避免频繁请求同一页面，以减少被网站识别的概率。

下面是一个使用 Python 实现模拟人类行为特征的示例代码：

```
import requests
import time
import random
url = 'https://www.example.com/data'
headers = {'User - Agent': 'Mozilla/5.0 (Windows NT 10.0; Win64; x64) AppleWebKit/537.36
(KHTML, like Gecko) Chrome/58.0.3029.110 Safari/537.3'}

def simulate_human_behavior():
    delay = random.uniform(0.5, 1.5)
    time.sleep(delay)
    response = requests.get(url, headers = headers)
    return response.text

data = simulate_human_behavior()
print(data)
```

在这个示例中，通过随机的延迟时间和模拟人类的请求行为，使得爬虫程序的请求看起来更像是由人类发起的，从而规避行为分析。

（6）JS 加密。

① JS 加密技术的作用。JS 加密/反爬虫技术是一种常用的反爬虫策略，通过使用 JavaScript 对关键数据进行加密或混淆来增加爬虫程序的难度。JS 加密/反爬虫技术可以用于对 URL、常量、参数等关键信息进行加密或混淆，使其在传输和解析过程中变得不易被理解和获取。

② 规避 JS 加密技术的技巧。爬虫程序需要先解密或还原被加密或混淆的数据才能正常运行。为了规避 JS 加密/反爬虫技术，可以使用第三方的 JS 引擎执行 JavaScript 代码，或者通过分析网页源码中的 JavaScript 代码进行解密。另外，还可以使用浏览器的开发者工具模拟网页的加载和执行过程，并获取解密后的数据。

以下是一个示例代码，使用第三方库 PyExecJS 执行 JavaScript 代码，解密被加密的数据：

```
import requests
```

```
import execjs

url = 'https://www.example.com/data'

with open('decrypt.js', 'r') as file:
    decrypt_code = file.read()

js_code = """
var data = 'encrypted_data';
var decrypted_data = decrypt(data);
decrypted_data;
"""

def decrypt_data(encrypted_data):
    ctx = execjs.compile(decrypt_code)
    decrypted_data = ctx.call('decrypt', encrypted_data)
    return decrypted_data

response = requests.get(url)
encrypted_data = response.text
decrypted_data = decrypt_data(encrypted_data)
print(decrypted_data)
```

在这个示例中，通过使用 execjs 库执行 JavaScript 代码实现数据的解密操作，并获取解密后的数据。

（7）动态页面加载。

① 动态页面加载的作用。动态页面加载是一种反爬虫策略，通过将页面内容使用 JavaScript 或 Ajax 等技术动态加载，从而降低爬虫程序获取数据的便利性。动态页面加载可以防止简单的爬虫程序直接从静态 HTML 页面中提取数据，增加了爬虫程序对页面内容的解析难度。

② 规避动态页面加载的技巧。爬虫程序需要模拟 JavaScript 或 Ajax 的请求并解析返回的数据才能获取完整的页面内容。为了规避动态页面加载，可以使用第三方库模拟浏览器行为，执行 JavaScript 代码并获取完整的页面内容。另外，还可以分析网页源码中的动态加载逻辑，直接获取动态加载的数据。

以下是一个使用 Selenium 库模拟浏览器行为以获取动态加载的数据的示例代码：

```
from selenium import webdriver
from selenium.webdriver.chrome.options import Options
url = 'https://www.example.com/data'
chrome_options = Options()
chrome_options.add_argument('-- headless')        # 无头模式,不显示浏览器窗口
driver = webdriver.Chrome(options = chrome_options)
driver.get(url)
# 等待页面动态加载完成
time.sleep(3)
data = driver.page_source
driver.quit()
print(data)
```

在这个示例中，使用 Selenium 库模拟浏览器的行为，等待页面动态加载完成后获取页面源码。

6. 使用 DrissionPage 库爬取高考网大学信息。

目标网页为 https://www.gaokao.cn/school/search。

```python
from DrissionPage import ChromiumPage
import pandas as pd
from tqdm import tqdm
import time

def get_info():
    global i
    # 页面滚动到底部,方便查看爬到第几页
    time.sleep(2)
    page.scroll.to_bottom()
    # 定位包含学校信息的 div
    divs = page.eles('tag:div@class = school - search_schoolItem__3q7R2')
    # 提取学校信息
    for div in divs:
        # 提取学校名称
        school = div.ele('.school - search_schoolName__1L7pc')
        school_name = school.ele('tag:em')
        # 提取学校城市
        city = div.ele('.school - search_cityName__3LsWN')
        if len(city.texts()) == 2:
            city_level1 = city.texts()[0]
            city_level2 = city.texts()[1]
        elif len(city.texts()) == 1:
            city_level1 = city.texts()[0]
            city_level2 = ""
        else:
            city_level1 = ""
            city_level2 = ""
        # 提取学校标签
        tags = div.ele('.school - search_tags__ZPsHs')
        spans = tags.eles('tag:span')
        spans_list = []
        for span in spans:
            spans_list.append(span.text)

        # 信息保存到 contents 列表
        contents.append([school_name.text, city_level1, city_level2, spans_list])
        # print(school_name.text, city.text, spans_list)
    print("爬取第", i, "页,总计获取到", len(contents), "条大学信息")

    time.sleep(2)

    # 定位下一页,单击下一页
    try:
        next_page = page.ele('. ant - pagination - next')
        next_page.click()
    except:
        pass

def craw():
    global i
```

```python
    for i in tqdm(range(1, 146)):
        # 每爬 50 页暂停 1 分钟
        if i % 50 == 0:
            get_info()
            print("暂停 1 分钟")
            time.sleep(60)
        else:
            get_info()


def save_to_csv(data):
    # 保存到 CSV 文件
    name = ['school_name', 'city_level1', 'city_level2', 'tags']
    df = pd.DataFrame(columns = name, data = data)
    df.to_csv(f"高考网大学信息{len(data)}条.csv", index = False)
    print("保存完成")


if __name__ == '__main__':
    # contents 列表用来存放爬取到的所有大学信息
    contents = []
    page = ChromiumPage()
    page.get('https://www.gaokao.cn/school/search')
    # 声明全局变量 i
    i = 0
    craw()
    save_to_csv(contents)
```

🔑 实验十六　信息安全实验

一、实验目的

1. 了解 MD5、hashlib、gmssl、pycryptodome 等库的作用。
2. 掌握 MD5、hashlib、gmssl、pycryptodome 等库的应用。

二、实验内容

1. 背景知识。

曾经世界最先进的加密算法 HAVAL-128、MD4、RIPEMD、SHA-0 与曾经被美国认为世界最先进、最安全的加密算法 MD5 及 SHA-1（MD5 是全球计算机网络大量使用的算法，运算量高达 2 的 80 次方，即使用最快、最先进的巨型计算机也需要运算 100 万年以上才能有机会破译；SHA-1 被视为计算安全系统的基石，有"白宫密码"之称），这几个加密算法都先后被中国科学院院士王小云破解。她将比特分析法进一步应用于带密钥的密码算法（包括消息认证码、对称加密算法、认证加密算法）的分析，给出了系列重要算法 HMAC-MD5、MD5-MAC、SIMON、Keccak-MAC 等重要分析结果；在高维格理论与格密码研究领域，她给出了格最短向量求解的启发式算法二重筛法以及带 Gap 格的反转定理等成果；设计了我国哈希函数标准 SM3，在金融、交通、国家电网等重要经济领域得到广泛使用，并于 2018 年 10 月正式成为 ISO/IEC 国际标准。

中国剩余定理是世界上为数不多的以国家命名的定理。该算法历史悠久,可以归类为古典密码算法,其在现代密码学的研究与应用过程中经久不衰,目前广泛应用于门限秘密共享、隐私保护、后量子密码算法中,与国际知名密码专家 Shamir 提出的秘密共享算法平分秋色。池步洲生于 1908 年,福建省闽清人,抗日战争爆发后回国抗日,日本偷袭珍珠港的机密曾经被他破译,但是美国接到警报后却没有采取任何措施;后来,池步洲再次破译山本五十六出巡的信息并一举歼灭,他是我国的密码天才。被誉为"中国的眼睛"且几乎天生失明的章照止,师从华罗庚的密码学界泰斗裴定一,被称为"密码之父"的图灵奖("计算机界的诺贝尔奖")得主姚期智,"破译三杰"曾希圣、曹祥仁、邹毕兆(其中曾希圣被称为"红色密码之父"),他们都是我国密码学领域的杰出人物。

中国可信计算是由我国密码专家沈昌祥院士提出的主动免疫网络空间防护系统,其可信根采用我国自主设计的可信 3.0 密码技术,不会被国外植入后门,从而实现自主可控、网络主权、国家安全等,例如通过可信计算技术的国家电网与中央电视台成功抵御了勒索及各种变种病毒入侵。内生安全是我国网络安全专家邬江兴院士提出的网络空间拟态防御理论,在密码应用领域,采用异构、冗余的多个相同功能的密码模块,通过自主选择密码模块,从而构建动态免疫防护系统。即使有些密码模板采用了国外技术,而攻击者恰好攻击这一密码模块的零日漏洞,但由于系统采用多模表决模块而攻击者无法知道系统动态选用哪个密码模块,因此他也不能攻击成功。

gmssl 是一个用于处理国密算法的 Python 模块,它提供了对国密算法的支持,包括对称加密、非对称加密、散列函数和数字签名等。需要注意的是,SM1 和 SM7 算法不公开,目前大多数库仅实现了 SM2、SM3、SM4 三种密码算法。若要使用 SM9 算法,可下载 gmssl 的 Python 源码手动安装。国密算法是中国自主研发的密码算法标准,相比于传统的国际标准算法,如 AES、RSA 等,国密算法具有以下优点。

(1)安全性:国密算法经过严格的安全性评估和密码学专家的审查,具有较高的安全性。它们采用了更长的密钥和更复杂的算法设计,以抵御现代密码攻击。

(2)自主可控:国密算法是中国自主研发的,不依赖于国外的算法标准和技术,有助于保护国家信息安全和数据主权。

(3)高效性:国密算法在硬件和软件实现上进行了优化,具有较快的加密和解密速度,适用于大规模数据和高性能计算场景。

(4)适应性:国密算法涵盖了对称加密、非对称加密、散列函数和数字签名等多个密码学领域,可以满足各种安全需求。

2. 获取文件 MD5 值。

(1)通过文件路径获取 MD5 值。

```python
import hashlib

def calculate_md5_file(file_path):
    md5 = hashlib.md5()
    with open(file_path, "rb") as f:
        for chunk in iter(lambda: f.read(4096), b""):
            md5.update(chunk)
    return md5.hexdigest()
```

```
# 用法示例
file_path = "your_file_path"      # 替换为你的文件路径
md5_value = calculate_md5_file(file_path)
print("MD5 (file):", md5_value)
```

（2）通过将数据作为输入获取 MD5 值。

```
import hashlib
def calculate_md5_data(data):
    md5_hash = hashlib.md5()
    md5_hash.update(data)
    return md5_hash.hexdigest()
```

```
# 用法示例
your_data = b"your_data_to_hash"      # 替换为要计算其 MD5 值的数据
md5_value = calculate_md5_data(your_data)
print("MD5 (data):", md5_value)
```

3. 暴力破解 MD5。

```
from hashlib import md5
from string import ascii_letters,digits,punctuation
from itertools import permutations
import time

all = ascii_letters + digits + punctuation
def brute_md5(md5_value):
    md5_value = md5_value.lower()
    if len(md5_value) == 32:
        count = 5
        start = time.time()
        while(1):
            for item in permutations(all,count):
                item = "".join(item)
                if md5(item.encode()).hexdigest() == md5_value:
                    end = time.time()
                    print(end - start)
                    print(item)
                    return
            count += 1
    else:
        print("不是有效的 MD5 值")
md5_value = input()
brute_md5(md5_value)
```

4. SM2 实验。

（1）算法实现。创建私钥、密钥生成文件 gmsslCreateKey.py，因为每次生成的 key 都不一样，可以把生成的 key 保存到文件中。

```
from random import SystemRandom
class CurveFp:
    def __init__(self, A, B, P, N, Gx, Gy, name):
        self.A = A
        self.B = B
        self.P = P
        self.N = N
```

```
        self.Gx = Gx
        self.Gy = Gy
        self.name = name

sm2p256v1 = CurveFp(
    name = "sm2p256v1",
    A = 0xFFFFFFFEFFFFFFFFFFFFFFFFFFFFFFFFFFFFFFFF00000000FFFFFFFFFFFFFFFC,
    B = 0x28E9FA9E9D9F5E344D5A9E4BCF6509A7F39789F515AB8F92DDBCBD414D940E93,
    P = 0xFFFFFFFEFFFFFFFFFFFFFFFFFFFFFFFFFFFFFFFF00000000FFFFFFFFFFFFFFFF,
    N = 0xFFFFFFFEFFFFFFFFFFFFFFFFFFFFFFFFFF7203DF6B21C6052B53BBF40939D54123,
    Gx = 0x32C4AE2C1F1981195F9904466A39C9948FE30BBFF2660BE1715A4589334C74C7,
    Gy = 0xBC3736A2F4F6779C59BDCEE36B692153D0A9877CC62A474002DF32E52139F0A0
)

def multiply(a, n, N, A, P):
    return fromJacobian(jacobianMultiply(toJacobian(a), n, N, A, P), P)

def add(a, b, A, P):
    return fromJacobian(jacobianAdd(toJacobian(a), toJacobian(b), A, P), P)

def inv(a, n):
    if a == 0:
        return 0
    lm, hm = 1, 0
    low, high = a % n, n
    while low > 1:
        r = high // low
        nm, new = hm - lm * r, high - low * r
        lm, low, hm, high = nm, new, lm, low
    return lm % n

def toJacobian(Xp_Yp):
    Xp, Yp = Xp_Yp
    return (Xp, Yp, 1)

def fromJacobian(Xp_Yp_Zp, P):
    Xp, Yp, Zp = Xp_Yp_Zp
    z = inv(Zp, P)
    return ((Xp * z ** 2) % P, (Yp * z ** 3) % P)

def jacobianDouble(Xp_Yp_Zp, A, P):
    Xp, Yp, Zp = Xp_Yp_Zp
    if not Yp:
        return (0, 0, 0)

    ysq = (Yp ** 2) % P
    S = (4 * Xp * ysq) % P
    M = (3 * Xp ** 2 + A * Zp ** 4) % P
    nx = (M ** 2 - 2 * S) % P
    ny = (M * (S - nx) - 8 * ysq ** 2) % P
    nz = (2 * Yp * Zp) % P
    return (nx, ny, nz)

def jacobianAdd(Xp_Yp_Zp, Xq_Yq_Zq, A, P):
```

```python
        Xp, Yp, Zp = Xp_Yp_Zp
        Xq, Yq, Zq = Xq_Yq_Zq
        if not Yp:
            return (Xq, Yq, Zq)

        if not Yq:
            return (Xp, Yp, Zp)
        U1 = (Xp * Zq ** 2) % P
        U2 = (Xq * Zp ** 2) % P
        S1 = (Yp * Zq ** 3) % P
        S2 = (Yq * Zp ** 3) % P
        if U1 == U2:
            if S1 != S2:
                return (0, 0, 1)
            return jacobianDouble((Xp, Yp, Zp), A, P)

        H = U2 - U1
        R = S2 - S1
        H2 = (H * H) % P
        H3 = (H * H2) % P
        U1H2 = (U1 * H2) % P
        nx = (R ** 2 - H3 - 2 * U1H2) % P
        ny = (R * (U1H2 - nx) - S1 * H3) % P
        nz = (H * Zp * Zq) % P
        return (nx, ny, nz)

def jacobianMultiply(Xp_Yp_Zp, n, N, A, P):
    Xp, Yp, Zp = Xp_Yp_Zp
    if Yp == 0 or n == 0:
        return (0, 0, 1)

    if n == 1:
        return (Xp, Yp, Zp)

    if n < 0 or n >= N:
        return jacobianMultiply((Xp, Yp, Zp), n % N, N, A, P)

    if (n % 2) == 0:
        return jacobianDouble(jacobianMultiply((Xp, Yp, Zp), n // 2, N, A, P), A, P)

    if (n % 2) == 1:
        return jacobianAdd(jacobianDouble(jacobianMultiply((Xp, Yp, Zp), n // 2, N, A, P), A,
P), (Xp, Yp, Zp), A, P)

class CreatePrivateKey:
    def __init__(self, curve = sm2p256v1, secret = None):
        self.curve = curve
        self.secret = secret or SystemRandom().randrange(1, curve.N)

    def publicKey(self):
        curve = self.curve
        xPublicKey, yPublicKey = multiply((curve.Gx, curve.Gy), self.secret, A = curve.A,
P = curve.P, N = curve.N)
        return CreatePublicKey(xPublicKey, yPublicKey, curve)
```

```python
    def toString(self):
        return "{}".format(str(hex(self.secret))[2:].zfill(64))

class CreatePublicKey:
    def __init__(self, x, y, curve):
        self.x = x
        self.y = y
        self.curve = curve

    def toString(self, compressed = True):
        return {
            True: str(hex(self.x))[2:],
            False: "{}{}".format(str(hex(self.x))[2:].zfill(64), str(hex(self.y))[2:].
zfill(64))
        }.get(compressed)

def create_key():
    priKey = CreatePrivateKey()
    pubKey = priKey.publicKey()
    return priKey.toString(), pubKey.toString(compressed = False)

if __name__ == "__main__":
    priKey = CreatePrivateKey()
    pubKey = priKey.publicKey()
    print(priKey.toString())
    print(pubKey.toString(compressed = False))
```

（2）加密和解密。

```python
from gmssl import sm2
from gmsslCreateKey import create_key
private_key,public_key = create_key()
data = b'Hello, SM2!'
cipher = sm2.CryptSM2(public_key = public_key,private_key = private_key)   # 创建 SM2 对象
encrypted_data = cipher.encrypt(data)                                       # 加密
decrypted_data = cipher.decrypt(encrypted_data)                             # 解密
print('原数据:', data)
print('加密后的数据:', encrypted_data)
print('解密后的数据:', decrypted_data)
```

（3）签名和验签。

```python
import gmssl.func as gmssl_func
from gmssl import sm2
from gmsslCreateKey import create_key
private_key,public_key = create_key()
data = b'Hello, SM2!'
signer = sm2.CryptSM2(private_key = private_key, public_key = public_key)      # 签名
random_hex = gmssl_func.random_hex(signer.para_len)
signature = signer.sign(data,random_hex)
verifier = sm2.CryptSM2(private_key = private_key, public_key = public_key)    # 验证签名
is_valid = verifier.verify(signature, data)
print("签名数据:", data)
print("签名:", signature)
print("签名验证结果:", is_valid)
```

（4）调用 SM2 算法的签名和验签。

```
from gmssl import sm2
from gmsslCreateKey import create_key
private_key,public_key = create_key()
data = b'Hello, SM2!'
signer = sm2.CryptSM2(private_key = private_key, public_key = public_key)    # 签名
sign = signer.sign_with_sm3(data)                                            # 十六进制
is_valid = signer.verify_with_sm3(sign, data)                                # 十六进制
print("签名数据:", data)
print("签名:", sign)
print("签名验证结果:", is_valid)
```

5. SM3 实验。

（1）用专用的 gmssl 库。

先通过命令 pip install gmssl 安装 gmssl Python 库，导入后使用其中的 SM3 加密。需要注意的是，国密 SM3 加密要求待加密的数据内容是 bytes 类型数据，加密后返回哈希值。

```
from gmssl import sm3
def fun_sm3_hash(data: str):
    data_list = [ i for i in bytes(data.encode('UTF - 8'))]
    hash_val = sm3.sm3_hash(data_list)
    return hash_val


data = "hello, linge"
print(fun_sm3_hash(data))
```

需要注意的是，上面的方法未使用 key。另外通过以上方法加密得到的数据是 64 位长的十六进制数据。输出结果为

```
a050daf6a9bb9153a32b1f880afbf36aaf88a1fe2ac6437fd5a801793862a610
```

（2）用通用的 hashlib 库。

在 Python 中，常用的第三方库 hashlib 也可以用来实现 SM3 加密。hashlib 是 Python 标准库中的一个模块，提供了常见的哈希算法，其中包括 SM3，这带来了很多的便利，人们不必专门安装 gmssl 模块，如果是 docker 镜像就不用更新镜像了。代码如下：

```
# 创建 SM3 对象,传入数据后已计算 hash,很像 MD5 的用法
import hashlib
sm3 = hashlib.new('sm3')
data = "hello, linge"
sm3.update(data.encode('utf - 8'))
hash_value = sm3.hexdigest()
print(hash_value)
```

需要注意，上面的方法也未使用 key。另外通过以上方法加密得到的数据是 64 位长的十六进制数据。输出结果同上，为

```
a050daf6a9bb9153a32b1f880afbf36aaf88a1fe2ac6437fd5a801793862a610
```

（3）用原生的密钥哈希模式 hmac。

```
import hmac
key = b"secret"
data = b"Hello, Linge!"
```

```
hmac_value = hmac.new(key, data, digestmod = "sm3").hexdigest()
print(hmac_value)
```

通过这种方法可以引入 key,最后的输出结果为

17aeae7eb061fe6950df13cf77bd9c22700bd15321b5dfb1710a71d41d5a3ba8

在一些特定场合基本要求这种用法,一般需要进行 base64 处理。

```
import hmac,base64
key = b"secret"
data = b"Hello, Linge!"
#用 digest() 输出二进制格式数据,不用 hexdigest()输出十六进制数据
hmac_value = hmac.new(key, data, digestmod = "sm3").digest()
sign = base64.b64encode(hmac_value)
return sign.decode('utf - 8')
```

6. SM4 实验。

(1) ECB 模式加密和解密(不需要初始向量)。

```
import gmssl.func as gmssl_func
from gmssl import sm4
key = bytes([0] * 16)
data = b"Hello, SM4!"                                         # 要加密的数据
sm4_crypt = sm4.CryptSM4()                                    # 创建 SM4 加密对象
sm4_crypt.set_key(key, sm4.SM4_ENCRYPT)                       # 设置密钥
ciphertext = sm4_crypt.crypt_ecb(gmssl_func.bytes_to_list(data))# 加密数据
encrypted_data = bytes(gmssl_func.list_to_bytes(ciphertext))  # 将加密后的数据转换为字
                                                              # 节串

# 解密数据(如果需要)
sm4_crypt.set_key(key, sm4.SM4_DECRYPT)
decrypted_data = sm4_crypt.crypt_ecb(ciphertext)
decrypted_data = bytes(gmssl_func.list_to_bytes(decrypted_data))
print("原始数据:", data.decode("utf - 8"))
print("加密后的数据:", encrypted_data.hex())
print("解密后的数据:", decrypted_data.decode("utf - 8"))
```

(2) CBC 模式加密和解密(需要初始向量)。

```
import gmssl.func as gmssl_func
from gmssl import sm4
key = bytes([0] * 16)
data = b"Hello, SM4!"                                         # 要加密的数据
iv = bytes([0] * 16)                                          # bytes 类型
sm4_crypt = sm4.CryptSM4()                                    # 创建 SM4 加密对象
sm4_crypt.set_key(key, sm4.SM4_ENCRYPT)                       # 设置密钥
ciphertext = sm4_crypt.crypt_cbc(iv,gmssl_func.bytes_to_list(data)) # 加密数据
encrypted_data = bytes(gmssl_func.list_to_bytes(ciphertext))  # 将加密后的数据转换为字
                                                              # 节串
# 解密数据(如果需要)
sm4_crypt.set_key(key, sm4.SM4_DECRYPT)
decrypted_data = sm4_crypt.crypt_ecb(ciphertext)
decrypted_data = bytes(gmssl_func.list_to_bytes(decrypted_data))
print("原始数据:", data.decode("utf - 8"))
print("加密后的数据:", encrypted_data.hex())
print("解密后的数据:", decrypted_data.decode("utf - 8"))
```

7. SM9 实验。

（1）导入库和初始化参数。

```
from charm.toolbox.pairinggroup import PairingGroup
from charm.toolbox.eccurve import prime192v1
group = PairingGroup(prime192v1)
```

（2）生成密钥对。

```
def generate_keypair():
    private_key = group.random(G)        # 生成私钥
    public_key = private_key * G         # 生成公钥
    return private_key, public_key
```

（3）加密。

```
def encrypt(public_key, message):
    r = group.random(G)                  # 生成随机数 r
    C1 = r * G                           # 计算 C1 = r * G
    ID_A = "Alice"                       # 计算 C2 = message ⊕ H1(ID_A || ID_B || t || C1)
    ID_B = "Bob"
    t = 1
    H1 = group.hash(ID_A + ID_B + str(t) + str(C1))
    C2 = message ^ H1
    C3 = r * public_key                  # 计算 C3 = r * PK_B
    return C1, C2, C3
```

（4）解密。

```
def decrypt(private_key, C1, C2, C3):
    ID_A = "Alice"
    ID_B = "Bob"
    t = 1
    H1 = group.hash(ID_A + ID_B + str(t) + str(C1))
    C4 = C1 ^ H1                         # 计算 C4 = C1 ⊕ H1(ID_A || ID_B || t || C1)
    message = C2 ^ C4                    # 计算 message = C2 ⊕ C4
    return message
```

8. RSA 加密实验。

```
from Crypto.PublicKey import RSA
from Crypto.Cipher import PKCS1_OAEP
import binascii

def generate_keys():
    # 生成长度为 2048 的密钥
    key = RSA.generate(2048)
    # 生成公钥
    private_key = key.export_key()
    # 生成私钥
    public_key = key.publickey().export_key()
    return private_key, public_key

def encrypt_message(public_key, message):
    cipher = PKCS1_OAEP.new(RSA.import_key(public_key))
    # 使用公钥加密,得到密文(bytes 对象)
    encrypted_message = cipher.encrypt(message.encode())
```

```
    # 一般会转换成十六进制后进行传输
    return binascii.hexlify(encrypted_message).decode()

def decrypt_message(private_key, encrypted_message):
    cipher = PKCS1_OAEP.new(RSA.import_key(private_key))
    # 解密
    decrypted_message = cipher.decrypt(
        binascii.unhexlify(encrypted_message)
    )
    return decrypted_message.decode()

# 生成密钥
private_key, public_key = generate_keys()
message = "高老师总能分享出好东西"
# 使用公钥加密
encrypted = encrypt_message(public_key, message)
print(encrypted)
"""41bc8709cb82e1f9a13d18f101538c536f760210c11···
"""
print(len(encrypted))
# 使用私钥解密
decrypted = decrypt_message(private_key, encrypted)
print(decrypted)
```

9. 凯撒加密实验。

在密码学中，恺撒加密又称恺撒变换、变换加密，是一种最简单且最广为人知的加密技术。它是一种替换加密的技术，明文中的所有字母都在字母表上向后（或向前）按照一个固定数目进行偏移后就被替换成密文。例如，当偏移量是 3 的时候，所有的字母 A 将被替换成 D，B 替换成 E，以此类推。这个加密方法是以罗马共和时期恺撒的名字命名的，当年恺撒曾用此方法与其将军们进行联系。

```
import string
def kaisa(s, k):
    lower = string.ascii_lowercase                    # 小写字母
    upper = string.ascii_uppercase                    # 大写字母
    before = string.ascii_letters
    after = lower[k:] + lower[:k] + upper[k:] + upper[:k]
    table = ''.maketrans(before, after)               # 创建映射表
    return s.translate(table)
s = input('请输入一个字符串: ')
k = int(input('请输入一个整数密钥: '))
print((kaisa(s, k)))
```

10. AES 加密实验。

（1）加密算法。

因为密钥长度是 16 字节，所以明文加密时，如果字符串不足 16 字节的倍数，则需要补充。例如，少 4 个时要补 chr(4)chr(4)chr(4)chr(4)；少 2 个时要补 chr(2)chr(2)。

chr(参数)中的参数是缺少的字节数，要补全。这里为什么要补充 chr(缺少位的 ASCII 码作为参数)，是因为这样能更好地在读取字符串最后字符时知道有几个填充字符，从而能采用字符串切片操作而逆向清除填充字符。

实现方法：明文字符串＋chr(16－len(明文字符串)%16) * (16－len(明文字符串)%16)

```
# 1.自定义函数实现
def pad(data):
    text = data + chr(16 - len(data) % 16) * (16 - len(data) % 16)
    return text
# 2.用lambda匿名函数
pad = lambda s: s + chr(16 - len(s) % 16) * (16 - len(s) % 16)
```

（2）解密算法。

加密时字符串不足16字节的倍数时，填充的字符是chr（缺少的字节数作为参数的），所以逆向清除填充的字符串，利用最后字符的ASCII码进行切片可以得出所需字符串。

```
# 1.自定义函数实现
def unpad(s):
    last_num = s[-1]
    text = s[: - last_num]
    return text
# 2.用lambda匿名函数
unpad = lambda s: s[: - s[-1]]
```

（3）ECB模式加密。

```
from Crypto.Cipher import AES
import base64

# 补位
pad = lambda s: s + chr(16 - len(s) % 16) * (16 - len(s) % 16)
# 除去补16字节的多余字符
unpad = lambda s: s[: - s[-1]]

# 加密函数
def aes_ECB_Encrypt(data, key):            # ECB模式的加密函数，data为明文，key为16字节密钥
    key = key.encode('utf - 8')
    data = pad(data)                       # 补位
    data = data.encode('utf - 8')
    aes = AES.new(key = key, mode = AES.MODE_ECB)    # 创建加密对象
    # encrypt AES加密，b64encode为base64转二进制编码
    result = base64.b64encode(aes.encrypt(data))
    return str(result, 'utf - 8')          # 以字符串的形式返回

key = '1qaz@WSXabcdefgh'                   # 密钥
data = "haha1234567890"                    # 明文字符串
encrypt_data = aes_ECB_Encrypt(data, key)
print("待加密的字符是：{}\n密钥为：{}\n加密后的密文为：{}".format(data, key, encrypt_
data))
```

（4）CBC模式加密。

```
from Crypto.Cipher import AES
import base64

# 补位
pad = lambda s: s + chr(16 - len(s) % 16) * (16 - len(s) % 16)
# 除去补16字节的多余字符
unpad = lambda s: s[: - s[-1]]
```

```
# 加密函数
def aes_CBC_Encrypt(data, key, iv):              # CBC 模式的加密函数,data 为明文,key 为 16
                                                 # 字节密钥,iv 为 16 字节的偏移量

    key = key.encode('utf-8')
    iv = iv.encode('utf-8')                      # CBC 模式下的偏移量
    data = pad(data)                             # 补位
    data = data.encode('utf-8')
    aes = AES.new(key=key, mode=AES.MODE_CBC, iv=iv)   # 创建加密对象
    # encrypt AES 加密,b64encode 为 base64 转二进制编码
    result = base64.b64encode(aes.encrypt(data))
    return str(result, 'utf-8')                  # 以字符串的形式返回


key = '1qaz@WSXabcdefgh'                         # 密钥
data = "haha1234567890"                          # 明文字符串
iv = "1a2b3c4d5e6f7g8h"                          # 偏移量
encrypt_data = aes_CBC_Encrypt(data, key, iv)
print("待加密的字符是：{}\n 密钥为：{}\n 偏移量为：{}\n 加密后的密文为：{}".format(data,
key, iv, encrypt_data))
```

（5）ECB 模式解密。

```
from Crypto.Cipher import AES
import base64

# 补位
pad = lambda s: s + chr(16 - len(s) % 16) * (16 - len(s) % 16)
# 除去补 16 字节的多余字符
unpad = lambda s: s[:-s[-1]]

# 加密函数
def aes_ECB_Encrypt(data, key):              # ECB 模式的加密函数,data 为明文,key 为 16 字节密钥
    key = key.encode('utf-8')
    data = pad(data)                         # 补位
    data = data.encode('utf-8')
    aes = AES.new(key=key, mode=AES.MODE_ECB)   # 创建加密对象
    # encrypt AES 加密,B64encode 为 base64 转二进制编码
    result = base64.b64encode(aes.encrypt(data))
    return str(result, 'utf-8')              # 以字符串的形式返回


key = '1qaz@WSXabcdefgh'                     # 密钥
data = "haha1234567890"                      # 明文字符串
encrypt_data = aes_ECB_Encrypt(data, key)
print("待加密的字符是：{}\n 密钥为：{}\n 加密后的密文为：{}".format(data, key, encrypt_
data))

# 解密函数
def aes_ECB_Decrypt(data, key):              # ECB 模式的解密函数,data 为密文,key 为 16 字节密钥
    key = key.encode('utf-8')
    aes = AES.new(key=key, mode=AES.MODE_ECB)   # 创建解密对象

    # decrypt AES 解密,b64decode 为 base64 转码
    result = aes.decrypt(base64.b64decode(data))
    result = unpad(result)                   # 除去补 16 字节的多余字符
    return str(result, 'utf-8')              # 以字符串的形式返回
```

```
decrypt_data = aes_ECB_Decrypt(encrypt_data, key)
print("\n待解密的字符是：{}\n密钥为：{}\n解密后的字符为：{}".format(encrypt_data, key,
decrypt_data))
```

（6）CBC 模式解密。

```
from Crypto.Cipher import AES
import base64

# 补位
pad = lambda s: s + chr(16 - len(s) % 16) * (16 - len(s) % 16)
# 除去补 16 字节的多余字符
unpad = lambda s: s[:-s[-1]]

# 加密函数
def aes_CBC_Encrypt(data, key, iv):                    # CBC 模式的加密函数,data 为明文,key
                                                       # 为 16 字节密钥,iv 为 16 字节的偏移量

    key = key.encode('utf-8')
    iv = iv.encode('utf-8')                            # CBC 模式下的偏移量
    data = pad(data)                                   # 补位
    data = data.encode('utf-8')
    aes = AES.new(key=key, mode=AES.MODE_CBC, iv=iv)   # 创建加密对象
    # encrypt AES 加密,b64encode 为 base64 转二进制编码
    result = base64.b64encode(aes.encrypt(data))
    return str(result, 'utf-8')                        # 以字符串的形式返回

key = '1qaz@WSXabcdefgh'                               # 密钥
data = "haha1234567890"                                # 明文字符串
iv = "1a2b3c4d5e6f7g8h"                                # 偏移量
encrypt_data = aes_CBC_Encrypt(data, key, iv)
print("待加密的字符是：{}\n密钥为：{}\n偏移量为：{}\n加密后的密文为：{}".format(data,
key, iv, encrypt_data))

# 解密函数
def aes_CBC_Decrypt(data, key, iv):     # CBC 模式的解密函数,data 为密文,key 为 16 字节密钥
    key = key.encode('utf-8')
    iv = iv.encode('utf-8')
    aes = AES.new(key=key, mode=AES.MODE_CBC, iv=iv)   # 创建解密对象

    # decrypt AES 解密,b64decode 为 base64 转码
    result = aes.decrypt(base64.b64decode(data))
    result = unpad(result)                             # 除去补 16 字节的多余字符
    return str(result, 'utf-8')                        # 以字符串的形式返回

decrypt_data = aes_CBC_Decrypt(encrypt_data, key, iv)
print("\n待解密的字符是：{}\n密钥为：{}\n偏移量为：{}\n解密后的字符为：{}".format
(encrypt_data, key, iv, decrypt_data))
```

11. 维吉尼亚加密解密实验。

维吉尼亚密码（又译维热纳尔密码）是使用一系列凯撒密码组成的密码字母表（如图 1.42 所示）的加密算法，属于多表密码的一种简单形式。在一个凯撒密码中，字母表中的每个字母都会有一定的偏移，例如偏移量为 3 时，A 就转换为 D,B 转换为 E……而维吉尼亚密码则是由一些偏移量不同的恺撒密码组成。

为了生成密码,需要使用表格法。这一表格包括 26 行字母表,每一行都由前一行向左偏移一位得到。具体使用哪一行字母表进行编译是基于密钥进行的,在过程中不断地变换。

(1) 加密过程的实现。

```
# - * - coding:utf - 8 - * -
#维吉尼亚加密,文件名为 VigenereEncrypto.py
def VigenereEncrypto (input , key) :
    ptLen = len(input)
    keyLen = len(key)
    quotient = ptLen // keyLen     #商
    remainder = ptLen % keyLen     #余
    out = ""
    for i in range (0 , quotient) :
        for j in range (0 , keyLen) :
            c = int((ord(input[ i * keyLen +
j]) - ord('a') + ord(key[j]) - ord('a')) % 26 + ord('a'))
            #global output
            out += chr (c)
    for i in range (0 , remainder) :
        c = int((ord(input[quotient * keyLen + i]) - ord('a') + ord(key[ i]) - ord('a')) %
26 + ord('a'))
        #global output
        out += chr (c)
    return out
```

(2) 解密过程的实现。

```
# - * - coding:utf - 8 - * -
#维吉尼亚解密,文件名为 VigenereDecrypto.py
def VigenereDecrypto (output , key) :
    ptLen = len (output)
    keyLen = len (key)
    quotien = ptLen // keyLen
    remainder = ptLen % keyLen
    inp = ""
    for i in range (0 , quotient) :
        for j in range (0 , keyLen) :
            c = int((ord(output[ i * keyLen + j]) - ord('a') + 26 - (ord(key[j]) - ord('a'))
% 26 + ord('a')))
            #global input
            inp += chr (c)
    for i in range (0 , remainder) :
        c = int((ord(output[quotient * keyLen + i]) - ord('a') + 26 - (ord(key[ i]) - ord
('a')) % 26 + ord('a')))
        #global input
        inp += chr (c)
    return inp
```

(3) 加密和解密的应用。

```
# - * - coding:utf - 8 - * -
```

```
  A B C D E F G H I J K L M N O P Q R S T U V W X Y Z
A A B C D E F G H I J K L M N O P Q R S T U V W X Y Z
B B C D E F G H I J K L M N O P Q R S T U V W X Y Z A
C C D E F G H I J K L M N O P Q R S T U V W X Y Z A B
D D E F G H I J K L M N O P Q R S T U V W X Y Z A B C
E E F G H I J K L M N O P Q R S T U V W X Y Z A B C D
F F G H I J K L M N O P Q R S T U V W X Y Z A B C D E
G G H I J K L M N O P Q R S T U V W X Y Z A B C D E F
H H I J K L M N O P Q R S T U V W X Y Z A B C D E F G
I I J K L M N O P Q R S T U V W X Y Z A B C D E F G H
J J K L M N O P Q R S T U V W X Y Z A B C D E F G H I
K K L M N O P Q R S T U V W X Y Z A B C D E F G H I J
L L M N O P Q R S T U V W X Y Z A B C D E F G H I J K
M M N O P Q R S T U V W X Y Z A B C D E F G H I J K L
N N O P Q R S T U V W X Y Z A B C D E F G H I J K L M
O O P Q R S T U V W X Y Z A B C D E F G H I J K L M N
P P Q R S T U V W X Y Z A B C D E F G H I J K L M N O
Q Q R S T U V W X Y Z A B C D E F G H I J K L M N O P
R R S T U V W X Y Z A B C D E F G H I J K L M N O P Q
S S T U V W X Y Z A B C D E F G H I J K L M N O P Q R
T T U V W X Y Z A B C D E F G H I J K L M N O P Q R S
U U V W X Y Z A B C D E F G H I J K L M N O P Q R S T
V V W X Y Z A B C D E F G H I J K L M N O P Q R S T U
W W X Y Z A B C D E F G H I J K L M N O P Q R S T U V
X X Y Z A B C D E F G H I J K L M N O P Q R S T U V W
Y Y Z A B C D E F G H I J K L M N O P Q R S T U V W X
Z Z A B C D E F G H I J K L M N O P Q R S T U V W X Y
```

图 1.42　维吉尼亚密码字母表

```
#维吉尼亚加解密,文件名为 main.py
import VigenereEncrypto
import VigenereDecrypto
print (维吉尼亚加密)
plainText = raw_input ("Please input the plainText : ")
key = raw_input ("Please input the key : ")
plainTextToCipherText = VigenereEncrypto (plainText , key)
print ("加密后得到的暗文是 : " + plainTextToCipherText)
print (维吉尼亚解密)
cipherText = raw_input ("Please input the cipherText : ")
key = raw_input ("Please input the key : ")
cipherTextToPlainText = VigenereDecrypto (cipherText , key)
print("解密后得到的明文是 : " + cipherTextToPlainText)
```

12. 摩斯加密实验。

摩斯密码又称摩尔斯电码（如图 1.43 所示），这是一种时通时断的信号代码，通过不同的排列顺序来表达不同的英文字母、数字和标点符号。

字母

字符	电码符号	字符	电码符号	字符	电码符号	字符	电码符号
A	.–	B	–...	C	–.–.	D	–..
E	.	F	..–.	G	––.	H	....
I	..	J	.–––	K	–.–	L	.–..
M	––	N	–.	O	–––	P	.––.
Q	––.–	R	.–.	S	...	T	–
U	..–	V	...–	W	.––	X	–..–
Y	–.––	Z	––..				

数字

字符	电码符号	字符	电码符号	字符	电码符号	字符	电码符号
0	–––––	1	.––––	2	..–––	3	...––
4	....–	5	.....	6	–....	7	––...
8	–––..	9	––––.				

标点符号

字符	电码符号	字符	电码符号	字符	电码符号	字符	电码符号
.	.–.–.–	:	–––...	'	.––––.	;	–.–.–.
?	..––..	=	–...–	'	.–..–.	/	–..–.
!	–.–.––	–	–....–	_	..––.–	"	.–..–.
(	–.––.	)	–.––.–	$	...–..–	&	....
@	.––.–.						

图 1.43 摩尔斯电码表

（1）加密实验。

```
# - * - coding:utf - 8 - * -
#对照表内容放入字典中
Dict_MS = {'A': '.- ', 'B': '-...', 'C': '-.-.', 'D': '-..', 'E': '.',
'F': '..-.', 'G': '--.','H': '....', 'I': '..', 'J': '.---','K': '-.-', 'L': '.-..',
'M': '--','N': '-.','O': '---', 'P': '.--.', 'Q': '--.-','R': '.-.', 'S': '...', 'T': '-',
```

```
'U': '.. - ','V': '... - ', 'W': '. -- ','X': '- .. - ', 'Y': '- . -- ', 'Z': '-- ..','1': '. ---- ', '2':
'.. --- ','3': '... -- ',
'4': '... - ','5': '....', '6': '- ....', '7': '-- ...', '8': '--- ..',
'9': '---- .','0': '----- ',',' : '-- .. -- ','.': '. - . - . - ',
'?': '.. -- ..', '/': '- .. - .', '-': '- .... - ', '(': '- . -- .', ')': '- . -- . - '
}
# 加密
def encrypt(message):
    cipher = ''
    for code in message:
        if code != ' ':
# 查字典并添加对应的摩斯密码
# 用空格分隔不同字符的摩斯密码
            cipher += Dict_MS[code] + ''
        else:
        # 1 个空格表示不同的字符
        # 2 表示不同的词
            cipher += ''
    return cipher


message = "53782 53880"
result = encrypt(message)
print(f'加密后的摩斯密码: {result}')
```

（2）解密实验。

```
# - * - coding:utf - 8 - * -
# 对照表内容放入字典中
Dict_MS = {
'A': '. - ', 'B': '- ...', 'C': '- . - .', 'D': '- ..', 'E': '.','F': '.. - .', 'G': '-- .', 'H': '....', 'I':
'..', 'J': '. --- ','K': '- . - ','L': '. - ..', 'M': '-- ',
'N': '- .', 'O': '--- ', 'P': '. -- .', 'Q': '-- . - ','R': '. - .', 'S': '...', 'T': '- ','U': '.. - ', 'V':
'... - ', 'W': '. -- ','X': '- .. - ', 'Y': '- . -- ', 'Z': '-- ..',
'1': '. ---- ', '2': '.. --- ', '3': '... -- ','4': '... - ', '5': '....', '6': '- ....','7': '-- ...
', '8': '--- ..', '9': '---- .', '0': '----- ',',' : '-- .. -- ',
'.': '. - . - . - ', '?': '.. -- ..', '/': '- .. - .', '-': '- .... - ','(': '- . -- .', ')': '- . -- . - '
}
# 解密就是将字符串从摩斯密码转换为英文的函数
def decrypt(message):
    # 在末尾添加额外空间以访问最后一个摩斯密码
    message += ''
    decipher = ''
    citext = ''
    global i
    for code in message:
        # 检查空间
        if code != ' ':
            i = 0
            # 在空格的情况下
            citext += code
        # 在空间的情况下
        else:
            # 如果 i = 1 表示一个新字符
            i += 1
            # 如果 i = 2 表示一个新单词
```

```
        if i == 2:
            # 添加空格来分隔单词
            decipher += ' '
        else:
            # 使用它们的值访问密钥(加密的反向)
            decipher += list(Dict_MS.keys())[list(Dict_MS.values()).index(citext)]
            citext = ''
    return decipher


message = "..... ... -- -- ... --- .. .. --- ..... ... -- --- .. --- .. ----- "
result = decrypt(message)
print(f'解密后的明文: {result}')
```

13. 端口扫描实验。

```
import socket
from multiprocessing import Pool
from functools import partial
def scan_port(ip, port):
    try:
        s = socket.socket(socket.AF_INET, socket.SOCK_STREAM)
        s.settimeout(1) result = s.connect_ex((ip, port))
        if result == 0:
            print('[+] %d/tcp open' % port)
        s.close()
    except socket.error:
        pass
if __name__ == '__main__':
ip = '127.0.0.1'
start_port = 1
end_port = 1024
with Pool(processes = 10) as pool:
    pool.map(partial(scan_port, ip), range(start_port, end_port + 1))
```

14. 密码攻击实验。

```
import requests
import concurrent.futures
def login(url, username, password):
    session = requests.Session()
    login_data = {
        'username': username,
        'password': password
    }
    response = session.post(url, data = login_data)
    if response.status_code == 200:
        # 根据实际情况判断登录是否成功
        if 'Welcome' in response.text:
            print('Login successful')
            return True
        else:
            print('Login failed')
            return False
    else: print('Login failed')
    return False
```

```python
def brute_force(url, username, passwords):
    with concurrent.futures.ThreadPoolExecutor() as executor:
        futures = []
        for password in passwords:
            futures.append(executor.submit(login, url, username, password))
        for future in concurrent.futures.as_completed(futures):
            if future.result():
                executor.shutdown()
                return


if __name__ == '__main__':
    url = 'http://example.com/login'
    username = 'admin'
    with open('passwords.txt', 'r') as file:
        passwords = file.read().splitlines()
    brute_force(url, username, passwords)
```

15. SQL 注入漏洞检测实验。

```python
import requests


def sql_injection(url, payload):
    response = requests.post(url, data=payload)
    if 'error' in response.text:
        print('Vulnerable: %s' % url)
    else:
        print('Not vulnerable: %s' % url)


    if __name__ == '__main__':
        url = 'http://example.com/search.php'
        payload = {'keyword': "' or 1=1 -- "}
        sql_injection(url, payload)
```

实验十七 人工智能实验

一、实验目的

1. 了解 python-barcode、Pillow、qrcode、segno 等库的作用。
2. 了解 cv2、tensorflow、opencv、torchvision、torch、tkinter、sklearn 等库的作用。
3. 掌握 python-barcode、Pillow、qrcode、segno 等库的用法。
4. 掌握 cv2、tensorflow、opencv、torchvision、torch、tkinter、sklearn 等库的用法。

二、实验内容

1. 条形码制作。
（1）安装相关库。

```
pip install python-barcode
pip install Pillow
```

(2) 生成简单的条形码。

```python
from barcode import EAN13
from barcode.writer import ImageWriter

def generate_barcode(code, filename):
    # 创建 EAN - 13 条形码对象
    my_code = EAN13(code, writer = ImageWriter())
    # 保存条形码为图像文件
    my_code.save(filename)
# 使用示例
generate_barcode('5901234123457', 'my_barcode')
```

(3) 生成自定义样式条形码。

```python
from barcode import Code128
from barcode.writer import ImageWriter
from PIL import Image, ImageDraw, ImageFont

def custom_barcode(code, filename, text_color = (0, 0, 0), bar_color = (0, 0, 0), bg_color =
(255, 255, 255), width = 300, height = 100):
    # 创建 Code128 条形码对象
    barcode = Code128(code, writer = ImageWriter())

    # 自定义选项
    options = {
        'module_width': 0.2,
        'module_height': 8,
        'quiet_zone': 1,
        'font_size': 10,
        'text_distance': 5,
        'background': bg_color,
        'foreground': bar_color,
        'write_text': False,
    }

    # 生成条形码图像
    barcode_image = barcode.render(options)

    # 创建新的图像,设置背景颜色
    final_image = Image.new('RGB', (width, height), bg_color)

    # 将条形码图像粘贴到新图像上
    x_offset = (width - barcode_image.width) // 2
    y_offset = (height - barcode_image.height) // 2
    final_image.paste(barcode_image, (x_offset, y_offset))

    # 添加自定义文本
    draw = ImageDraw.Draw(final_image)
    font = ImageFont.load_default()
    text_width = draw.textlength(code, font = font)
    text_x = (width - text_width) // 2
    text_y = height - 20
    draw.text((text_x, text_y), code, font = font, fill = text_color)
```

```
# 保存最终图像
final_image.save(f"{filename}.png")
print(f"Custom barcode saved as {filename}.png")
```

```
# 使用示例
custom_barcode("PYTHON2023", "custom_barcode", text_color = (0, 0, 255), bar_color = (0, 0,
0), bg_color = (220, 220, 220), width = 300, height = 150)
```

（4）从 CSV 文件读取数据并批量生成条形码。

```python
import csv
from barcode import Code128
from barcode.writer import ImageWriter
import os

def batch_generate_barcodes(csv_file, output_folder):
    if not os.path.exists(output_folder):
        os.makedirs(output_folder)

    with open(csv_file, 'r') as file:
        reader = csv.reader(file)
        next(reader)               # 跳过标题行
        for row in reader:
            code = row[0]          # 假设条形码数据在第一列
            filename = os.path.join(output_folder, f"barcode_{code}")

            barcode = Code128(code, writer = ImageWriter())
            barcode.save(filename)

            print(f"Generated barcode for {code}")
```

```
# 使用示例
batch_generate_barcodes('product_codes.csv', 'barcodes_output')
```

（5）条形码验证。

```python
from barcode import EAN13, Code128
from barcode.errors import BarcodeError

def validate_and_generate(code, barcode_type = 'ean13', filename = 'barcode'):
    try:
        if barcode_type.lower() == 'ean13':
            # EAN13 需要 12 位数字,最后一位是校验位
            if len(code) != 12 or not code.isdigit():
                raise ValueError("EAN13 requires 12 digits")
            barcode_class = EAN13
        elif barcode_type.lower() == 'code128':
            # Code128 可以包含字母和数字
            if not code.isalnum():
                raise ValueError("Code128 should only contain alphanumeric characters")
            barcode_class = Code128
        else:
            raise ValueError("Unsupported barcode type")

        # 生成条形码
        my_code = barcode_class(code, writer = ImageWriter())
```

```
        my_code.save(filename)
        print(f"Barcode generated successfully: {filename}")

    except BarcodeError as e:
        print(f"Barcode generation error: {e}")
    except ValueError as e:
        print(f"Validation error: {e}")

# 使用示例
validate_and_generate('590123412345', 'ean13', 'valid_ean13')
validate_and_generate('PYTHON2023', 'code128', 'valid_code128')
validate_and_generate('123456', 'ean13', 'invalid_ean13')        # 这将引发错误
```

（6）异步生成条形码提高性能。

```
import asyncio
import aiofiles
from barcode import Code128
from barcode.writer import ImageWriter
import os

async def generate_barcode_async(code, output_folder):
    filename = os.path.join(output_folder, f"barcode_{code}")
    barcode = Code128(code, writer = ImageWriter())

    # 异步保存文件
    async with aiofiles.open(f"{filename}.png", "wb") as f:
        await f.write(barcode.render())

    print(f"Generated barcode for {code}")

async def batch_generate_barcodes_async(codes, output_folder):
    if not os.path.exists(output_folder):
        os.makedirs(output_folder)

    tasks = [generate_barcode_async(code, output_folder) for code in codes]
    await asyncio.gather(*tasks)

# 使用示例
codes = ['CODE1', 'CODE2', 'CODE3', 'CODE4', 'CODE5']
asyncio.run(batch_generate_barcodes_async(codes, 'async_barcodes_output'))
```

2. 二维码制作。

（1）生成一个价格二维码。

```
import segno
price_tag = segno.make("£ 9.99")
price_tag.save("Price Tag.png")
```

（2）用于分享 URL 的二维码。

```
# pip install qrcode - artistic
import segno
ur = segno.make('https://www.cqut.edu.cn', error = 'h')
ur.save('cquturl1.png', scale = 4)
ur.to_artistic(background = "cqut.png", target = ' cquturl2.png', scale = 16)
```

（3）携带 WIFI 详细信息的二维码。

```
import segno
wifi_settings = {
    ssid = '(CQUT)',
    password = '(88888888)',
    security = 'WPA',}
wifi = segno.helpers.make_wifi( ** wifi_settings)
wifi.save("Wifi.png", dark = "yellow", light = "＃323524", scale = 8)
```

（4）名片二维码。

```
import segno
vcard = segno.helpers.make_vcard(
    name = '张鹏',
    displayname = '计算机老师',
    email = ('cqut@cqut.edu.cn'),
    url = ['https://www.cqut.edu.cn',
        'http://zs.yjs.cqut.edu.cn/info/1081/3760.htm'
        ],
    phone = " + 86 - 23 - 625662xx",)
vcard.to_artistic(
    background = "cqut.png",
    target = 'Mycard.png',
    scale = 6,
    quiet_zone = "＃D29500")
img = vcard.to_pil(scale = 6, dark = "＃FF7D92").rotate(45, expand = True)
img.save('Etsy.png')
```

另外，segno API 还允许用户完成以下操作。

segno.helpers.make_email：发送一封预先准备好主题和内容的电子邮件。对于订阅新闻简报，或者从邮件服务器上触发任何可能的行动，都是非常好的。

segno.helpers.make_epc_qr：发起一个电子支付。

segno.helpers.make_geo：在一个特定的经度和纬度打开默认的地图应用。

segno.make_sequence：使用"结构化附加"模式创建一个 QR 码序列。

3．人脸识别。

```
import cv2
import numpy as np
import os
import shutil
import threading
import tkinter as tk
from PIL import Image, ImageTk
＃＃＃＃＃＃＃＃＃＃＃(1)初始化
# 首先读取 config 文件,第一行代表当前已存储的人名个数,接下来每一行是(id,name)标签和对应
# 的人名
id_dict = {}                        # 字典里存储的是(id,name)键值对
Total_face_num = 999                # 已经被识别且有用户名的人脸个数

def init():                         # 将 config 文件内的信息读入字典中
    f = open('config.txt')
    global Total_face_num
```

```python
    Total_face_num = int(f.readline())

    for i in range(int(Total_face_num)):
        line = f.readline()
        id_name = line.split(' ')
        id_dict[int(id_name[0])] = id_name[1]
    f.close()


init()


# 加载 OpenCV 人脸检测分类器 Haar
face_cascade = cv2.CascadeClassifier("haarcascade_frontalface_default.xml")

# 准备好识别方法 LBPH 方法
recognizer = cv2.face.LBPHFaceRecognizer_create()

# 打开标号为 0 的摄像头
camera = cv2.VideoCapture(0)             # 摄像头
success, img = camera.read()             # 从摄像头读取照片
W_size = 0.1 * camera.get(3)
H_size = 0.1 * camera.get(4)


system_state_lock = 0                    # 标志系统状态的量,0 表示无子线程在运行,1 表示正在刷
                                         # 脸,2 表示正在录入新面孔
# 相当于 mutex 锁,用于线程同步


########## (2)录入新人脸信息

def Get_new_face():
    print("正在从摄像头录入新人脸信息 \n")

    # 存在目录 data 就清空,不存在就创建,确保最后存在空的 data 目录
    filepath = "data"
    if not os.path.exists(filepath):
        os.mkdir(filepath)
    else:
        shutil.rmtree(filepath)
        os.mkdir(filepath)


    sample_num = 0                       # 已经获得的样本数

    while True:                          # 从摄像头读取图片

        global success
        global img                       # 因为要显示在可视化的控件内,所以要用全局的
        success, img = camera.read()

        # 转为灰度图片
        if success is True:
            gray = cv2.cvtColor(img, cv2.COLOR_BGR2GRAY)
        else:
            break

        # 检测人脸,将每一帧摄像头记录的数据带入 OpenCv 中,让 Classifier 判断人脸
```

```
    # 其中 gray 为要检测的灰度图像, 1.3 为每次图像尺寸减小的比例, 5 为 minNeighbors
    face_detector = face_cascade
    faces = face_detector.detectMultiScale(gray, 1.3, 5)

    # 框选人脸, for 循环保证一个能检测的实时动态视频流
    for (x, y, w, h) in faces:
        # xy 为左上角的坐标, w 为宽, h 为高, 用 rectangle 为人脸标记画框
        cv2.rectangle(img, (x, y), (x + w, y + w), (255, 0, 0))
        # 样本数加 1
        sample_num += 1
    # 保存图像, 把灰度图片看成二维数组来检测人脸区域, 这里是保存在 data 缓冲文件夹内
        T = Total_face_num
        cv2.imwrite("./data/User." + str(T) + '.' + str(sample_num) + '.jpg', gray[y:
y + h, x:x + w])

        pictur_num = 30    # 表示摄像头拍摄取样的数量, 越多效果越好, 但获取以及训练的越慢

        cv2.waitKey(1)
        if sample_num > pictur_num:
            break
        else:                             # 控制台内输出进度条
            l = int(sample_num / pictur_num * 50)
            r = int((pictur_num - sample_num) / pictur_num * 50)
            print("\r" + "%{:.1f}".format(sample_num / pictur_num * 100) + "=" * l +
"->" + "_" * r, end = "")
            var.set("%{:.1f}".format(sample_num / pictur_num * 100)) # 控件可视化进度信息
            # tk.Tk().update()
            window.update()              # 刷新控件以实时显示进度


def Train_new_face():
    print("\n 正在训练")
    # cv2.destroyAllWindows()
    path = 'data'

    # 初始化识别的方法
    recog = cv2.face.LBPHFaceRecognizer_create()

    # 调用函数并将数据喂给识别器训练
    faces, ids = get_images_and_labels(path)
    print('本次用于训练的识别码为:')  # 调试信息
    print(ids)                       # 输出识别码

    # 训练模型                        # 将输入的所有图片转成四维数组
    recog.train(faces, np.array(ids))
    # 保存模型

    yml = str(Total_face_num) + ".yml"
    rec_f = open(yml, "w+")
    rec_f.close()
    recog.save(yml)

    # recog.save('aaa.yml')


# 创建一个函数, 用于从数据集文件夹中获取训练图片, 并获取 id
```

```python
    # 注意图片的命名格式为 User.id.sampleNum
def get_images_and_labels(path):
    image_paths = [os.path.join(path, f) for f in os.listdir(path)]
    # 新建连个 list 用于存放
    face_samples = []
    ids = []

    # 遍历图片路径,导入图片和 id 添加到 list 中
    for image_path in image_paths:

        # 通过图片路径将其转换为灰度图片
        img = Image.open(image_path).convert('L')

        # 将图片转换为数组
        img_np = np.array(img, 'uint8')

        if os.path.split(image_path)[-1].split(".")[-1] != 'jpg':
            continue

        # 为了获取 id,将图片和路径分裂并获取
        id = int(os.path.split(image_path)[-1].split(".")[1])

        # 调用熟悉的人脸分类器
        detector = cv2.CascadeClassifier('haarcascade_frontalface_default.xml')

        faces = detector.detectMultiScale(img_np)

        # 将获取的图片和 id 添加到 list 中
        for (x, y, w, h) in faces:
            face_samples.append(img_np[y:y + h, x:x + w])
            ids.append(id)
    return face_samples, ids

def write_config():
    print("新人脸训练结束")
    f = open('config.txt', "a")
    T = Total_face_num
    f.write(str(T) + " User" + str(T) + " \n")
    f.close()
    id_dict[T] = "User" + str(T)

    # 这里修改文件的方式是先读入内存,然后修改内存中的数据,最后写回文件
    f = open('config.txt', 'r+')
    flist = f.readlines()
    flist[0] = str(int(flist[0]) + 1) + " \n"
    f.close()

    f = open('config.txt', 'w+')
    f.writelines(flist)
    f.close()

# # # # # # # # # # # (3)刷脸

def scan_face():
```

```python
# 使用之前训练好的模型
for i in range(Total_face_num):    # 每个识别器都要用
    i += 1
    yml = str(i) + ".yml"
    print("\n 本次:" + yml)         # 调试信息
    recognizer.read(yml)

    ave_poss = 0
    for times in range(10):        # 每个识别器扫描十遍
        times += 1
        cur_poss = 0
        global success
        global img

        global system_state_lock
        while system_state_lock == 2:  # 如果正在录入新面孔就阻塞
            print("\r 刷脸被录入面容阻塞", end = "")
            pass

        success, img = camera.read()
        gray = cv2.cvtColor(img, cv2.COLOR_BGR2GRAY)
        # 识别人脸
        faces = face_cascade.detectMultiScale(
            gray,
            scaleFactor = 1.2,
            minNeighbors = 5,
            minSize = (int(W_size), int(H_size))
        )
        # 进行校验
        for (x, y, w, h) in faces:

            # global system_state_lock
            while system_state_lock == 2:  # 如果正在录入新面孔就阻塞
                print("\r 刷脸被录入面容阻塞", end = "")
                pass
            # 这里调用 Cv2 中的 rectangle 函数 在人脸周围画一个矩形
            cv2.rectangle(img, (x, y), (x + w, y + h), (0, 255, 0), 2)
            # 调用分类器的预测函数,接收返回值标签和置信度
            idnum, confidence = recognizer.predict(gray[y:y + h, x:x + w])
            conf = confidence
            # 计算出一个校验结果
            if confidence < 100:  # 可以识别出已经训练的对象——直接输出姓名在屏幕上
                if idnum in id_dict:
                    user_name = id_dict[idnum]
                else:
                    # print("无法识别的 ID:{}\t".format(idnum), end = "")
                    user_name = "Untagged user:" + str(idnum)
                confidence = "{0}%", format(round(100 - confidence))
            else:                            # 无法识别此对象,那么就开始训练
                user_name = "unknown"
                # print("检测到陌生人脸\n")

                # cv2.destroyAllWindows()
                # global Total_face_num
```

```python
            #   Total_face_num += 1
            #   Get_new_face()          # 采集新人脸
            #   Train_new_face()        # 训练采集到的新人脸
            #   write_config()          # 修改配置文件
            #   recognizer.read('aaa.yml') # 读取新识别器

        # 加载一个字体用于输出识别对象的信息
        font = cv2.FONT_HERSHEY_SIMPLEX

        # 输出校验结果以及用户名
        cv2.putText(img, str(user_name), (x + 5, y - 5), font, 1, (0, 0, 255), 1)
        cv2.putText(img, str(confidence), (x + 5, y + h - 5), font, 1, (0, 0, 0), 1)

        # 展示结果
        # cv2.imshow('camera', img)

        print("conf = " + str(conf), end = "\t")
        if 15 > conf > 0:
            cur_poss = 1                 # 表示可以识别
        elif 60 > conf > 35:
            cur_poss = 1                 # 表示可以识别
        else:
            cur_poss = 0                 # 表示不可以识别

    k = cv2.waitKey(1)
    if k == 27:
        # cam.release()                  # 释放资源
        cv2.destroyAllWindows()
        break

    ave_poss += cur_poss

    if ave_poss >= 5:                    # 有一半以上识别说明可行则返回
        return i

    return 0                             # 全部过一遍后还没识别出说明无法识别

############(4)多线程

def f_scan_face_thread():
    # 使用之前训练好的模型
    # recognizer.read('aaa.yml')
    var.set('刷脸')
    ans = scan_face()
    if ans == 0:
        print("最终结果：无法识别")
        var.set("最终结果：无法识别")

    else:
        ans_name = "最终结果：" + str(ans) + id_dict[ans]
        print(ans_name)
        var.set(ans_name)

    global system_state_lock
```

```python
        print("锁被释放 0")
        system_state_lock = 0                    # 修改 system_state_lock,释放资源


def f_scan_face():
    global system_state_lock
    print("\n 当前锁的值为: " + str(system_state_lock))
    if system_state_lock == 1:
        print("阻塞,因为正在刷脸")
        return 0
    elif system_state_lock == 2:                # 如果正在录入新面孔就阻塞
        print("\n 刷脸被录入面容阻塞\n"
              "")
        return 0
    system_state_lock = 1
    p = threading.Thread(target = f_scan_face_thread)
    p.setDaemon(True)                # 把线程 P 设置为守护线程,若主线程退出则 P 也跟着退出
    p.start()


def f_rec_face_thread():
    var.set('录入')
    cv2.destroyAllWindows()
    global Total_face_num
    Total_face_num += 1
    Get_new_face()              ·                # 采集新人脸
    print("采集完毕,开始训练")
    global system_state_lock                     # 采集完就可以解锁
    print("锁被释放 0")
    system_state_lock = 0

    Train_new_face()                             # 训练采集到的新人脸
    write_config()                               # 修改配置文件

# recognizer.read('aaa.yml')                     # 读取新识别器

# global system_state_lock
# print("锁被释放 0")
# system_state_lock = 0                          # 修改 system_state_lock,释放资源


def f_rec_face():
    global system_state_lock
    print("当前锁的值为: " + str(system_state_lock))
    if system_state_lock == 2:
        print("阻塞,因为正在录入面容")
        return 0
    else:
        system_state_lock = 2                    # 修改 system_state_lock
        print("改为 2", end = "")
        print("当前锁的值为: " + str(system_state_lock))

    p = threading.Thread(target = f_rec_face_thread)
    p.setDaemon(True)                # 把线程 P 设置为守护线程,若主线程退出则 P 也跟着退出
    p.start()
    # tk.Tk().update()
```

```
    # system_state_lock = 0                         # 修改 system_state_lock,释放资源

def f_exit():                                       # 退出按钮
    exit()

# # # # # # # # # # #(5)界面设计

window = tk.Tk()
window.title('Cheney\' Face_rec 3.0')               # 窗口标题
window.geometry('1000x500')                         # 这里的乘号用字母 x 表示

# 在图形界面上设定标签,类似于一个提示窗口的作用
var = tk.StringVar()
l = tk.Label(window, textvariable = var, bg = 'green', fg = 'white', font = ('Arial', 12), width =
50, height = 4)
# 说明: bg 为背景,fg 为字体颜色,font 为字体,width 为长,height 为高,这里的长和高是字符的长
# 和高,例如 height = 2 表示标签有 2 个字符高
l.pack()                                            # 放置 l 控件

# 在窗口界面设置放置 Button 按键并绑定处理函数
button_a = tk.Button(window, text = '开始刷脸', font = ('Arial', 12), width = 10, height = 2,
command = f_scan_face)
button_a.place(x = 800, y = 120)

button_b = tk.Button(window, text = '录入人脸', font = ('Arial', 12), width = 10, height = 2,
command = f_rec_face)
button_b.place(x = 800, y = 220)

button_b = tk.Button(window, text = '退出', font = ('Arial', 12), width = 10, height = 2, command
= f_exit)
button_b.place(x = 800, y = 320)

panel = tk.Label(window, width = 500, height = 350)  # 摄像头模块大小
panel.place(x = 10, y = 100)                         # 摄像头模块的位置
window.config(cursor = "arrow")

def video_loop():                                    # 用于在 label 内动态展示摄像头内容(摄像头嵌入控件)
    # success, img = camera.read()                   # 从摄像头读取照片
    global success
    global img
    if success:
        cv2.waitKey(1)
        cv2image = cv2.cvtColor(img, cv2.COLOR_BGR2RGBA)  # 颜色从 BGR 转换到 RGBA
        current_image = Image.fromarray(cv2image)    # 将图像转换成 Image 对象
        imgtk = ImageTk.PhotoImage(image = current_image)
        panel.imgtk = imgtk
        panel.config(image = imgtk)
        window.after(1, video_loop)

video_loop()

# 窗口循环,用于显示
window.mainloop()
```

4. 图片文字识别。

```
pip install torch
pip install modelscope
pip install tensorflow == 1.15.5
pip install opencv - python == 4.8.0.74
pip install tf_slim
pip install pyclipper
pip install shapely
pip install protobuf == 3.20.0

from modelscope.pipelines import pipeline
from modelscope.utils.constant import Tasks
import numpy as np
import cv2
import math

# scripts for crop images
def crop_image(img, position):
    def distance(x1,y1,x2,y2):
        return math.sqrt(pow(x1 - x2, 2) + pow(y1 - y2, 2))
    position = position.tolist()
    for i in range(4):
        for j in range(i + 1, 4):
            if(position[i][0] > position[j][0]):
                tmp = position[j]
                position[j] = position[i]
                position[i] = tmp
    if position[0][1] > position[1][1]:
        tmp = position[0]
        position[0] = position[1]
        position[1] = tmp

    if position[2][1] > position[3][1]:
        tmp = position[2]
        position[2] = position[3]
        position[3] = tmp

    x1, y1 = position[0][0], position[0][1]
    x2, y2 = position[2][0], position[2][1]
    x3, y3 = position[3][0], position[3][1]
    x4, y4 = position[1][0], position[1][1]

    corners = np.zeros((4,2), np.float32)
    corners[0] = [x1, y1]
    corners[1] = [x2, y2]
    corners[2] = [x4, y4]
    corners[3] = [x3, y3]

    img_width = distance((x1 + x4)/2, (y1 + y4)/2, (x2 + x3)/2, (y2 + y3)/2)
    img_height = distance((x1 + x2)/2, (y1 + y2)/2, (x4 + x3)/2, (y4 + y3)/2)

    corners_trans = np.zeros((4,2), np.float32)
    corners_trans[0] = [0, 0]
    corners_trans[1] = [img_width - 1, 0]
```

```python
        corners_trans[2] = [0, img_height - 1]
        corners_trans[3] = [img_width - 1, img_height - 1]

        transform = cv2.getPerspectiveTransform(corners, corners_trans)
        dst = cv2.warpPerspective(img, transform, (int(img_width), int(img_height)))
        return dst

def order_point(coor):
    arr = np.array(coor).reshape([4, 2])
    sum_ = np.sum(arr, 0)
    centroid = sum_ / arr.shape[0]
    theta = np.arctan2(arr[:, 1] - centroid[1], arr[:, 0] - centroid[0])
    sort_points = arr[np.argsort(theta)]
    sort_points = sort_points.reshape([4, -1])
    if sort_points[0][0] > centroid[0]:
        sort_points = np.concatenate([sort_points[3:], sort_points[:3]])
    sort_points = sort_points.reshape([4, 2]).astype('float32')
    return sort_points


ocr_detection = pipeline(Tasks.ocr_detection, model = 'damo/cv_resnet18_ocr - detection -
line - level_damo')
ocr_recognition = pipeline(Tasks.ocr_recognition, model = 'damo/cv_convnextTiny_ocr -
recognition - general_damo')
img_path = 'output007.jpg'
image_full = cv2.imread(img_path)
det_result = ocr_detection(image_full)
det_result = det_result['polygons']
for i in range(det_result.shape[0]):
    pts = order_point(det_result[i])
    image_crop = crop_image(image_full, pts)
    result = ocr_recognition(image_crop)
    print("box: % s" % ','.join([str(e) for e in list(pts.reshape(-1))]))
    print("text: % s" % result['text'])
```

5. 图片中猫狗识别。

（1）导入必要的库。

```python
import torch
import numpy as np
import torchvision
from os import path
from torchvision import datasets, models
import torch.nn as nn
import torch.optim as optim
from torch.utils.data import DataLoader
import torchvision.transforms as transforms
import os
import tkinter as tk
from PIL import Image, ImageTk
from tkinter import filedialog
import cv2
import subprocess
```

```
from tkinter import messagebox
```

（2）设置数据目录和模型路径。

```
data_dir = r'data'
model_path = 'cat_dog_classifier.pth'
```

data_dir 变量设置了数据目录的路径，model_path 变量设置了预训练模型的路径。

（3）定义图像转换。

```
data_transforms = {
    'test': transforms.Compose([
        transforms.Resize(size = 224),
        transforms.CenterCrop(size = 224),
        transforms.ToTensor(),
        transforms.Normalize([0.485, 0.456, 0.406], [0.229, 0.224, 0.225])
    ]),
}
```

data_transforms 字典定义了图像转换的参数，用于将输入图像转换为适合模型处理的格式。

（4）使用 GPU。

```
device = torch.device("cuda:0" if torch.cuda.is_available() else "cpu")
```

device 变量用于检查是否有可用的 GPU，如果有，则使用 GPU 进行计算。

（5）加载 ResNet 模型。

```
model = models.resnet50(pretrained = False)      # 使用 pretrained = False
num_ftrs = model.fc.in_features
model.fc = nn.Linear(num_ftrs, 2)
model.load_state_dict(torch.load(model_path))
model = model.to(device)
model.eval()
```

代码加载了一个没有预训练权重的 ResNet 模型，并替换了最后的全连接层以适应两类输出（猫和狗）。然后，它加载了预训练的模型参数，并将模型设置为评估模式。

（6）创建 Tkinter 窗口。

```
root = tk.Tk()
root.title('图像识别猫狗')
root.geometry('800x650')
image = Image.open("图像识别背景.gif")
image = image.resize((800, 650))              # 调整背景图片大小
photo1 = ImageTk.PhotoImage(image)
canvas = tk.Label(root, image = photo1)
canvas.pack()

# 添加文本标签来显示识别结果
result_label = tk.Label(root, text = "", font = ('Helvetica', 18))
result_label.place(x = 280, y = 450)

# 原始图像标签
image_label = tk.Label(root, text = "", image = "")
image_label.place(x = 210, y = 55)
```

```
# 保存用户选择的图片路径
selected_image_path = None
# 加载测试数据集
image_datasets = {x: datasets.ImageFolder(root = os.path.join(data_dir, x), transform = data_
transforms[x]) for x in ['test']}
dataloaders = {x: DataLoader(image_datasets[x], batch_size = 1, shuffle = False) for x in
['test']}
dataset_sizes = {x: len(image_datasets[x]) for x in ['test']}
class_names = image_datasets['test'].classes        # 定义 class_names

# 加载 Haar 特征级联分类器
cat_cascade = cv2.CascadeClassifier(cv2.data.haarcascades + 'haarcascade_frontalcatface.
xml')
dog_cascade = cv2.CascadeClassifier(cv2.data.haarcascades + 'haarcascade_frontalface_alt2.
xml')
```

创建了一个 Tkinter 窗口，并设置了标题和大小。还添加了背景图片和用于显示识别结果的标签。

（7）定义一个函数来打开文件选择对话框并显示图片。

```
def choose_image():
    global selected_image_path
    file_path = filedialog.askopenfilename(initialdir = data_dir, title = "选择图片",
filetypes = (("图片文件", "*.png *.jpg *.jpeg *.gif *.bmp"), ("所有文件", "*.*")))

    if file_path:
        selected_image_path = file_path
        img = Image.open(file_path)
        img = img.resize((400, 350), Image.LANCZOS)
        imgTk = ImageTk.PhotoImage(img)
        image_label.config(image = imgTk)
        image_label.image = imgTk
```

choose_image 函数用于打开一个文件选择对话框，允许用户选择一个图像文件，并将其显示在 GUI 上。

（8）定义一个函数来使用模型进行预测。

```
def predict_image():
    global selected_image_path
    if selected_image_path:
        img = Image.open(selected_image_path)
        transform = data_transforms['test']
        img_tensor = transform(img).unsqueeze(0).to(device)
        with torch.no_grad():
            outputs = model(img_tensor)
            _, preds = torch.max(outputs, 1)
        prediction = class_names[preds.item()]         # 使用 str()来将整数转换为字符串
        result_label.config(text = f"检测到的结果为：{prediction}")
        # 使用 OpenCV 在原始图像上绘制矩形框
        img_cv2 = cv2.cvtColor(np.array(img), cv2.COLOR_RGB2BGR)
        if prediction == 'cats':
            cats = cat_cascade.detectMultiScale(img_cv2, scaleFactor = 1.1, minNeighbors =
5, minSize = (30, 30))
            for (x, y, w, h) in cats:
```

```
            cv2.rectangle(img_cv2, (x, y), (x + w, y + h), (0, 0, 255), 2)  # 红色矩
                                                                      # 形框
        if len(cats) > 0:
            cv2.imwrite("detected_cats_image.jpg", img_cv2) # 保存带有猫矩形框的图像
            img_detected_cats = Image.open("detected_cats_image.jpg").resize((350,
300), Image.LANCZOS)
            imgTk_detected_cats = ImageTk.PhotoImage(img_detected_cats)
            image_label.config(image = imgTk_detected_cats)
            image_label.image = imgTk_detected_cats
    elif prediction == 'dogs':
        dogs = dog_cascade.detectMultiScale(img_cv2, scaleFactor = 1.1, minNeighbors =
5, minSize = (30, 30))
        for (x, y, w, h) in dogs:
            cv2.rectangle(img_cv2, (x, y), (x + w, y + h), (0, 0, 255), 2) # 红色矩形框
        if len(dogs) > 0:
            cv2.imwrite("detected_dogs_image.jpg", img_cv2) # 保存带有狗矩形框的图像
            img_detected_dogs = Image.open("detected_dogs_image.jpg").resize((350,
300), Image.LANCZOS)
            imgTk_detected_dogs = ImageTk.PhotoImage(img_detected_dogs)
            image_label.config(image = imgTk_detected_dogs)
            image_label.image = imgTk_detected_dogs
    else:
        print("未检测到猫或狗。")

        # 显示修改后的图像
        img = cv2.cvtColor(img_cv2, cv2.COLOR_BGR2RGB)
        img = cv2.resize(img, (400, 350))
        imgTk = ImageTk.PhotoImage(image = Image.fromarray(img))
        image_label.config(image = imgTk)
        image_label.image = imgTk
    else:
        print("请先选择一张图片。")
```

predict_image 函数使用加载的模型对用户选择的图像进行预测，并将结果显示在 GUI 上。它还使用 OpenCV 在检测到的猫或狗周围绘制矩形框。

（9）退出程序。

```
def close():
    subprocess.Popen(["python","主页面.py"])
    root.destroy()
```

close 函数用于关闭当前窗口并打开主页面。

（10）创建按钮。

```
image = Image.open("选择图片.gif")              # 加载一张图片
photo2 = ImageTk.PhotoImage(image)
bt1 = tk.Button(root, image = photo2, width = 200, height = 32, command = choose_image)
bt1.place(x = 60, y = 530)
image = Image.open("开始识别.gif")              # 加载一张图片
photo3 = ImageTk.PhotoImage(image)
bt1 = tk.Button(root, image = photo3, width = 200, height = 32, command = predict_image)
bt1.place(x = 300, y = 530)
image = Image.open("退出程序.gif")              # 加载一张图片
photo4 = ImageTk.PhotoImage(image)
```

```
bt1 = tk.Button(root, image = photo4, width = 200, height = 32, command = close)
bt1.place(x = 535, y = 530)
```

创建了三个按钮,分别用于选择图片、开始识别和退出程序。每个按钮都绑定了一个相应的函数。

(11) 运行 Tkinter 事件循环。

```
root.mainloop()
```

调用 root.mainloop()启动 Tkinter 的事件循环,使 GUI 开始运行。

6. 视频中猫狗识别。

用 OpenCV 和 Tkinter 构建从视频中识别猫和狗的应用程序。它允许用户从文件对话框中选择一个视频文件,然后在 Tkinter 窗口中播放视频,并使用 Haar 级联分类器实时检测视频中的猫和狗。

(1) 导入所需的库。

cv2 用于视频捕获和图像处理,tkinter 用于创建 GUI,filedialog 用于打开文件对话框,Image 和 ImageTk 用于处理图像,threading 用于创建新线程以更新视频帧,subprocess 用于启动其他 Python 脚本。

```
import cv2
import tkinter as tk
from tkinter import filedialog
from PIL import Image, ImageTk
import threading
import subprocess
```

(2) 创建 Tkinter 主窗口并设置标题。

```
root = tk.Tk()
root.title("视频识别猫狗")
```

(3) 设置窗口的宽度和高度。

```
window_width = 800
window_height = 600
root.geometry(f"{window_width}x{window_height}")
```

(4) 创建 Canvas 以显示视频帧。

```
canvas = tk.Canvas(root, width = window_width, height = window_height, bg = "white")
canvas.pack()
```

(5) 初始化视频流变量 cap 以存储 OpenCV 的视频捕获对象。

```
cap = None
```

(6) 定义函数 update_frame 以更新 Canvas 上的视频帧。

```
def update_frame():
    global cap
    while cap is not None and cap.isOpened():
        ret, frame = cap.read()
        if ret:
            # 转换为灰度图像
            gray = cv2.cvtColor(frame, cv2.COLOR_BGR2GRAY)
```

```
            # 加载 Haar cascade 文件
            cat_cascade = cv2.CascadeClassifier('haarcascade_frontalcatface.xml')
            dog_cascade = cv2.CascadeClassifier('haarcascade_frontalface_alt.xml')
                # 检测猫和狗
        cats = cat_cascade.detectMultiScale(gray, scaleFactor = 1.1, minNeighbors = 5,
minSize = (30, 30))
            dogs = dog_cascade.detectMultiScale(gray, scaleFactor = 1.1, minNeighbors = 5,
minSize = (30, 30))
                # 在检测到的猫和狗周围画矩形框
            for (x, y, w, h) in cats:
                cv2.rectangle(frame, (x, y), (x + w, y + h), (0, 255, 0), 2)
            for (x, y, w, h) in dogs:
                cv2.rectangle(frame, (x, y), (x + w, y + h), (0, 255, 0), 2)
            # 转换为 Tkinter 兼容的格式并显示
            frame = cv2.cvtColor(frame, cv2.COLOR_BGR2RGB)
            image = Image.fromarray(frame)
            image = ImageTk.PhotoImage(image)
            # 自动调整 Canvas 大小以适应视频帧
            canvas.config(width = image.width(), height = image.height())
            canvas.create_image(0, 0, anchor = tk.NW, image = image)
            root.update_idletasks()
            root.after(10, update_frame)      # 每 10 毫秒更新一次帧
        else:
            cap.release()
            break
```

（7）定义函数 select_video 以选择 Canvas 上的视频帧。

```
# 用于选择视频的函数
def select_video():
    global cap
    file_path = filedialog.askopenfilename(initialdir = "data/视频识别数据")
    if file_path:
        cap = cv2.VideoCapture(file_path)
        threading.Thread(target = update_frame).start()
```

（8）定义函数 close 以退出程序并关闭视频流。

```
def close():
    # 停止视频流
    subprocess.Popen(["python", "主页面.py"])
    if cap is not None and cap.isOpened():
        cap.release()
    # 销毁窗口
    root.destroy()
```

（9）启动主页面，创建两个按钮，一个用于选择视频文件，另一个用于退出程序。按钮的图片和位置在本步骤设置。

```
image = Image.open("选择视频.gif")              # 加载一张图片
photo2 = ImageTk.PhotoImage(image)
bt1 = tk.Button(root, image = photo2, width = 162, height = 100, command = select_video)
bt1.place(x = 150, y = 470)
image = Image.open("退出.gif")                  # 加载一张图片
photo3 = ImageTk.PhotoImage(image)
bt1 = tk.Button(root, image = photo3, width = 162, height = 100, command = close)
```

```
bt1.place(x = 500, y = 470)
```

（10）启动 Tkinter 的事件循环，显示窗口并开始处理用户事件。

```
root.mainloop()
```

7. 花卉识别。

```
from __future__ import absolute_import, division, print_function, unicode_literals
import warnings
warnings.filterwarnings("ignore")

# 导入模块
import glob
import os
import cv2
import tensorflow as tf
import numpy as np
import matplotlib.pyplot as plt
from sklearn.model_selection import train_test_split
from tensorflow.python.keras import layers, optimizers, Sequential
import h5py

path = 'D:/flower_photos/'
w = 100
h = 100
c = 3

def read_image():
    cate = []
    for x in os.listdir(path):
        if(os.path.isdir(path + x)):
            # print(path + x)
            cate.append(path + x)
    print(cate)
    imgs = []
    labels = []
    for idx, folder in enumerate(cate):
        # print("idx:" + str(idx) + " folder: " + folder)
        for im in glob.glob(folder + "/*.jpg"):
            # print("image path: " + im)
            img = cv2.imread(im)
            img = cv2.resize(img, (w, h))
            # print(img)
            imgs.append(img)
            labels.append(idx)
    return np.asarray(imgs, np.float32), np.asarray(labels, np.int32)

data, labels = read_image()
print("data 的维度: ", data.shape)
print("label 的维度: ", labels.shape)

seed = 785
np.random.seed(seed)

(x_train, x_val, y_train, y_val) = train_test_split(data, labels, test_size = 0.20, random_state
```

```
 = seed)
x_train = x_train/255
x_val = x_val/255
# dasiy：雏菊；dandelion：蒲公英；roses：玫瑰花；sunflower：向日葵；tuplis：郁金香
flower_dict = {0:'dasiy',1:'dandelion',2:'roses',3:'sunflower',4:'tuplis'}

model = Sequential([
    layers.Conv2D(32,kernel_size = [5,5],padding = "same",activation = tf.nn.relu),
    layers.MaxPool2D(pool_size = [2,2],strides = 2,padding = "same"),
    layers.Dropout(0.25),

    layers.Conv2D(64, kernel_size = [3, 3], padding = "same", activation = tf.nn.relu),
    layers.Conv2D(64, kernel_size = [3, 3], padding = "same", activation = tf.nn.relu),
    layers.MaxPool2D(pool_size = [2, 2], strides = 2, padding = "same"),
    layers.Dropout(0.25),

    layers.Conv2D(128,kernel_size = [3,3],padding = "same",activation = tf.nn.relu),
    layers.MaxPool2D(pool_size = [2,2],strides = 2,padding = "same"),
    layers.Dropout(0.25),

    layers.Flatten(),
    layers.Dense(512,activation = tf.nn.relu),
    layers.Dense(256,activation = tf.nn.relu),
    layers.Dense(5,activation = 'softmax'),
])

op = optimizers.Adam(lr = 0.0001)
model.compile(optimizer = op,metrics = ['accuracy'],loss = 'sparse_categorical_crossentropy')
model.fit(x_train, y_train, batch_size = 200, epochs = 20, validation_data = (x_val, y_val),
verbose = 2)
model.summary()

test_path = "D:/test_photos/"

img2 = []
image_name = []

for img in glob.glob(test_path + "/ * . jpg"):
    print(img)
    image_name.append(img)
    img = cv2.imread(img)
    img = cv2.resize(img,(w,h))
    img2.append(img)

img2 = np.asarray(img2,np.float32)
print("测试集的大小：",img2.shape)

predict = model.predict_classes(img2)

for i in range(np.size(predict)):
    print(image_name[i])
    print("第",(i + 1),"张图片的预测结果：",flower_dict[predict[i]])
    img = plt.imread(image_name[i])
    plt.imshow(img)
```

```
        plt.show()
```

8. 车牌识别。

```
##########(1)定义图片显示函数和高斯滤波灰度处理函数
# 导入所需模块
import cv2
from matplotlib import pyplot as plt
import os
import numpy as np
# plt 显示彩色图片
def plt_show0(img):
#cv2 与 plt 的图像通道不同:cv2 为[b,g,r];plt 为[r, g, b]
    b,g,r = cv2.split(img)
    img = cv2.merge([r, g, b])
    plt.imshow(img)
    plt.show()


# plt 显示灰度图片
def plt_show(img):
    plt.imshow(img,cmap = 'gray')
    plt.show()


# 图像去噪灰度处理
def gray_guss(image):
    image = cv2.GaussianBlur(image, (3, 3), 0)
    gray_image = cv2.cvtColor(image, cv2.COLOR_RGB2GRAY)
    return gray_image


##########(2)提取车牌位置
# 读取待检测图片
origin_image = cv2.imread('./image/car.jpg')
# 复制一张图片,在复制图上进行图像操作,保留原图
image = origin_image.copy()
# 图像去噪灰度处理
gray_image = gray_guss(image)
# x 方向上的边缘检测(增强边缘信息)
Sobel_x = cv2.Sobel(gray_image, cv2.CV_16S, 1, 0)
absX = cv2.convertScaleAbs(Sobel_x)
image = absX


# 图像阈值化操作——获得二值化图
ret, image = cv2.threshold(image, 0, 255, cv2.THRESH_OTSU)
# 显示灰度图像
plt_show(image)
# 形态学(从图像中提取对表达和描绘区域形状有意义的图像分量)——闭操作
kernelX = cv2.getStructuringElement(cv2.MORPH_RECT, (30, 10))
image = cv2.morphologyEx(image, cv2.MORPH_CLOSE, kernelX,iterations = 1)
# 显示灰度图像
plt_show(image)


# 腐蚀(erode)和膨胀(dilate)
kernelX = cv2.getStructuringElement(cv2.MORPH_RECT, (50, 1))
kernelY = cv2.getStructuringElement(cv2.MORPH_RECT, (1, 20))
#x 方向进行闭操作(抑制暗细节)
```

```python
image = cv2.dilate(image, kernelX)
image = cv2.erode(image, kernelX)
# y 方向进行开操作
image = cv2.erode(image, kernelY)
image = cv2.dilate(image, kernelY)
# 中值滤波(去噪)
image = cv2.medianBlur(image, 21)
# 显示灰度图像
plt_show(image)
# 获得轮廓
contours, hierarchy = cv2.findContours(image, cv2.RETR_EXTERNAL, cv2.CHAIN_APPROX_SIMPLE)

for item in contours:
    rect = cv2.boundingRect(item)
    x = rect[0]
    y = rect[1]
    weight = rect[2]
    height = rect[3]
    # 根据轮廓的形状特点,确定车牌的轮廓位置并截取图像
    if (weight > (height * 3.5)) and (weight < (height * 4)):
        image = origin_image[y:y + height, x:x + weight]
        plt_show0(image)

########## (3)车牌字符的分割
# 车牌字符分割
# 图像去噪灰度处理
gray_image = gray_guss(image)
# 图像阈值化操作——获得二值化图
ret, image = cv2.threshold(gray_image, 0, 255, cv2.THRESH_OTSU)
plt_show(image)

# 膨胀操作,为分割做准备
kernel = cv2.getStructuringElement(cv2.MORPH_RECT, (2, 2))
image = cv2.dilate(image, kernel)
plt_show(image)

# 查找轮廓
contours, hierarchy = cv2.findContours(image, cv2.RETR_EXTERNAL, cv2.CHAIN_APPROX_SIMPLE)
words = []
word_images = []
# 对所有轮廓逐一操作
for item in contours:
    word = []
    rect = cv2.boundingRect(item)
    x = rect[0]
    y = rect[1]
    weight = rect[2]
    height = rect[3]
    word.append(x)
    word.append(y)
    word.append(weight)
    word.append(height)
    words.append(word)
# 排序,车牌号有顺序.words 是一个嵌套列表
```

```python
words = sorted(words,key = lambda s:s[0],reverse = False)
i = 0
#word中存放轮廓的起始点和宽高
for word in words:
    # 筛选字符的轮廓
    if (word[3] > (word[2] * 1.5)) and (word[3] < (word[2] * 3.5)) and (word[2] > 25):
        i = i + 1
        splite_image = image[word[1]:word[1] + word[3], word[0]:word[0] + word[2]]
        word_images.append(splite_image)
        print(i)
print(words)

for i,j in enumerate(word_images):
    plt.subplot(1,7,i + 1)
    plt.imshow(word_images[i],cmap = 'gray')
plt.show()

########## (4)模板匹配识别字符
# 模板匹配
# 准备模板(template[0 - 9]为数字模板)
template = ['0','1','2','3','4','5','6','7','8','9','A','B','C','D','E','F','G','H','J','K','L','M',
'N','P','Q','R','S','T','U','V','W','X','Y','Z','藏','川','鄂','甘','赣','贵','桂','黑','沪','吉',
'冀','津','晋','京','辽','鲁','蒙','闽','宁','青','琼','陕','苏','皖','湘','新','渝','豫','粤',
'云','浙']

# 读取一个文件夹下的所有图片,输入参数是文件名,返回模板文件地址列表
def read_directory(directory_name):
    referImg_list = []
    for filename in os.listdir(directory_name):
        referImg_list.append(directory_name + "/" + filename)
    return referImg_list

# 获得中文模板列表(只匹配车牌的第一个字符)
def get_chinese_words_list():
    chinese_words_list = []
    for i in range(34,64):
        #将模板存储在字典中
        c_word = read_directory('./refer1/' + template[i])
        chinese_words_list.append(c_word)
    return chinese_words_list
chinese_words_list = get_chinese_words_list()

# 获得英文模板列表(只匹配车牌的第二个字符)
def get_eng_words_list():
    eng_words_list = []
    for i in range(10,34):
        e_word = read_directory('./refer1/' + template[i])
        eng_words_list.append(e_word)
    return eng_words_list
eng_words_list = get_eng_words_list()

# 获得英文和数字模板列表(匹配车牌后面的字符)
def get_eng_num_words_list():
    eng_num_words_list = []
```

```
    for i in range(0,34):
        word = read_directory('./refer1/'+ template[i])
        eng_num_words_list.append(word)
    return eng_num_words_list
eng_num_words_list = get_eng_num_words_list()


# 读取一个模板地址,与图片进行匹配,返回得分
def template_score(template,image):
    #将模板进行格式转换
    template_img = cv2.imdecode(np.fromfile(template,dtype = np.uint8),1)
    template_img = cv2.cvtColor(template_img, cv2.COLOR_RGB2GRAY)
    #模板图像阈值化处理——获得黑白图
    ret, template_img = cv2.threshold(template_img, 0, 255, cv2.THRESH_OTSU)
    image_  = image.copy()
    #获得待检测图片的尺寸
    height, width =  image_.shape
    # 将模板 resize 至与图片一样大小
    template_img = cv2.resize(template_img, (width, height))
    # 模板匹配,返回匹配得分
    result = cv2.matchTemplate(image_, template_img, cv2.TM_CCOEFF)
    return result[0][0]


# 对分割得到的字符逐一匹配
def template_matching(word_images):
    results = []
    for index,word_image in enumerate(word_images):
        if index == 0:
            best_score = []
            for chinese_words in chinese_words_list:
                score = []
                for chinese_word in chinese_words:
                    result = template_score(chinese_word,word_image)
                    score.append(result)
                best_score.append(max(score))
            i = best_score.index(max(best_score))
            # print(template[34 + i])
            r = template[34 + i]
            results.append(r)
            continue
        if index == 1:
            best_score = []
            for eng_word_list in eng_words_list:
                score = []
                for eng_word in eng_word_list:
                    result = template_score(eng_word,word_image)
                    score.append(result)
                best_score.append(max(score))
            i = best_score.index(max(best_score))
            # print(template[10 + i])
            r = template[10 + i]
            results.append(r)
            continue
        else:
            best_score = []
```

```python
                for eng_num_word_list in eng_num_words_list:
                    score = []
                    for eng_num_word in eng_num_word_list:
                        result = template_score(eng_num_word, word_image)
                        score.append(result)
                    best_score.append(max(score))
                i = best_score.index(max(best_score))
                # print(template[i])
                r = template[i]
                results.append(r)
                continue
        return results


word_images_ = word_images.copy()
# 调用函数获得结果
result = template_matching(word_images_)
print(result)
# "".join(result)函数将列表转换为拼接好的字符串,方便结果显示
print("".join(result))

from PIL import ImageFont, ImageDraw, Image
height, weight = origin_image.shape[0:2]
print(height)
print(weight)


image_1 = origin_image.copy()
cv2.rectangle(image_1, (int(0.2 * weight), int(0.75 * height)), (int(weight * 0.9), int(height * 0.95)), (0, 255, 0), 5)

# 设置需要显示的字体
fontpath = "font/simsun.ttc"
font = ImageFont.truetype(fontpath, 64)
img_pil = Image.fromarray(image_1)
draw = ImageDraw.Draw(img_pil)
# 绘制文字信息
draw.text((int(0.2 * weight) + 25, int(0.75 * height)), "".join(result), font = font, fill = (255, 255, 0))
bk_img = np.array(img_pil)
print(result)
print("".join(result))
plt_show0(bk_img)
```

## CHAPTER 2

第二部分

Python程序设计
考试模拟题

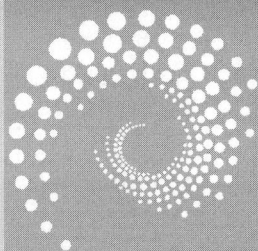

🔑 Python 程序设计考试模拟题(一)

一、选择题

1. 函数定义时,以下不需要使用 global 声明就可以操作全局变量的类型是( )。

    A. 列表   B. 浮点数

    C. 整数   D. 字符串

2. 关于 lambda 函数说法错误的是( )。

    A. 必须使用 lambda 保留字定义

    B. 函数中可以使用赋值语句块

    C. 仅适用于简单单行函数

    D. 匿名函数,定义后的结果是函数名称

3. 以下能够返回 struct_time 类型时间的函数是( )。

    A. time. asctime()   B. time. mktime()

    C. time. gmtime()   D. time. time()

4. 以下选项中( )是下面代码的执行结果。

```
turtle.circle(-90,90)
```

    A. 绘制一个半径为 90 像素的弧形,圆心在小海龟当前行进的左侧

    B. 绘制一个半径为 90 像素的弧形,圆心在小海龟当前行进的右侧

    C. 绘制一个半径为 90 像素的整圆形

    D. 绘制一个半径为 90 像素的弧形,圆心在画布正中心

5. 哪个选项不能改变 turtle 画笔的运行方向?( )

    A. bk()   B. left()   C. right()   D. seth()

6. 下面代码的输出结果是(　　)。

```
MA = lamda x,y : (x > y) * x + (x < y) * y
MI = lamda x,y : (x > y) * y + (x < y) * x
a = 10
b = 20
print(MA(a,b))
print(MI(a,b))
```

  A. 10 10　　　　　　B. 20 10　　　　　　C. 10 20　　　　　　D. 20 20

7. 下列程序的输出结果为(　　)。

```
def f(a,b):
    a = 4
    return a + b
def main():
    a = 5
    b = 6
    print(f(a,b),a + b)
main()
```

  A. 11 10　　　　　　B. 10 10　　　　　　C. 10 11　　　　　　D. 11 11

8. 以下关于函数调用描述正确的是(　　)。

  A. 自定义函数调用前必须定义

  B. 函数和调用只能发生在同一个文件中

  C. Python 内置函数调用前需要引用相应的库

  D. 函数在调用前不需要定义,拿来即用就好

9. jieba 库中用于精确分词的函数是(　　)。

  A. jieba. add_word()　　　　　　　　B. jieba. lcut_for_search()

  C. jieba. lcut(,cut_all＝True)　　　　D. jieba. lcut()

10. 以下关于字典的描述错误的是(　　)。

  A. 字典中键值对存在顺序

  B. 键与值之间采用冒号分隔,键值对之间采用逗号分隔

  C. 字典是键值对的集合

  D. 字典表达了一种映射关系

11. 以下选项中不是 Python 文件读操作方法的是(　　)。

  A. readline　　　　　B. readall　　　　　C. readtext　　　　　D. read

12. 以下选项中说法不正确的是(　　)。

  A. C 语言是静态语言,Python 语言是脚本语言

  B. 编译是将源代码转换成目标代码的过程

  C. 解释是将源代码逐条转换成目标代码同时逐条运行目标代码的过程

  D. 静态语言采用解释方式执行,脚本语言采用编译方式执行

13. 以下选项中,不是 Python 语言特点的是(　　)。

  A. 变量声明：Python 语言具有使用变量需要先定义后使用的特点

  B. 平台无关：Python 程序可以在任何安装了解释器的操作系统环境中执行

  C. 黏性扩展：Python 语言能够集成 C、C++等语言编写的代码

D. 强制可读：Python 语言通过强制缩进来体现语句间的逻辑关系

14. 要在屏幕上输出"Hello World"，以下选项中正确的是（　　）。

A. print('Hello World')　　　　　　B. printf("Hello World")

C. printf('Hello World')　　　　　　D. print(Hello World)

15. IDLE 的退出命令是（　　）。

A. esc()　　　　　B. close()　　　　　C. 回车键　　　　　D. exit()

16. 以下选项中，不符合 Python 语言变量命名规则的是（　　）。

A. keyword33_　　　B. 33_keyword　　　C. _33keyword　　　D. keyword_33

17. 以下选项中，不是 Python 语言保留字的是（　　）。

A. while　　　　　B. continue　　　　　C. goto　　　　　D. for

18. 以下选项中，Python 语言中代码注释使用的符号是（　　）。

A. / * … … * /　　　B. !　　　　　C. ♯　　　　　D. //

19. 关于 Python 语言的变量，以下选项中说法正确的是（　　）。

A. 随时声明、随时使用、随时释放

B. 随时命名、随时赋值、随时使用

C. 随时声明、随时赋值、随时变换类型

D. 随时命名、随时赋值、随时变换类型

20. Python 语言提供的 3 个基本数字类型是（　　）。

A. 整数类型、浮点数类型、复数类型

B. 整数类型、二进制类型、浮点数类型

C. 整数类型、二进制类型、复数类型

D. 整数类型、二进制类型、浮点数类型

21. 以下选项中，不属于 IPO 模式一部分的是（　　）。

A. Program（程序）　B. Process（处理）　C. Output（输出）　D. Input（输入）

22. 以下选项中，属于 Python 语言中合法的二进制整数是（　　）。

A. 0B1010　　　　　B. 0B1019　　　　　C. 0bC3F　　　　　D. 0b1708

23. 关于 Python 语言的浮点数类型，以下选项中描述错误的是（　　）。

A. 浮点数类型表示带有小数的类型

B. Python 语言要求所有浮点数必须带有小数部分

C. 小数部分不可以为 0

D. 浮点数类型与数学中实数的概念一致

24. 关于 Python 语言的数值操作符，以下选项中描述错误的是（　　）。

A. x//y 表示 x 与 y 之整数商，即不大于 x 与 y 之商的最大整数

B. x ** y 表示 x 的 y 次幂，其中，y 必须是整数

C. x％y 表示 x 与 y 之商的余数，也称为模运算

D. x/y 表示 x 与 y 之商

25. 以下选项中，不是 Python 语言基本控制结构的是（　　）。

A. 程序异常　　　B. 循环结构　　　C. 跳转结构　　　D. 顺序结构

26. 关于分支结构，以下选项中描述不正确的是（　　）。

    A. if 语句中条件部分可以使用任何能够产生 True 和 False 的语句和函数

    B. 二分支结构有一种紧凑形式,使用保留字 if 和 elif 实现

    C. 多分支结构用于设置多个判断条件以及对应的多条执行路径

    D. if 语句中语句块执行与否依赖于条件判断

27. 关于 Python 函数,以下选项中描述错误的是(   )。

    A. 函数是一段可重用的语句组

    B. 函数通过函数名进行调用

    C. 每次使用函数需要提供相同的参数作为输入

    D. 函数是一段具有特定功能的语句组

28. 以下选项中,不是 Python 中用于开发用户界面的第三方库是(   )。

    A. PyQt   B. wxPython   C. pygtk   D. turtle

29. 以下选项中,不是 Python 中用于数据分析及可视化处理的第三方库是(   )。

    A. pandas   B. mayavi2   C. mxnet   D. numpy

30. 以下选项中,不是 Python 中用于 Web 开发的第三方库是(   )。

    A. Django   B. scrapy   C. pyramid   D. flask

31. 下面代码的执行结果是(   )。

```
>>> 1.23e - 4 + 5.67e + 8j.real
```

    A. 1.23   B. 5.67e+8   C. 1.23e4   D. 0.000123

32. 下面代码的执行结果是(   )。

```
>>> s = "11 + 5in"
>>> eval(s[1: - 2])
```

    A. 6   B. 11+5   C. 执行错误   D. 16

33. 下面代码的执行结果是(   )。

```
>>> abs(- 3 + 4j)
```

    A. 4.0   B. 5.0   C. 执行错误   D. 3.0

34. 下面代码的执行结果是(   )。

```
>>> x = 2
>>> x * = 3 + 5 ** 2
```

    A. 15   B. 56   C. 8192   D. 13

35. 下面代码的执行结果是(   )。

```
ls = [[1,2,3],[[4,5],6],[7,8]]
print(len(ls))
```

    A. 3   B. 4   C. 8   D. 1

36. 下面代码的执行结果是(   )。

```
a = "Python 等级考试"
b = " = "
c = ">"
print("{0:{1}{3}{2}}".format(a, b, 25, c))
```

    A. Python 等级考试＝＝＝＝＝＝＝＝＝＝＝＝＝＝

  B. ＞＞＞＞＞＞＞＞＞＞＞＞＞＞＞Python等级考试

  C. Python等级考试＝＝＝＝＝＝＝＝＝＝＝＝＝

  D. ＝＝＝＝＝＝＝＝＝＝＝＝＝＝＝Python等级考试

37. 下面代码的执行结果是(　　)。

```python
ls = ["2020", "20.20", "Python"]
ls.append(2020)
ls.append([2020, "2020"])
print(ls)
```

  A. ['2020','20.20','Python',2020]

  B. ['2020','20.20','Python',2020,[2020,'2020']]

  C. ['2020','20.20','Python',2020,['2020']]

  D. ['2020','20.20','Python',2020,2020,'2020']

38. 设city.csv文件内容如下:

巴哈马,巴林,孟加拉国,巴巴多斯
白俄罗斯,比利时,伯利兹

下面代码的执行结果是(　　)。

```python
f = open("city.csv", "r")
ls = f.read().split(",")
f.close()print(ls)
```

  A. ['巴哈马','巴林','孟加拉国','巴巴多斯\n白俄罗斯','比利时','伯利兹']

  B. ['巴哈马,巴林,孟加拉国,巴巴多斯,白俄罗斯,比利时,伯利兹']

  C. ['巴哈马','巴林','孟加拉国','巴巴多斯','\n','白俄罗斯','比利时','伯利兹']

  D. ['巴哈马','巴林','孟加拉国','巴巴多斯','白俄罗斯','比利时','伯利兹']

39. 下面代码的执行结果是(　　)。

```python
d = {}
for i in range(26):
    d[chr(i + ord("a"))] = chr((i + 13) % 26 + ord("a"))
for c in "Python":
    print(d.get(c, c), end = "")
```

  A. Cabugl   B. Python   C. Pabugl   D. Plguba

40. 给出如下代码:

```python
while True:
    guess = eval(input())
    if guess == 0x452//2:
        break
```

作为输入能够结束程序运行的是(　　)。

  A. 553   B. 0x452   C. "0x452//2"   D. break

二、操作题

1. 根据输入字符串s,输出一个宽度为15个字符、字符串s居中显示且以"＝"填充的格式。如果输入字符串超过15个字符,则输出字符串前15个字符。提示代码如下:

```python
s = input()
```

```
print(____①____)
```
输入输出示例如下:

输入

PYTHON

输出

```
==== PYTHON =====
```

2. 根据斐波那契数列的定义,F(0)=0,F(1)=1,F(n)=F(n-1)+F(n-2)(n≥2),输出不大于 100 的序列元素,提示代码如下:

```
a,b = 0,1
while ____①____:
    print(a, end = ",")
    a,b = ____②____
```

3. 如下是一个完整程序,根据提示代码完成任务:输出如"2020 年 10 月 10 日 10 时 10 分 10 秒"格式的时间信息。

```
____①____
timestr = "2020-10-10 10:10:10"
t = time.strptime(timestr, "%Y-%m-%d %H:%M:%S")
print(time.strftime("____②____", t)
```

4. 使用 turtle 库的 turtle.fd()函数和 turtle.seth()函数绘制一个等边三角形,边长为 200 像素,效果如下图所示。结合程序整体框架,根据提示代码完成程序。

提示代码:

```
import turtle as t
for i in range(____①____):
    t.seth(____②____)
    t.fd(____③____)
```

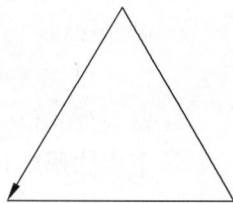

5. 编写代码完成如下功能:

(1) 建立字典 d,包含内容如下:

```
"数学":101,"语文":202,"英语":203,"物理":204,"生物":206
```

(2) 向字典中添加键值对"化学":205。

(3) 修改"数学"对应的值为 201。

(4) 删除"生物"对应的键值对。

(5) 按顺序输出字典 d 全部信息,参考格式如下(注意,其中冒号为英文冒号,逐行输出):

```
201:数学
202:语文
203:(略)
```

6. 编写程序,生成随机密码。具体要求如下:

(1) 使用 random 库,采用 0x1010 作为随机数种子。

（2）密码由 abcdefghijklmnopqrstuvwxyzABCDEFGHIJKLMNOPQRSTUVWXYZ
1234567890!@#$%^&* 中的字符组成。

（3）每个密码长度固定为 10 个字符。

（4）程序每次运行产生 10 个密码，每个密码一行。

（5）每次产生的 10 个密码首字符不能相同。

（6）程序运行后产生的密码保存在"随机密码.txt"文件中。

🔑 Python 程序设计考试模拟题（二）

一、选择题

1. 两个阻值分别为 R1、R2 的电阻并联后，电路阻值 R 可由以下公式求解，下列选项中能正确求出 R 的 Python 表达式是（　　　）。

$$\frac{1}{R}=\frac{1}{R1}+\frac{1}{R2}$$

    A.（R1＋R2）/（R1*R2）   B. R1＋R2/（R1*R2）

    C. R1*R2/R1＋R2   D. R1*R2/（R1＋R2）

2. 下列 Python 表达式结果为 5 的是（　　　）。

    A. abs(int(−5.6))   B. len("3＋5＞＝6")

    C. ord("5")   D. round(5.9)

3. Python 表达式"50−50%6*5//2**2"的结果为（　　　）。

    A. 48   B. 25   C. 0   D. 45

4. Python 语言的特点是（　　　）。

    A. 简单   B. 免费、开源   C. 可移植性   D. 以上都是

5. 在 Python 中 print(8＋7%2**2)的执行结果是（　　　）。

    A. 5   B. 1   C. 6   D. 11

6. Python 文件的后缀名是（　　　）。

    A. pdf   B. do   C. pass   D. py

7. 下列选项中都属于高级语言的是（　　　）。

    A. 汇编语言、机器语言   B. 汇编语言、Basic 语言

    C. Basic 语言、Python 语言   D. 机器语言、Python 语言

8. 关于 Python 程序设计语言，下列说法错误的是（　　　）。

    A. Python 是一种面向对象的编程语言

    B. Python 代码只能在交互环境中运行

    C. Python 具有丰富和强大的库

    D. Python 是一种解释型的计算机程序设计高级语言

9. 下列选项中，属于 Python 输出函数的是（　　　）。

    A. random()   B. print()   C. sqrt()   D. input()

10. 在 Python 中，表示跳出循环的语句是（　　　）。

        A. continue   B. break   C. ESC   D. Close

11. Python 用来表示代码块所属关系(控制层级结构的)的语法符号是(　　　)。

        A. 圆括号   B. 大括号   C. 缩进   D. 冒号

12. 以下属于计算机高级语言的是(　　　)。

        A. Python   B. 自然语言   C. 汇编语言   D. 机器语言

13. 下列不可以作为 Python 合法变量名的是(　　　)。

        A. c0   B. 2a   C. a_3   D. 小河

14. 下列 Python 表达式结果最小的是(　　　)。

        A. 2 ** 3//3+8%2 * 3   B. 5 ** 2%3+7%2 ** 2

        C. 1314//100%10   D. int("1"+"5")//3

15. 可以对文本中词频较高的分词,通过词云图给予视觉上的突出。小明打算用 Python 程序来生成词云图,程序中需要用到以下哪个第三方库?(　　　)

        A. WordCloud   B. math   C. random   D. turtle

16. Python 中幂运算(指数运算)的运算符为(　　　)。

        A. *   B. **   C. %   D. //

17. 以下是一段用 Python 程序设计语言编写的源代码,功能是输出 200 以内能被 17 整除的最大正整数。这段源代码属于(　　　)。

```
for i in range(200,0,-1):
    if i%17==0:
        print(i)
        break
```

        A. 软件   B. 程序   C. 指令   D. 高级语言

18. 小明想要通过编程来解决由重庆到广安耗时最短行程问题时,最核心的工作是(　　　)。

        A. 设计出解决问题的算法   B. 设计出解决问题的 PPT

        C. 编写出 Python 代码   D. 选择一种编程软件

19. 小林同学想要利用 Python 来编写一道程序,解决"1+2+3+……+100"这个问题,那么小林同学在编写程序的过程中不会用到的语句是(　　　)。

        A. 赋值语句   B. 循环语句   C. 条件语句   D. 输出语句

20. 在 Python 中能实现下面输出结果的代码是(　　　)。

请输入你的性别:

        A. print("请输入你的性别:")   B. print(请输入你的性别:)

        C. input("请输入你的性别:")   D. input(请输入你的性别:)

21. 下面选项中对 Python 操作描述错误的是(　　　)。

        A. x1+x2 连接列表 x1 和 x2,生成新列表

        B. x * n 将列表 x 复制 n 次,生成新列表

        C. Min(x)是列表 x 中最大数据项

        D. Len(x)计算列表中成员的个数

22. 要利用 Python 通过数组绘制拟合曲线图,必须要用到的外部库是(　　　)。

        A. time 库   B. random 库   C. turtle 库   D. matplotlib 库

23. 在 Python 中,input()函数的返回结果的数据类型为( )。

    A. Number 型　　　B. String 型　　　C. List 型　　　D. Sets 型

24. Python 程序中第一行是"a＝int(input( ))",第二行是"print(a＋5)",运行程序后键盘输入 3,输出结果是( )。

    A. 5　　　　　　　B. 3　　　　　　　C. 8　　　　　　　D. 其他

25. 关于下列 Python 程序段的说法正确的是( )。

```
k = 1
while 1:
    k += 1
```

    A. 存在语法错误,不能执行　　　　　　B. 执行 1 次

    C. 执行无限次　　　　　　　　　　　　D. 执行 k 次

26. 已知列表 list1＝[8,22,34,9,7],则 Python 表达式 len(list1)＋min(list1)的值为( )。

    A. 5　　　　　　　B. 34　　　　　　C. 7　　　　　　　D. 12

27. 设 a＝2,b＝5,在 Python 中,表达式 a＞b and b＞3 的值是( )。

    A. False　　　　　B. True　　　　　C. −1　　　　　　D. 1

28. Python 语言源代码程序编译后的文件扩展名为( )。

    A. .py　　　　　　B. .c　　　　　　C. .java　　　　　D. .c++

29. 以下不是 Python 关键字的是( )。

    A. cout　　　　　B. from　　　　　C. not　　　　　　D. or

30. 下列有关信息的说法,不正确的是( )。

    A. Python 程序设计语言也是一种信息

    B. 给微信朋友圈点赞也是一种信息评价方式

    C. 信息在传输过程中,必须遵循一定的规则

    D. 对相关数据进行加工处理,使数据之间建立相互联系,从而形成信息

31. 以下关于函数的描述正确的是( )。

    A. 函数用于创建对象　　　　　　　B. 函数可以让程序执行的更快

    C. 函数是一段代码,用于执行特定的任务　D. 以上说法都是正确的

32. 关于递归函数描述正确的是( )。

    A. 递归函数可以调用程序的使用函数

    B. 递归函数用于调用函数的本身

    C. 递归函数除了函数本身,可以调用程序的其他所有函数

    D. Python 中没有递归函数

33.

```
def Func(x):
    if (x == 1):
        return 1
    else:
        return x + Func(x - 1)
print(Func(4))
```

以上代码输出结果为(　　)。

    A. 10　　　　　　　　　　　　　　B. 24

    C. 7　　　　　　　　　　　　　　　D. 1

34. Python 中,以下关于 for 和 while 的描述正确的是(　　)。

    A. 只有 for 才有 else 语句　　　　　　B. 只有 while 才有 else 语句

    C. for 和 while 都可以有 else 语句　　D. for 和 while 都没有 else 语句

35. 迭代输出序列(如列表)时以下描述正确的是(　　)。

    A. while 比 for 更好　　　　　　　　B. for 比 while 更好

    C. while 不能用于迭代系列　　　　　D. for 和 while 都不能用于迭代系列

36. 以下描述正确的是(　　)。

    A. break 语句用于终止当前循环

    B. continue 语句用于跳过当前剩余要执行的代码,执行下一次循环

    C. break 和 continue 语句通常与 if,if…else 和 if…elif…else 语句一起使用

    D. 以上说法都是正确的

37. 将字符串"example"中的字母 a 替换为字母 b,以下代码正确的是(　　)。

    A. example.swap('b','a')　　　　　　B. example.replace('a','b')

    C. example.match('b','a')　　　　　　D. example.replace('b','a')

38. 代码 def a(b,c,d): pass 的含义是(　　)。

    A. 定义一个列表,并初始化它　　　　B. 定义一个函数,但什么都不做

    C. 定义一个函数,并传递参数　　　　D. 定义一个空的类

39. 对于 from-import 这种形式,以下关于 import 语句的描述错误的是(　　)。

    A. 这种形式的 import 语法是:from 模块名称 import 标识符

    B. 这种形式的 import 可以避免名字冲突

    C. 被导入模块的命名空间成为导入模块命名空间的的一部分

    D. 模块中的标识符可以直接使用,形式为:标识符

40. 以下关于文件的描述错误的是(　　)。

    A. readlines()函数读入文件内容后返回一个列表,元素划分依据是文本文件中的换行符

    B. read()一次性读入文本文件的全部内容后,返回一个字符串

    C. readline()函数读入文本文件的一行,返回一个字符串

    D. 二进制文件和文本文件都是可以用文本编辑器编辑的文件

二、程序填空

1. 学校气象小组使用自动测温仪在校园测量了 1 月 12 日的气温,并利用 Python 绘制了当天的气温图,如图 2.1 所示。

```
# 绘制 1 月 12 日的气温图
import matplotlib.pyplot as plt
X = range(0,24,2)
Y = [6,4,4,3,3,6,9,12,12,11,9,7]
plt.xlabel("1 月 12 日")
plt.ylabel("温度/摄氏度")
```

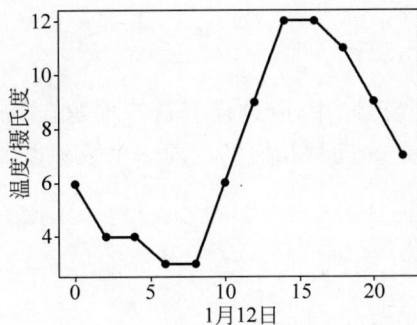

图 2.1　气温图

```
plt.scatter(X,Y,18,"red")        # 绘制散点图
_____
plt.show()
```

(1) 在以上 Python 程序中,变量 Y 的数据类型是_____。

(2) 在以上 Python 程序中,第 8 行横线处的代码是_____。

(3) 通过观察,气温的采样间隔时间是_____个小时。

2. 编写程序。对于如图 2.2 所示的算法,用 Python 程序写出实现该算法的代码。

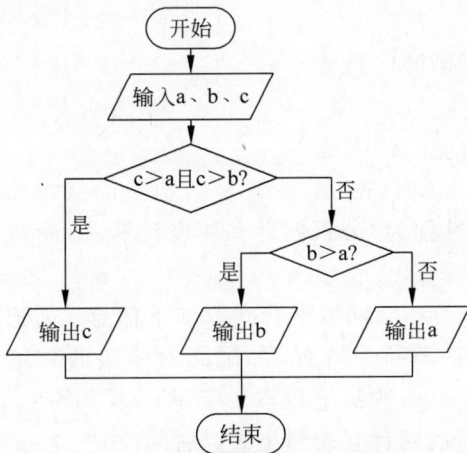

图 2.2　找出三个数最大值的算法流程图

3. 蒙特卡洛方法不仅可以用来模拟投针实验,还可以用来模拟求解圆周率 T。补全下列 Python 程序。

```
import random
import math
def monteCarlo(N):
    i = 0
    ①_____
    while i <= N:
        x = random.random()
        y = random.random()
        if ②_____:
            count += 1
        i += 1
    ③_____
```

```
        print(pi)
monteCarlo(1000000)
```

4. 在一千多年前的《孙子算经》中，有这样一道算术题："今有物不知其数，三三数之剩二，五五数之剩三，七七数之剩二，问物几何？"。即一个数除以 3 余 2，除以 5 余 3，除以 7 余 2，求这个数。

```
i = ①_____
while (i % 3!= 2 ②_____ i % 5!= 3 or i % 7!= 2):
    i = ③_____
print(i)
```

5. 程序设计：从键盘输入任意的正整数，程序输出其相应的二进制数。

代码如下：

```
n = int(input("请输入一个十进制数："))
result = []
while n > 0:
    result.append(  ①  )
    n =   ②
result.reverse()
for i in result:
    print(i, end = ")
```

（1）程序代码中①处正确的代码是（_____）。

  A. n%2   B. n/2   C. n//2   D. n * 2

（2）程序代码中②处可能的代码是（_____）。

  A. n%2   B. n/2   C. n//2   D. n * 2

6. 计算机解决问题的过程为"分析问题——设计算法（画流程图）——编写程序——调试程序"。

问题如下：项目小组成员在某网购平台获取如下信息：笔记本 1 的单价是 3 元，笔记本 2 的单价是 5 元，如果同时购买两种笔记本，价格可以打 6 折。计算一下，购买笔记本 1 和笔记本 2 各 n 本，可以优惠多少元（以元为单位，四舍五入到小数点后两位）？

设计算法，如图 2.3 所示。

输入以下代码，自己输入数据运行。

```
n = int(input("输入购买的笔记本 1 和笔记本 2 的本数为:"))
a = 3 * n
b = 5 * n
y = (a + b) * (1 - 0.8)
print("购买的笔记本 1 和笔记本 2 的数量为 ",n,"本")
print("可节省的金额为 ","%.2f" % y,"元")
```

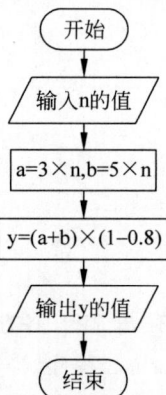

图 2.3　计算购买笔记本优惠的算法流程图

7. 调试程序。阅读以下程序并写出运行结果。

```
fruites = ['banana', 'apple', 'mango']
for fruit in fruites:
    print(fruit)
a = len(fruites)
print('a = ',a)
```

_____

8. 补全程序。以下是猜数游戏的程序,在横线处填写正确的内容。

```
import random
secret = random.randint(0,10)
print(" --- 猜数游戏 ----- ")
cs = int(input("你猜的数字是"))
while cs!= secret:
_____ cs > secret:
_____("唉,猜大啦!")
_____:
print("嘿嘿,猜小了!")
cs =  int(input("重新猜一个靠谱的数字是:"))
print("游戏结束,不玩了!")
```

9. 阅读程序。分析有关多项式的代码并回答问题。

求 1!+2!+3!+…+20!的代码如下:

```
n = 0
s = 0
t = 1
for n in range(1,21):
    t * = n
    s += t
print(s,end = " ")
```

(1) n 的作用是_____。

(2) s 的作用是_____。

(3) t 的初值必须赋为 1,这是因为_____。

(4) t * =n 的等价语句是_____。

(5) s+=t 的等价语句是 _____。

10. 在横线处填写正确的代码,使程序完整。

程序功能:用辗转相除法求解两个正整数的最大公约数。

```
x =  int(input('请输入第一个正整数:'))
y =  int(input('请输入第二个正整数:'))
m =  max(x,y)          ♯ 找出 x,y 中的最大值
n =  min(x,y)          ♯ 找出 x,y 中的最小值
r =  m%n               ♯ 求最大值除以最小值后的余数
while r!= 0:           ♯ 如果余数不等于 0,则进行以下循环
    m = _____       ♯ 把最小值赋给 m
    n = _____       ♯ 把余数赋给 n
    r =  m%n           ♯ 求最大值除以最小值后的余数
print('这两个数的最大公约数为:',_____)
input("运行完毕,请按任意键退出....")
```

🔑 Python 程序设计考试模拟题(三)

一、选择题

1. 关于二叉树的遍历,以下选项中描述错误的是(　　)。

A．二叉树的遍历可以分为三种：前序遍历、中序遍历、后序遍历

B．前序遍历是先遍历左子树，然后访问根结点，最后遍历右子树

C．后序遍历二叉树的过程是一个递归的过程

D．二叉树的遍历是指不重复地访问二叉树中的所有结点

2．关于二叉树的描述，以下选项中错误的是（　　）。

A．二叉树具有两个特点：非空二叉树只有一个根结点；每一个结点最多有两棵子树，且分别称为该结点的左子树与右子树

B．在任意一棵二叉树中，度为 0 的结点（叶子结点）比度为 2 的结点多一个

C．深度为 m 的二叉树最多有 2 的 m 次幂个结点

D．二叉树是一种非线性结构

3．关于查找技术的描述，以下选项中错误的是（　　）。

A．如果采用链式存储结构的有序线性表，只能用顺序查找

B．二分查找只适用于顺序存储的有序表

C．顺序查找的效率很高

D．查找是指在一个给定的数据结构中找某个特定的元素

4．关于排序技术的描述，以下选项中错误的是（　　）。

A．选择排序法在最坏的情况下需要比较 n(n−1)/2 次

B．快速排序法比冒泡排序法的速度快

C．冒泡排序法是通过相邻数据元素的交换逐步将线性表变成有序

D．简单插入排序在最坏的情况下需要比较 n 的 1.5 幂次

5．关于面向对象的程序设计，以下选项中描述错误的是（　　）。

A．面向对象方法可重用性好

B．Python 3.x 解释器内部采用完全面向对象的方式实现

C．用面向对象方法开发的软件不容易理解

D．面向对象方法与人类习惯的思维方法一致

6．在软件生命周期中，能准确地确定软件系统必须做什么和必须具备哪些功能的阶段是（　　）。

A．需求设计　　　　B．详细设计　　　　C．可行性分析　　　　D．概要设计

7．以下选项中，用于检测软件产品是否符合需求定义的是（　　）。

A．集成测试　　　　B．验证测试　　　　C．验收测试　　　　D．确认测试

8．在 PFD 图中用箭头表示（　　）。

A．数据流　　　　B．调用关系　　　　C．组成关系　　　　D．控制流

9．关于软件调试方法，以下选项中描述错误的是（　　）。

A．软件调试可以分为静态调试和动态调试

B．软件调试的主要方法有强行排错法、回溯法、原因排除法等

C．软件调试的目的是发现错误

D．软件调试的关键在于推断程序内部的错误位置及原因

10．关于数据库设计，以下选项中描述错误的是（　　）。

A. 数据库设计可以采用生命周期法

B. 数据库设计是数据库应用的核心

C. 数据库设计的四个阶段按顺序为概念设计、需求分析、逻辑设计、物理设计

D. 数据库设计的基本任务是根据用户对象的信息需求、处理需求和数据库的支持环境设计出数据模式

11. 以下选项中值为 False 的是(　　)。

A. 'abc'＜'abcd'　　　　　　　　　　B. ' '＜'a'

C. 'Hello'＞'hello'　　　　　　　　　D. 'abcd'＜'ad'

12. Python 语言中用来定义函数的关键字是(　　)。

A. return　　　　　B. def　　　　　C. function　　　　　D. define

13. 以下选项中,对文件的描述错误的是(　　)。

A. 文件中可以包含任何数据内容

B. 文本文件和二进制文件都是文件

C. 文本文件不能用二进制文件方式读入

D. 文件是一个存储在辅助存储器上的数据序列

14. 有列表 ls=[3.5,"Python",[10,"LIST"],3.6],ls[2][−1][1]的运行结果是(　　)。

A. I　　　　　　B. P　　　　　　C. Y　　　　　　D. L

15. 以下用于绘制弧形的函数是(　　)。

A. turtle.seth()　　B. turtle.right()　　C. turtle.circle()　　D. turtle.fd()

16. 对于 turtle 绘图中颜色值的表示,以下选项中错误的是(　　)。

A. (190,190,190)　B. BEBEBE　　　C. ♯BEBEBE　　　D. "grey"

17. 以下选项中不属于组合数据类型的是(　　)。

A. 变体类型　　　　B. 字典类型　　　　C. 映射类型　　　　D. 序列类型

18. 关于 random 库,以下选项中描述错误的是(　　)。

A. 设定相同种子,每次调用随机函数生成的随机数相同

B. 通过 from random import ＊ 可以导入 random 随机库

C. 通过 import random 可以导入 random 随机库

D. 生成随机数之前必须要指定随机数种子

19. 关于函数的可变参数,可变参数 ＊args 传入函数时存储的类型是(　　)。

A. list　　　　　　B. set　　　　　　C. dict　　　　　　D. tuple

20. 关于局部变量和全局变量,以下选项中描述错误的是(　　)。

A. 局部变量和全局变量是不同的变量,但可以使用 global 保留字在函数内部使用全局变量

B. 局部变量是函数内部的占位符,与全局变量可能重名但不同

C. 函数运算结束后,局部变量不会被释放

D. 局部变量为组合数据类型且未创建,等同于全局变量

21. 下面代码的输出结果是(　　)。

```
ls = ["F","f"]
def fun(a):
```

```
        ls.append(a)
        return
fun("C")
print(ls)
```

  A.　['F','f']　　　　　B.　['C']　　　　　C.　出错　　　　　D.　['F','f','C']

22. 关于函数作用的描述，以下选项中错误的是（　　　）。

  A. 复用代码　　　　　　　　　　　　B. 增强代码的可读性

  C. 降低编程复杂度　　　　　　　　　D. 提高代码执行速度

23. 假设函数中不包括 global 保留字，对于改变参数值的方法，以下选项中错误的是（　　　）。

  A. 参数是 int 类型时，不改变原参数的值

  B. 参数是组合类型（可变对象）时，改变原参数的值

  C. 参数的值是否改变与函数中对变量的操作有关，与参数类型无关

  D. 参数是 list 类型时，改变原参数的值

24. 关于形参和实参的描述，以下选项中正确的是（　　　）。

  A. 参数列表中给出要传入函数内部的参数，这类参数称为形式参数，简称形参

  B. 函数调用时，实参默认采用按照位置顺序的方式传递给函数，Python 也提供了按照形参名称输入实参的方式

  C. 程序在调用时，将形参复制给函数的实参

  D. 函数定义中参数列表里面的参数是实际参数，简称实参

25. 以下选项中，正确地描述了浮点数 0.0 和整数 0 相同性的是（　　　）。

  A. 它们使用相同的计算机指令处理方法　　B. 它们具有相同的数据类型

  C. 它们具有相同的值　　　　　　　　　　D. 它们使用相同的硬件执行单元

26. 关于 random.uniform(a,b) 的作用描述，以下选项中正确的是（　　　）。

  A. 生成一个 [a,b] 之间的随机小数

  B. 生成一个均值为 a、方差为 b 的正态分布

  C. 生成一个 (a,b) 之间的随机数

  D. 生成一个 [a,b] 之间的随机整数

27. 关于 Python 语句 P＝－P，以下选项中描述正确的是（　　　）。

  A. P 和 P 的负数相等　　　　　　　　B. P 和 P 的绝对值相等

  C. 将 P 赋值为它的负数　　　　　　　D. P 的值为 0

28. 以下选项中，用于文本处理的第三方库是（　　　）。

  A. pdfminer　　　　　B. TVTK　　　　　C. matplotlib　　　　D. mayavi

29. 以下选项中，用于机器学习的第三方库是（　　　）。

  A. jieba　　　　　　B. SnowNLP　　　　C. loso　　　　　　D. TensorFlow

30. 以下选项中，用于 Web 开发的第三方库是（　　　）。

  A. Panda3D　　　　B. cocos2d　　　　　C. Django　　　　　D. Pygame

31. 下面代码的输出结果是（　　　）。

```
x = 0x0101
print(x)
```

　　A. 101　　　　　　　　B. 257　　　　　　　　C. 65　　　　　　　　D. 5

32. 下面代码的输出结果是（　　）。

```
sum = 1.0
for num in range(1,4):
    sum += num
print(sum)
```

　　A. 6　　　　　　　　B. 7.0　　　　　　　　C. 1.0　　　　　　　　D. 7

33. 下面代码的输出结果是（　　）。

```
a = 4.2e - 1
b = 1.3e2
print(a + b)
```

　　A. 130.042　　　　　B. 5.5e31　　　　　C. 130.42　　　　　D. 5.5e3

34. 下面代码的输出结果是（　　）。

```
name = "Python 语言程序设计"
print(name[2: - 2])
```

　　A. thon 语言程序　　　　　　　　　　B. thon 语言程序设

　　C. ython 语言程序　　　　　　　　　　D. ython 语言程序设

35. 下面代码的输出结果是（　　）。

```
weekstr = "星期一星期二星期三星期四星期五星期六星期日"
weekid = 3
print(weekstr[weekid * 3: weekid * 3 + 3])
```

　　A. 星期二　　　　　B. 星期三　　　　　C. 星期四　　　　　D. 星期一

36. 下面代码的输出结果是（　　）。

```
a = [5,1,3,4]
print(sorted(a,reverse = True))
```

　　A. [5,1,3,4]　　　B. [5,4,3,1]　　　C. [4,3,1,5]　　　D. [1,3,4,5]

37. 下面代码的输出结果是（　　）。

```
for s in "abc":
    for i in range(3):
        print (s, end = "")
        if s == "c":
            break
```

　　A. aaabccc　　　　B. aaabbbc　　　　C. abbbccc　　　　D. aaabbbccc

38. 下面代码的输出结果是（　　）。

```
for i in range(10):
    if i % 2 == 0:
        continue
    else:
        print(i, end = ",")
```

　　A. 2,4,6,8,　　　B. 0,2,4,6,8,　　　C. 0,2,4,6,8,10,　　D. 1,3,5,7,9,

39. 下面代码的输出结果是（　　）。

```
ls = list(range(1,4))
print(ls)
```

    A. {0,1,2,3}   B. [1,2,3]   C. {1,2,3}   D. [0,1,2,3]

40. 下面代码的输出结果是（　　）。

```
def change(a,b):
    a = 10
    b += a
a = 4
b = 5
change(a,b)
print(a,b)
```

    A. 10 5   B. 4 15   C. 10 15   D. 4 5

二、操作题

1. 编写程序，从键盘上获得用户连续输入且用逗号分隔的若干数字（不必以逗号结尾），计算所有输入数字的和并输出。提示代码如下。

```
n = input()
nums =  ①
s = 0
for i in nums:
    ②   print(s)
```

2. 编写程序，获得用户输入的数值 M 和 N；求 M 和 N 的最大公约数。提示代码如下。

```
def GreatCommonDivisor(a,b):
    if a > b:
        a,b = b,a
    r = 1
    while r != 0:
        ①
        a = b
        b = r
    return a
m = eval(input())
n = eval(input())
print(  ②  )
```

输入输出示例如下：

输　　入	输　　出
2	1
3	

3. jieba 是一个中文分词库，一些句子可能存在多种分词结果，补充横线处的代码，生成字符串 s 可能的所有分词结果列表，提示代码如下。

```
    ①
s = "世界冠军运动员的乒乓球拍卖完了"
ls = jieba.lcut(  ②  )
print(ls)
```

4. 使用 turtle 库的 turtle.circle() 函数、turtle.seth() 函数和 turtle.left() 函数绘制一

张四瓣花图形,效果如右图所示。结合程序整体框架,补充横线处代码,从左上角花瓣开始,逆时针作画。

```
import turtle as t
for i in range(   ①   ):
    t.seth(   ②   )
    t.circle(200, 90)
    t.seth(   ③   )
    t.circle(200, 90)
```

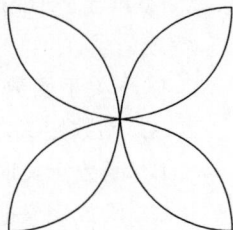

5. 编写程序,实现将列表 ls = [23,45,78,87,11,67,89,13,243,56,67,311,431,111,141]中的素数去除,并输出去除素数后列表 ls 的元素个数。结合程序整体框架,补充横线处代码。

```
def is_prime(n):
       ①              #此处可为多行函数定义代码
ls = [23,45,78,87,11,67,89,13,243,56,67,311,431,111,141]
for i in ls.copy():
    if is_prime(i) == True:
          ②            #此处为一行代码 print(len(ls))
```

6. 古代航海人为了方便在航海时辨别方位和观测天象,将散布在天上的星星运用想象力将它们连接起来,其中有一半在古时候已命名,另一半是近代开始命名的。两千多年前古希腊的天文学家希巴克斯命名十二星座,依次为白羊座、金牛座、双子座、巨蟹座、狮子座、处女座、天秤座、天蝎座、射手座、魔羯座、水瓶座和双鱼座。给出存储二维数据的 CSV 文件(SunSign.csv),内容如下:

```
星座,开始月日,结束月日,Unicode
水瓶座,120,218,9810
双鱼座,219,320,9811
白羊座,321,419,9800
金牛座,420,520,9801
双子座,521,621,9802
巨蟹座,622,722,9803
狮子座,723,822,9804
处女座,823,922,9805
天秤座,923,1023,9806
天蝎座,1024,1122,9807
射手座,1123,1221,9808
魔羯座,1222,119,9809
```

编写程序,读入 CSV 文件中数据,循环获得用户输入,直至用户输入 exit 退出。根据用户输入的星座名称,输出此星座对应的出生日期范围及对应字符形式。如果输入的星座名称有误,则输出“输入星座名称有误!”。

Python 程序设计考试模拟题(四)

一、选择题

1. 以下不能够与 while 循环搭配使用的保留字是(　　)。

    A. do　　　　　　　B. continue　　　　　C. break　　　　　D. else

2. 以下与 Python 异常处理无关的保留字是(　　)。

    A. in　　　　　　　B. try　　　　　　　C. else　　　　　　D. finally

3. 以下关于函数定义的说法错误的是(　　)。

    A. 函数定义时,参数需要声明数据类型

    B. 函数定义时,可以有 return 语句,也可以没有

    C. 函数定义时,可以返回 0 个或多个结果,多个结果将作为元组类型返回

    D. 函数定义时,参数个数可以是 0 个或多个,类型可以不同

4. 关于 Python 的组合数据类型,以下描述错误的是(　　)。

    A. 组合数据类型可以分为 3 类:序列类型、集合类型和映射类型

    B. 序列类型是二维元素向量,元素之间存在先后关系,通过序号访问

    C. Python 的字符串、元组和列表类型都属于序列类型

    D. 组合数据类型能够将多个相同类型或不同类型的数据组织起来,通过单一的表
       示使数据操作更有序、更容易

5. 关于 Python 的元组类型,以下选项错误的是(　　)。

    A. 元组中元素必须是相同类型

    B. 元组采用逗号和圆括号(可选)来表示

    C. 一个元组可以作为另一个元组的元素,可以采用多级索引获取信息

    D. 元组一旦创建就不能被修改

6. 哪个选项是下面代码的输出结果?(　　)

```
d = {'a':1,'b':2,'b':'3'}
Print(d['b'])
```

    A. 2　　　　　　　　B. {'b':2}　　　　　C. 3　　　　　　　　D. 1

7. 关于大括号{},以下描述正确的是(　　)。

    A. 直接使用{}将生成一个列表类型

    B. 直接使用{}将生成一个元组类型

    C. 直接使用{}将生成一个集合类型

    D. 直接使用{}将生成一个字典类型

8. S 和 T 是两个集合,哪个选项对 S^T 的描述是正确的?(　　)

    A. S 和 T 的差运算,包括在集合 S 中但不在 T 中的元素

    B. S 和 T 的交运算,包括同时在集合 S 和 T 中的元素

    C. S 和 T 的补运算,包括集合 S 和 T 中的非相同元素

    D. S 和 T 的并运算,包括在集合 S 和 T 中的所有元素

9. 以下不是 Python 序列类型的是(　　)。

    A. 元组类型　　　　B. 数组类型　　　　C. 列表类型　　　　D. 字符串类型

10. 现有序列 s,哪个选项对 s.index(x)的描述是正确的?(　　)

    A. 返回序列 s 中元素 x 第一次出现的序号

    B. 返回序列 s 中 x 的长度

    C. 返回序列 s 中元素 x 所有出现位置的序号

  D. 返回序列 s 中序号为 x 的元素

11. 对 Python 中的变量描述错误的选项是（　　）。

  A. Python 不需要显式声明变量类型，在第一次变量赋值时由值决定变量的类型

  B. 变量通过变量名访问

  C. 变量必须在创建和赋值后使用

  D. 变量 PI 与变量 Pi 被看作相同的变量

12. 以下 Python 语句运行结果异常的选项是（　　）。

  A. >>> a = 1　　　　　　　　　　　　　B. >>> x = True

   >>> b = a = a + 1　　　　　　　　　　　>>> int(x)

  C. >>> PI,r = 3.14,4　　　　　　　　　　D. >>> a

13. 以下对 Python 程序设计风格描述错误的选项是（　　）。

  A. Python 中不允许把多条语句写在同一行

  B. Python 语句中，增加缩进表示语句块的开始，减少缩进表示语句块的退出

  C. Python 可以将一条长语句分成多行显示，使用续航符"\"

  D. Python 中不允许把多条语句写在同一行

14. 下列表达式的运算结果是（　　）。

```
>>> a = 100
>>> b = False
>>> a * b > -1
```

  A. False　　　　　　B. 1　　　　　　　C. 0　　　　　　　D. True

15. 运行以下程序，输出结果是（　　）。

```
str1 = "Nanjing University"
str2 = str1[:7] + " Normal " + str1[-10:]
print(str2)
```

  A. Normal U　　　　　　　　　　　　B. Nanjing Normal

  C. Normal University　　　　　　　　　D. Nanjing Normal University

16. 运行以下程序，输出结果是（　　）。

```
print(" love ".join(["Everyday","Yourself","Python",]))
```

  A. Everyday love Yourself　　　　　　B. Everyday love Python

  C. love Yourself love Python　　　　　D. Everyday love Yourself love Python

17. 下列使用 PyInstaller 库对 Python 源文件打包的基本使用方法的选项是（　　）。

  A. pip -h

  B. pip install <拟安装库名>

  C. pip download <拟下载库名>

  D. pyinstaller 需要在命令行运行 pyinstaller <Python 源程序文件名>

18. 以下程序不可能的输出结果是（　　）。

```
from random import *
print(round(random(),2))
```

  A. 0.47　　　　　　B. 0.54　　　　　　C. 0.27　　　　　　D. 1.87

19. 以下程序的输出结果是(   )。

```
astr = '0\n'
bstr = 'A\ta\n'
print("{}{}".format(astr,bstr))
```

A. 0   B. 0   C. 0   D. 0

　　a a   A A   a A   A a

20. 以下关于异常处理的描述,正确的是(   )。

A. try 语句中有 except 子句就不能有 finally 子句

B. Python 中,可以用异常处理捕获程序中的所有错误

C. 一个不存在索引的列表元素会引发 NameError 错误

D. Python 中允许利用 raise 语句由程序主动引发异常

21. 以下语句执行后 a、b、c 的值是(   )。

```
a = "watermelon"
b = "strawberry"
c = "cherry"
if a > b:
    c = a
    a = b
    b = c
```

A. watermelon strawberry cherry   B. watermelon cherry strawberry

C. strawberry cherry watermelon   D. strawberry watermelon watermelon

22. 以下关于 Python 的控制结构的描述,错误的是(   )。

A. 每个 if 语句后要使用冒号(：)

B. 在 Python 中,没有 switch-case 语句

C. Python 中的 pass 是空语句,一般用作占位语句

D. elif 可以单独使用

23. 以下代码段,不会输出 A,B,C 的选项是(   )。

A. ```
for i in range(3):
    print(chr(65 + i),end = ",")
```

B. ```
for i in [0,1,2]:
    print(chr(65 + i),end = ",")
```

C. ```
i = 0
while i<3:
    print(chr(i + 65),end = ",")
    i + = 1
    continue
```

D. ```
i = 0
while i<3:
    print(chr(i + 65),end = ",")
        break
    i + = 1
```

24. 设有"x＝10,y＝20",下列语句能正确运行结束的是(　　)。
   A. max＝x＞y？x：y
   B. if(x＞y) print(x)
   C. while True：pass
   D. min＝x if x＜y else y

25. 以下程序的输出结果是(　　)。

```
Da = {"北美洲":"北极兔","南美洲":"托哥巨嘴鸟","亚洲":"大熊猫","非洲":"单峰驼","南极
洲":"帝企鹅"}
Da["非洲"] = "大猩猩"
print(Da)
```

   A. ('北美洲': '北极兔', '南美洲': '托哥巨嘴鸟', '亚洲': '大熊猫', '非洲': '大猩猩', '南极
       洲': '帝企鹅')

   B. ['北美洲': '北极兔', '南美洲': '托哥巨嘴鸟', '亚洲': '大熊猫', '非洲': '大猩猩', '南极
       洲': '帝企鹅']

   C. {"北美洲":"北极兔","南美洲":"托哥巨嘴鸟","亚洲":"大熊猫","非洲":"单峰驼","南极
       洲":"帝企鹅"}

   D. {'北美洲': '北极兔', '南美洲': '托哥巨嘴鸟', '亚洲': '大熊猫', '非洲': '大猩猩', '南极
       洲': '帝企鹅'}

26. 以下关于列表操作的描述,错误的是(　　)。
   A. 通过 append()方法可以向列表添加元素
   B. 通过 extend()方法可以将另一个列表中的元素逐一添加到列表中
   C. 通过 insert(index,object)方法可以在指定位置 index 前插入元素 object
   D. 通过 add()方法可以向列表添加元素

27. 以下关于字典操作的描述,错误的是(　　)。
   A. del()用于删除字典或者元素
   B. clear()用于清空字典中的数据
   C. len()方法可以计算字典中键值对的个数
   D. keys()方法可以获取字典的值视图

28. 以下程序的输出结果是(　　)。

```
L1 = ['abc',['123','456']]
L2 = ['1','2','3']
print(L1 > L2)
```

   A. False
   B. 1
   C. True
   D. TypeError: '>' not supported between instances of 'list' and 'str'

29. 以下可以将 Python 脚本程序转换为可执行程序的第三方库是(　　)。
   A. requests　　　　B. scrapy　　　　C. numpy　　　　D. pyinstaller

30. 以下属于 Python 中文分词方向的第三方库是(　　)。
   A. pandas　　　　B. beautifulsoup4　　C. python-docx　　D. jieba

31. 以下生成词云的 Python 第三方库是(　　)。
   A. matplotib　　　B. TVTK　　　　C. mayavi　　　　D. wordcloud

32. Python 中函数不包括(　　)。

　　A. 标准函数　　　　　B. 第三方库函数　　C. 内建函数　　　　D. 参数函数

33. Python 中,函数定义可以不包括以下选项中的(　　)。

　　A. 函数名　　　　　　B. 关键字 def　　　　C. 一对圆括号　　　D. 可选参数列表

34. 以下程序的输出结果是(　　)。

```
def func(num):
    num *= 2
x = 20
func(x)
print(x)
```

　　A. 40　　　　　　　　B. 出错　　　　　　　C. 无输出　　　　　　D. 20

35. 以下程序的输出结果是(　　)。

```
def func(a, *b):
    for item in b:
        a += item
    return a
m = 0
print(func(m,1,1,2,3,5,7,12,21,33))
```

　　A. 33　　　　　　　　B. 0　　　　　　　　　C. 7　　　　　　　　D. 85

36. 以下程序的输出结果是(　　)。

```
a = ["a","b","c"]
b = a[::-1]
print(b)
```

　　A. ['a','b','c']　　B. 'c','b','a'　　C. 'a','b','c'　　D. ['c','b','a']

37. Python 的文件只读打开模式是(　　)。

　　A. w　　　　　　　　B. x　　　　　　　　　C. b　　　　　　　　D. r

38. Python 文件读取方法 read(size)的含义是(　　)。

　　A. 从头到尾读取文件所有内容

　　B. 从文件中读取一行数据

　　C. 从文件中读取多行数据

　　D. 从文件中读取指定 size 大小的数据,如果 size 为负数或者空,则读取到文件
　　　结束

39. 关于数据组织的维度描述正确的是(　　)。

　　A. 二维数据由有对等关系的有序或无序数据构成

　　B. 高维数据由关联关系数据构成

　　C. CSV 是一维数据

　　D. 一维数据采用线性方式存储

40. 同时去掉字符串左边和右边空格的函数是(　　)。

　　A. center()　　　　　B. count()　　　　　　C. format()　　　　　D. strip()

二、操作题

1. 从键盘输入 3 个数作为三角形的边长,在屏幕上输出由这 3 个边长构成的三角形的

面积(保留两位小数)。输入输出示例如下：

输　入	输　出
3,3,3	3.90

2. 将一个列表中所有的单词首字母转换成大写。输入输出示例如下：

输　入	输　出
["python","is","opening"]	['Python', 'Is', 'Opening']

3. 从键盘输入一个列表,计算并输出列表元素的均方差。输入输出示例如下：

输　入	输　出
[99,98,97,96,95]	均方差为: 1.58

4. 使用 turtle 库的 turtle. right()函数和 turtle. circle()函数绘制一个星星状图形,如右图所示。参照代码模板,补全代码。

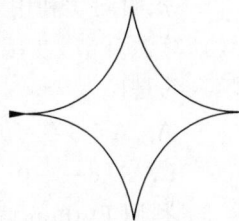

```
import turtle
d = 0
for i in range(__1__):
    turtle.(__2__)
    turtle.(__3__)
```

注：如果有运算符,应在运算符两侧加上空格。

5. 用字典和列表型变量完成某课程的考勤记录统计。某班有 74 名同学,名单由考生目录下的文件给出,某课程的 10 次考勤数据由考生目录下的文件 1. csv、2. csv⋯给出,输出全勤同学的名字。参照代码模板,补全代码。输入输出示例如下：

输　入	输　出
	全勤同学有:陈恒杰,张冲,蔡冯顺⋯⋯

6. 综合应用题。

苏格拉底是古希腊著名的思想家、哲学家、教育家、公民陪审员。苏格拉底的部分名言被翻译为中文,部分内容分词结果由考生目录下的文件 sgldout. txt 给出。对 sgldout. txt 文件进行分析,输出词频排名前五的词(不包括中文标点符号)和出现次数到 sgldstatistics. txt 文件。参照输出格式如下：

A：123　　　　B：120　　　　C：116　　　D：106

E：97

🔑 Python 程序设计考试模拟题(五)

一、选择题

1. Python 中表达式 4 ** 3 的值为(　　)。

    A. 12　　　　　　　B. 1　　　　　　　C. 64　　　　　　　　D. 7

2. 在 Python 中,通过(　　)函数查看字符的编码。

A. int( )   B. ord( )   C. chr( )   D. yolk( )

3. 下列 Python 程序段的运行结果是（   ）。

```python
i = 0
sum = 0
while i < 10:
    if i % 2 == 0:
        sum += i
    i += 1
print('sum = ', sum)
```

A. sum＝18   B. sum＝20   C. sum＝22   D. sum＝30

4. 解释型语言是指源代码不要求预先编译，在运行时才进行解释后运行。以下程序设计语言属于解释性语言的是（   ）。

A. Python   B. C++   C. VB   D. C

5. 张明同学利用 Python 软件编写"求能被 3 整除的数"程序，在设计算法环节，使用流程图描述算法，如右图所示，其中空白处可以填入的是（   ）。

A. A÷3＝＝0   B. A/3＝＝0

C. A\3＝＝0   D. A％3＝＝0

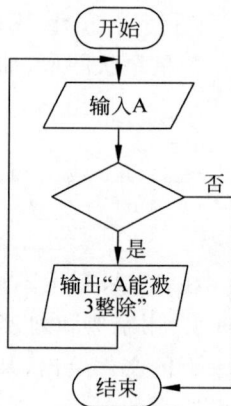

6. 利用 Python 编程实现计算 z＝a＋aa＋aaa＋aaaa＋aa..a 的值，其中 a 是一个数字，如 8＋88＋888＋8888＋88888。设计一个 summation( )函数，输入变量为数字 a 和表示 n 个 a 相加的 n。在这个函数中，a、aa、aaa 等这些基本数由变量 Basic 来保存，前几个数的求和保存在变量 sum 中，Python 程序如下所示，在横线处填写以下选项中的（   ）。

```python
def summation(a,n):
    sum = 0
    basic = 0
    for i in range(0,n):
        basic = basic * 10 + a
        _____
        print(i,basic,sum)
    return sum
a = int(input("请输入一个个位数字 a: "))
n = int(input("请输入最长多少个这样的数: "))
print("这几个数的和为: \n",summation(a,n))
```

A. basic＋＝sum   B. sum＝basic＋n   C. sum＝basic＋1   D. sum＋＝basic

7. 在用 Python 进行数据分析的时候，经常会用到 pandas 库中的 DataFrame，这是类似于（   ）的数据结构。

A. 一维表格   B. 二维表格   C. 三维表格   D. 四维表格

8. 可以对文本中词频较高的分词，通过词云图给予视觉上的突出。小明打算用 Python 程序来生成词云图，程序中需要用到以下第三方库中的（   ）。

A. WordCloud   B. math   C. random   D. turtle

9. 在 Python 中运行下列程序，正确的结果是（   ）。

```
s = 0
for i in range(1,5):
    s = s + i
print("i = ",i,"s = ",s)
```

    A. i＝4 s＝10   B. i＝5 s＝10   C. i＝5 s＝15   D. i＝6 s＝15

10. Python 语句 "ab"＋"c" * 2 的运行结果是(　　)。

    A. abc2   B. abcabc   C. abcc   D. ababcc

11. 对于 Python 语句"x＝(a//100)%10",当 a 的值为 45376 时,x 的值应为(　　)。

    A. 3   B. 4   C. 5   D. 6

12. 以下 for 语句中,(　　)不能完成 1 到 10 的累加功能。

    A. for i in range(0, 11):
        sum += i

    B. for i in range(1, 11):
        sum += i

    C. for i in range(10, 0, -1):
        sum += i

    D. for i in range(10, 9, 8, 7, 6, 5, 4, 3, 2, 1):
        sum += i

13. 运行 Python 程序的过程中出现了如下错误提示,原因是(　　)。

```
51study = "chinese"
SyntaxError: invalid decimal literal
```

    A. 变量名 51study 太长

    B. 应该写成"chinese" ＝51study

    C. chinese 应该写成 china's

    D. 变量名 51study 不符合 Python 语言规范,因为变量名不能以数字开头

14. 根据 Python 中变量命名遵循的规则,正确的变量是(　　)。

    A. char21   B. 2020Py   C. Python   D. name.ch

15. 在 Python 语言中,下列表达式中不是关系表达式的是(　　)。

    A. m＝＝n   B. m＞＝n   C. m or n   D. m!＝n

16. 下面是 eval()函数作用的是(　　)。

    A. 去掉参数中元素两侧所有引号,含单引号或双引号,当作 Python 语句执行

    B. 直接将参数中元素当作 Python 语句执行

    C. 去掉参数中左外侧一对引号,含单引号或双引号,当作 Python 语句执行

    D. 在参数两侧增加一对单引号,当作 Python 语句执行

17. 下面属于 import 保留字作用的是(　　)。

    A. 改变当前程序的命名空间   B. 每个程序都必须有这个保留字

    C. 引入程序之外的功能库   D. 当调用函数时需要使用该保留字

18. 下列选项中不符合 Python 语言变量命名规则的是(　　)。

    A. I   B. TempStr   C. 3_1   D. _AI

19. 有如下代码:

```
TempStr = "Hello World"
```

可以输出"World"子串的语句是（　　）。

　　A. print(TempStr[−5：])　　　　　　　　B. print(TempStr[−5：−1])

　　C. print(TempStr[−4：−1])　　　　　　　D. print(TempStr[−5：0])

20. 关于 Python 程序中与"缩进"有关的说法中，以下选项中正确的是（　　）。

　　A. 缩进在程序中长度统一且强制使用

　　B. 缩进是非强制性的，仅为了提高代码可读性

　　C. 缩进统一为 4 个空格

　　D. 缩进可以用在任何语句之后，表示语句间的包含关系

21. Python 语言中，以下选项输出结果为 11 的是（　　）。

　　A. print(eval("1"+"1"))　　　　　　　　B. print(eval("1+1"))

　　C. print(1+1)　　　　　　　　　　　　　D. print(eval("1"+1))

22. 不符合以下程序横线处语法要求的是（　　）。

```
for var in _____:
    print(var)
```

　　A. {1；2；3；4；5}　　　B. (1,2,3)　　　　C. range(0,10)　　　D. "Hello"

23. 以下程序的输出次数是（　　）。

```
k = 10000
while k > 1:
    print(k)
    k = k/2
```

　　A. 14　　　　　　　　　B. 15　　　　　　　　C. 13　　　　　　　　D. 1000

24. 下列关于循环结构的描述错误的是（　　）。

　　A. 循环是程序根据条件判断结果向后反复执行的一种运行方式

　　B. 死循环无法退出，没有任何作用

　　C. 条件循环和遍历循环结构都是基本的循环结构

　　D. 循环是一种程序的基本控制结构

25. 下列选项（　　）是 random 库中用于生成随机小数的函数。

　　A. randrange()　　　B. random()　　　C. getrandbits()　　　D. randint()

26. 以下是二分支结构紧凑模式的是（　　）。

　　A. <表达式 1> if <条件> else：<表达式 2>

　　B. <条件> if <表达式 1> else <表达式 2>

　　C. <条件> if else <表达式 1> <表达式 2>

　　D. <表达式 1> if <条件> else <表达式 2>

27. 关于 try-except，下列选项描述错误的是（　　）。

　　A. NameError 是一种异常类型

　　B. 表达了一种分支结构的特点

　　C. 用于对程序的异常进行捕捉和处理

　　D. 使用了异常处理，程序将不会再出错

28. random 库的 random.randrange(start,stop[,step])函数的作用是(　　)。

    A. 生成一个[start,stop]之间的随机小数

    B. 生成一个[start,stop)之间以 step 为步数的随机整数

    C. 从序列类型(例如列表)中随机返回一个元素

    D. 将序列类型中元素随机排列,返回打乱后的序列

29. random.uniform(a,b)的作用是(　　)。

    A. 生成一个[a,b]之间的随机整数

    B. 生成一个[a,b]之间的随机小数

    C. 生成一个[0.0,1.0)之间的随机小数

    D. 生成一个[a,b]之间以 1 为步数的随机整数

30. 生成一个[10,99]之间的随机整数的函数是(　　)。

    A. random.randint(10,99)　　　　　　B. random.randrange(10,99,2)

    C. random.random()　　　　　　　　　D. random.uniform(10,99)

31. 关于 try-except,哪个选项的描述是错误的?(　　)。

    A. 用于对程序的异常进行捕捉和处理

    B. NameError 是一种异常类型

    C. 表达了一种分支结构的特点

    D. 使用了异常处理,程序将不会再出错

32. 实现多路分支的最佳控制结构是(　　)。

    A. if　　　　　　　　B. if-else　　　　　C. if-elif-else　　　　D. try

33. random 库的 seed(a)函数的作用是(　　)。

    A. 生成一个 k 比特长度的随机整数

    B. 生成一个[0.0,1.0)之间的随机小数

    C. 生成一个随机整数

    D. 设置初始化随机数种子 a

34. 以下关于递归函数基例的说法错误的是(　　)。

    A. 每个递归函数都只能有一个基例　　B. 递归函数的基例不再进行递归

    C. 递归函数的基例决定递归的深度　　D. 递归函数必须有基例

35. 以下选项不是函数作用的是(　　)。

    A. 降低编程复杂度　　　　　　　　　B. 复用代码

    C. 增强代码可读性　　　　　　　　　D. 提高代码执行速度

36. 以下关于 Python 函数的说法错误的是(　　)。

```
def func(a,b):
    c = a ** 2 + b
    b = a
    return c
a = 10
b = 100
c = func(a,b) + a
```

    A. 执行该函数后,变量 b 的值为 100　　B. 执行该函数后,变量 a 的值为 10

    C. 该函数名称为 func   D. 执行该函数后，变量 c 的值为 200

37. 以下关于模块化设计的描述错误的是（   ）。

    A. 应尽可能合理划分功能块，功能块内部耦合度低

    B. 高耦合度的特点是复用较困难

    C. 应尽可能合理划分功能块，功能块内部耦合度高

    D. 模块间关系尽可能简单，模块之间耦合度低

38. 以下关于递归的描述错误的是（   ）。

    A. 一定要有基例   B. 递归程序都可以有非递归编写方法

    C. 书写简单   D. 执行效率高

39. 以下关于函数的说法错误的是（   ）。

    A. 函数可以看作一段具有名字的子程序

    B. 函数是一段具有特定功能的、可重用的语句组

    C. 对函数的使用必须了解其内部实现原理

    D. 函数通过函数名来调用

40. 以下关于函数的定义错误的是（   ）。

    A. def vfunc(a,b):   B. def vfunc(a,b＝2):

    C. def vfunc(a, * b):   D. def vfunc(* a,b):

二、程序填空

1. 阅读程序。分析以下两段 Python 程序并回答问题。

```
♯程序 1
i = 1
while i < 101:
    print('把这句话打印 100 遍')
i += 1


♯程序 2
i = 100
while i:
    print('把这句话打印 100 遍')
i = i - 2
```

（1）在程序 1 中，i＋＝1 语句的含义是_____。

（2）在程序 1 中，'把这句话打印 100 遍'实际输出了_____遍。

（3）在程序 2 中，i 的初值是_____。

（4）在程序 2 中，'把这句话打印 100 遍'实际输出了_____遍。

（5）在程序 2 中，while i：语句的含义是_____。

2. 设计完成算法之后，小 C 打算用所学的 Python 程序设计语言完成程序的编写。

（1）Python 程序设计语言属于程序设计语言中的_____。

    A. 机器语言   B. 汇编语言   C. 高级语言   D. 翻译程序

（2）小 C 将设计好的算法转换为 Python 程序（如下）。其中：

“Tot2＝8”是一个_____；

“♯初始化时长费为 0”是一个_____；

"S＜＝3.3"是一个_____；

"float(input("请输入时长"))"是一个_____。

　　A. 函数　　　　　　B. 表达式　　　　　　C. 赋值语句　　　　　D. 注释语句

```
1 Tot1 = 0                          # 初始化时长费为 0
2 Tot2 = 0                          # 初始化里程费为 0
3 S = float(input("请输入里程数"))
4 T = float(input("请输入时长"))    # 输入里程数和时长
5 if(T > 9):                        # 计算时长费用
6    Tot1 = (T - 9) * 0.2
7 if(S < = 3.3):                    # 计算里程费用
8    Tot2 - 8
9 else:
10   Tot2 = 8 + (S - 3.3) * 1.35
11 Cost - Tot1 + tot2
12 print(Cost)                      # 输出总车费
```

（3）小 C 编写好代码之后，编译运行发现报错，根据下面所示的错误信息分析该程序报错的原因是：_____。

```
NameError                Traceback(most recent call last)
< ipython - input - 2 - fc682f6f4658 > in < module >
9 else:
10
——→11 Cost = Tot1 + tot2
12
NameError: name 'tot2' is not defined
```

（4）修改好程序之后，小 C 参照某次滴滴打车的订单，将对应的里程和时长输入程序，运行得到的结果与实际支付的费用一致，验证得知程序正确，小 C 会心一笑。小 C 借助于计算机编写程序、解决问题的整个过程是：①设计算法②编写程序③分析问题④调试运行程序，合理的顺序是_____。（填写序号即可）

（5）总结用计算机解决问题的优势主要有：_____。

3. 现代生活半径的扩大和生活节奏的加快使出行成本不断增长，网约车应运而生，其以灵活快速的响应和经济实惠的价格为大众提供更高效、更经济、更舒适的出行服务，给人们生活带来了美好的变化。小 C 是网约车的忠实粉丝，出行经常提前预约，乘坐网约车。小 C 就在思考网约车是怎么计费的，自己能否用所学的 Python 语言编写一个计费程序。于是小 C 开展了这个项目的相关研究。根据实际情况，回答问题。

（1）收集、分析数据，运用数理思维建模。

登录某网约车公司官网，得到如下信息，即"网约车（普通型）计价规则"。

时段	起步价	里程费	时长费
普通时段	8.00 元	1.35 元/千米	0.20 元/分钟
00:00—06:30	8.50 元	2.40 元/千米	0.50 元/分钟
06:30—09:00	8.50 元	1.50 元/千米	0.45 元/分钟

续表

时段	起步价	里程费	时长费
21:00—23:00	8.50 元	1.50 元/千米	0.40 元/分钟
23:00—00:00	8.50 元	2.40 元/千米	0.50 元/分钟

注意：

1. 起步价包含里程 3.3 千米，包含时长 9 分钟，里程费、时长费合计不足基础费时，直接按照基础费计费。

2. 实时计价是基于订单服务内容（里程、时长、时段），按各种费用项定价标准计算订单价格的计价方式，实际费用由两部分里程费与时长费累加而得。

小 C 于 19:33 从"南内环恒地大厦停车场—入口"到"坞城新纪元大酒店（长风店）"乘坐网约车（普通型），里程为 4.1 千米，时长约为 21 分钟，按照表中的计费规则，小 C 此次出行应该支付的车费是 $8+(4.1-3.3)\times1.35+(21-9)\times0.2=9.68$（元）。

（1）小 C 登录网约车官网搜索并下载"计价规则"，所采用的数字化工具是＿＿＿＿＿＿＿＿。

　　A. 数字化可视化表达工具　　　　B. 信息加工工具

　　C. 三维设计工具　　　　　　　　D. 信息检索工具

（2）假设 Tot1 表示时长费，Tot2 表示里程费，S 表示实际里程，T 表示实际时长，Cost 表示应支付费用。运用数学解析式归纳出计费公式如下：

如果时长超过 9 分钟，则 Tot1＝＿＿＿＿＿＿＿＿；

如果里程小于或等于 3.3 千米，则 Tot2＝＿＿＿＿＿＿＿＿，否则 Tot2＝＿＿＿＿＿＿＿＿；

应支付费用 Cost＝＿＿＿＿＿＿＿＿。

（3）运用算法描述方法将问题解决步骤化。

小 C 了解了网约车车费的计算方法之后，设计了求解网约车普通时段车费的算法，并用自然语言和流程图的方式表述出来。

自然语言描述如下。

第一步：＿＿＿＿＿＿＿＿＿＿。

第二步：计算时长费 Tot1。

第三步：计算里程费 Tot2。

第四步：＿＿＿＿＿＿＿＿＿＿。

第五步：＿＿＿＿＿＿＿＿＿＿。

流程图描述如右图所示。

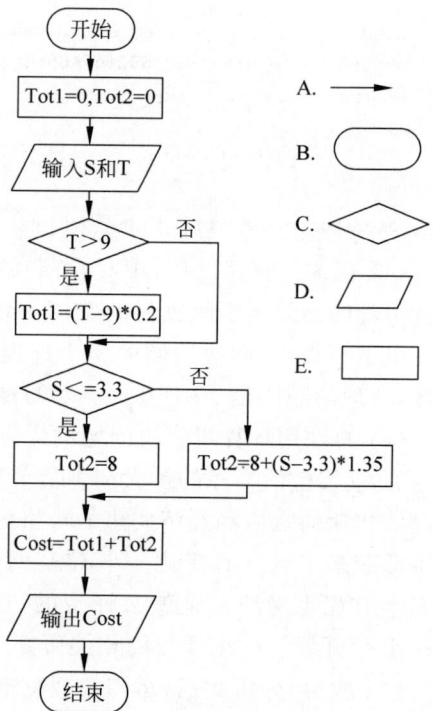

① 流程图中，表示计算与赋值的图标是＿＿＿＿＿＿＿＿，表示算法流向的图标是＿＿＿＿＿＿＿＿。

② 算法描述中，用到了三种基本控制结构，分别是＿＿＿＿＿＿＿＿、＿＿＿＿＿＿＿＿和＿＿＿＿＿＿＿＿。本题中的流程图使用的控制结构是＿＿＿＿＿＿＿＿和＿＿＿＿＿＿＿＿。（选填：顺序结构、选择结构、循环结构、树型结构）

③ 一个算法必须有＿＿＿＿＿＿＿＿或多个数据输入，有＿＿＿＿＿＿＿＿或多个数据输出。（选填：零个/一个）

（4）编写、调试、运行程序，验证算法并解决问题。

4．求水仙花数（一个三位数，其各位数字立方和等于该数字本身）。

5．输入三个同学的成绩，从大到小排列后输出。

三、程序分析题

学校举行校园歌手大赛，评委由 6 人组成。评分方法是：去掉一个最高分和一个最低分，计算其余 4 位评委的平均分，作为选手的最终得分。

1．设计算法

max 记录最高分；min 记录最低分；s 记录 6 位评委的总分；aver 记录最终得分。界面设计如右图所示。

第 1 步：从文本框中分别读入 6 位评委的打分并依次存入 a(1) 至 a(6) 中。

第 2 步：将第 1 位评委的打分 a(1) 分别赋给最高分 max、最低分 min 和总分 s

第 3 步：利用循环结构把另外 5 位评委的打分累加给 s，从而求出 6 位评委的总分。同时把 5 位评委的打分依次与 max 和 min 进行比较，得出 6 位评委中的最高分 max 和最低分 min。

第 4 步：从总分 s 中去掉最高分 max 和最低分 min，求出其他 4 位评委的平均分 aver 作为选手的最终得分。

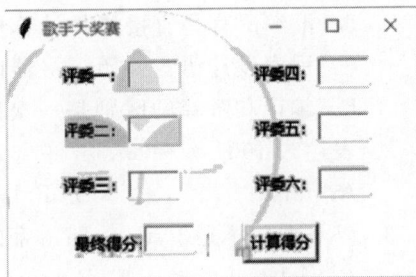

2．编写程序

（1）在引用 tkinter 库进行界面设计的过程中，窗体中输入评委打分的对象是由_____控件生成的。

    A．Entry   B．Label   C．Frame   D．Button

（2）题目中算法描述采用的是_____。

    A．自然语言   B．伪代码   C．流程图   D．N-S 图

（3）下列程序代码片段对应算法描述中的第 2 步至第 4 步。补全程序中横线处的表达式：_____。

```
max = a[0]
min = a[0]
s = 0
for i in range(6) :
    s = s + a[i]
    if a[i] > max:
        max = a[ i]
    if a[i] < min:
        min = a[ i]
aver = (____)/4
```

🔑 Python 程序设计考试模拟题（六）

一、选择题

1. 以下关于程序设计语言的描述，错误的是（　　　）。

    A. Python 语言是一种脚本编程语言

    B. 汇编语言是直接操作计算机硬件的编程语言

    C. 程序设计语言经历了机器语言、汇编语言、脚本语言三个阶段

    D. 编译和解释的区别是一次性翻译程序还是每次执行时都要翻译程序

2. 表达式 1001 == 0x3e7 的结果是（　　　）。

    A. false   B. False   C. true   D. True

3. 以下选项不是 Python 保留字的选项是（　　　）。

    A. del   B. pass   C. not   D. string

4. 设有如下程序段：

```
k = 10
while k:
    k = k - 1
    print(k)
```

则以下描述中正确的是（　　　）。

    A. while 循环执行 10 次   B. 循环是无限循环

    C. 循环体语句一次也不执行   D. 循环体语句执行一次

5. 表达式 type(eval('45')) 的结果是（　　　）。

    A. < class 'float'>   B. < class 'str'>

    C. None   D. < class 'int'>

6. 表达式 divmod(20,3) 的结果是（　　　）。

    A. 6,2   B. 6   C. 2   D. （6,2）

7. 以下关于字符串类型的操作的描述，错误的是（　　　）。

    A. str.replace(x,y) 方法把字符串 str 中的 x 子串都替换成 y

    B. 想把字符串 str 所有的字符都大写，用 str.upper()

    C. 想获取字符串 str 的长度，用字符串函数 str.len()

    D. 设 x='aa'，则执行 x * 3 的结果是 'aaaaaa'

8. 设 str = 'python'，想使字符串的第一个字母大写，其他字母还是小写，正确的语句选项是（　　　）。

    A. print(str[0].upper()+str[1:])

    B. print(str[1].upper()+str[-1:1])

    C. print(str[0].upper()+str[1:-1])

    D. print(str[1].upper()+str[2:])

9. 以下选项不属于程序流程图基本元素的是（　　　）。

    A. 循环框   B. 毗连点   C. 判断框   D. 起始框

10. 以下关于循环结构的描绘,错误的选项是(　　　)。

 A. 遍历循环使用 for <循环变量> in <循环结构>语句,其中循环结构不能是文件

 B. 使用 range()函数可以指定 for 循环的次数

 C. for i in range(5)表示循环 5 次,i 的值是从到 4

 D. 用字符串做循环结构的时候,循环的次数是字符串的长度

11. 执行以下程序,输入"93python22",输出结果是(　　　)。

```python
w = input('请输入数字和字母构成的字符串:')
for x in w:
    if '0'<= x <= '9':
        continue
    else:
        w.replace(x,'')
print(w)
```

 A. python9322　　　　B. python　　　　　　C. 93python22　　　D. 9322

12. 执行以下程序,输入 la,输出结果是(　　　)。

```python
la = 'python'
try:
    s = eval(input('请输入整数:'))
    ls = s * 2
    print(ls)
except:
    print('请输入整数')
```

 A. la　　　　　　　　　B. 请输入整数　　　　C. pythonpython　　D. python

13. 执行以下程序,输入 qp,输出结果是(　　　)。

```python
k = 0
while True:
    s = input('请输入 q 退出:')
    if s == 'q':
        k += 1
        continue
    else:
        k += 2
        break
print(k)
```

 A. 2　　　　　　　　　　B. 请输入 q 退出:　C. 3　　　　　　　　　D. 1

14. 以下程序的输出结果是(　　　)。

```python
s = 0
def fun(num):
    try:
        s += num
        return s
    except:
        return 0
    return
print(fun(2))
```

 A. 0　　　　　　　　　　　　　　　　　　　B. 2

     C. UnboundLocalError   D. 5

15. 以下关于函数的描述,错误的是(　　　)。

    A. 函数是一段具有特定功能的代码

    B. 使用函数的目标只是为了增长代码复用

    C. 函数名可以是任何有效的 Python 标识符

    D. 使用函数后,代码的维护难度降低了

16. 以下程序的输出结果是(　　　)。

```python
def test( b = 2, a = 4):
    global z
    z += a * b
    return z
z = 10
print(z, test())
```

    A. 18 None   B. 10 18

    C. Unbound Local Error   D. 18 18

17. 以下程序的输出结果是(　　　)。

```python
def hub(ss, x = 2.0,y = 4.0):
    ss += x * y
ss = 10
print(ss, hub(ss, 3))
```

    A. 22.0 None   B. 10 None   C. 22 None   D. 10.0 22.0

18. 以下表达式正确定义了一个集合对象的是(　　　)。

    A. x={ 200,'flg',20.3}   B. x=(200,'flg',20.3)

    C. x=[200,'flg',20.3]   D. x={'flg'：20.3}

19. 以下程序的输出结果是(　　　)。

```python
ss = list(set("jzzszyj"))
ss.sort()
print(ss)
```

    A. ['z','j','s','y']   B. ['j','z','z','s','z','y','j']

    C. ['j','s','y','z']   D. ['j','j','s','y','z','z','z']

20. 以下程序的输出结果是(　　　)。

```python
ss = set("htslbht")
sorted(ss)
for i in ss:
    print(i,end = '')
```

    A. htslbht   B. hlbst   C. tsblh   D. hhlstt

21. 以下 for 语句中(　　　)不能完成 1～10 的累加功能。

    A. for i in range(10,0):

            sum+=i

    B. for i in range(1,11):

            sum+=i

　　C. for i in range(10,0,－1):

　　　　 sum＋＝i

　　D. for i in range(10,9,8,7,6,5,4,3,2,1):

　　　　 sum＋＝i

22. 以下程序的输出结果是(　　)。

```
ls = list({'shandong':200, 'hebei':300, 'beijing':400})
print(ls)
```

　　A. ['300','200','400']　　　　　　　B. ['shandong','hebei','beijing']

　　C. [300,200,400]　　　　　　　　　D. 'shandong','hebei','beijing'

23. 以下关于文件的描述,错误的是(　　)。

　　A. 二进制文件和文本文件的操作步骤都是"打开-操作-关闭"

　　B. open()打开文件时,文件的内容并没有在内存中

　　C. open()只能打开一个已经存在的文件

　　D. 文件读写之后,要调用 close()才能确保文件被保存在磁盘中了

24. 以下程序输出到文件 text.csv 里的结果是(　　)。

```
fo = open("text.csv",'w')
x = [90,87,93]
z = []
for y in x:
    z.append(str(y))
fo.write(",".join(z))
fo.close()
```

　　A. [90,87,93]　　　B. 90,87,93　　　C. '[90,87,93]'　　D. '90,87,93'

25. 以下程序的输出结果是(　　)。

```
img1 = [12,34,56,78]
img2 = [1,2,3,4,5]
def displ():
    print(img1)
def modi():
    img1 = img2
modi()
displ()
```

　　A. ([1,2,3,4,5])　　　　　　　　　B. [12,34,56,78]

　　C. ([12,34,56,78])　　　　　　　　D. [1,2,3,4,5]

26. 以下关于数据维度的描述,错误的是(　　)。

　　A. 列表就是一个一维的数组

　　B. JSON 格式可以表示比二维数据还复杂的高维数据

　　C. 二维数据可以算作一维数据的组合形式

　　D. 字典不可以表示二维以上的高维数据

27. 以下不属于 Python 的 pip 工具命令的选项是(　　)。

　　A. show　　　　　　B. install　　　　　C. download　　　D. get

28. 用 Pyinstall 工具把 Python 源文件打包成一个独立的可执行文件,使用的参数是

（　　　）。

　　　　A. -D　　　　　　　B. -L　　　　　　　C. -I　　　　　　　D. -F

29. 以下不是程序输出结果的选项是（　　　）。

```
import random as r
ls1 = [12,34,56,78]
r.shuffle(ls1)
print(ls1)
```

　　　　A. [12,78,56,34]　　　　　　　　　B. [56,12,78,34]
　　　　C. [12,34,56,78]　　　　　　　　　D. [12,78,34,56]

30. 以下关于 turtle 库的描述，正确的是（　　　）。

　　　　A. 在 import turtle 当前就可以用 circle()语句来画一个圆
　　　　B. 要用 from turtle import turtle 来导入所有的库函数
　　　　C. home()函数设置当前画笔位置到原点，朝向东
　　　　D. seth(x)是 setheading(x)函数的别名，让画笔向前移动 x

31. 一些程序语言支持过程的递归调用，而实现递归调用中经常使用（　　　）。

　　　　A. 栈　　　　　　　B. 堆　　　　　　　C. 链表　　　　　　　D. 数组

32. 下列叙述中正确的是（　　　）。

　　　　A. 一个算法的空间复杂度大，则其时间复杂度必定小
　　　　B. 一个算法的空间复杂度大，则其时间复杂度也必定大
　　　　C. 算法的时间复杂度与空间复杂度没有直接关系
　　　　D. 一个算法的时间复杂度大，则其空间复杂度必定小

33. 为了提高测试的效率，应该（　　　）。

　　　　A. 随机选择测试数据
　　　　B. 在完成编码以后制定软件的测试计划
　　　　C. 集中对付那些错误的程序
　　　　D. 取全部可能的输入数据作为测试数据

34. 软件开发离不开系统环境资源的支持，其中必要的测试数据属于（　　　）。

　　　　A. 辅助资本　　　　B. 硬件资本　　　　C. 通信资源　　　　D. 支持软件

35. 完全不考虑程序的内部结构和内部特征，而只是根据程序功能导出测试用例的测试方法是（　　　）。

　　　　A. 错误推测法　　　　B. 白箱测试法　　　　C. 黑箱测试法　　　　D. 装置测试法

36. 在数据处理过程中，文件系统与数据库系统的首要区别是数据库系统具有（　　　）。

　　　　A. 特定的数据模型　　　　　　　　　B. 数据无冗余
　　　　C. 专门的数据管理软件　　　　　　　D. 数据可共享

37. 下列有关数据库的描述，正确的是（　　　）。

　　　　A. 数据库是一个系统　　　　　　　　B. 数据库是一个 DBF 文件
　　　　C. 数据库是一个结构化的数据集合　　D. 数据库是一组文件

38. 相对于数据库系统，文件系统的主要缺陷有数据关联差、数据不一致性和（　　　）。

　　　　A. 可重用性差　　　　B. 冗余性　　　　C. 非持久性　　　　D. 平安性差

39. 软件开发的结构化生命周期方法将软件生命周期划分为（　　）。
　　A. 定义、开发、运行维护　　　　　　　B. 设计阶段、编程阶段、测试阶段
　　C. 总体设计、详细设计、编程调试　　　D. 需求分析、功能定义、系统设计
40. 下列不属于结构化开发的常用工具的是（　　）。
　　A. 断定树　　　　　　B. 数据字典　　　C. 数据流图　　　D. PAD 图

二、操作题

1. 从键盘输入一个整数和一个字符，以逗号隔开，在屏幕上输出一条信息。

例如输入 10,@

则输出 @@@@@@@@@@@10@@@@@@@@@@@

又如输入 8,#

则输出 #######8#######

2. 输入一个正整数 n，系统生成 n 个 1～100 范围内的随机浮点数，输出每一个随机数，并输出其平均值。

例如输入 4，则输出

```
27.
25.
86.
3.
the average is: 35.
```

3. 输入一个字符串，检查并统计字符串中包含的英文单引号的对数。如果没有找到单引号，就在屏幕上输出"没有单引号"；每统计两个单引号，就算作一对，如果找到两对单引号，就显示"找到了 2 对单引号"；如果找到 3 个单引号，就显示"有 1 对配对单引号，存在没有配对的单引号"。示例如下：

例如输入

dfd'dfa'fd'

则输出：

有 1 对配对单引号，存在没有配对的单引号

4. 使用 turtle 库的 turtle.fd()函数和 turtle.seth()函数绘制嵌套六角形，六角形边长为 100 像素，第一条边从左向右。

5. 有文件 data.txt 内容如下：

```
{'sid':'501','7 月': 9000,'8 月':9500,'9 月':9200}
{'sid':'502','7 月': 8000,'8 月':8500,'9 月':8200}
{'sid':'503','7 月': 7000,'8 月':7500,'9 月':7200}
```

将文件的数据内容提取出来，计算每个人的平均工资，将其转换为字典 salary，按照 key 的递增序在屏幕上输出其内容，示例如下：

```
501:[9500, 9000, 9200, 9233]
502:[8500, 8000, 8200, 8233]
503:[7500, 7000, 7200, 7233]
```

6. 文件 question.txt 中有若干 Python 选择题，第 1 行的第 1 个数据为题号，后续的 4 行是 4 个选项，接下来是第二道题。示例如下：

1. 以下关于字典类型的描述,错误的是(　　)。
A. 字典类型中的数据可以进行分片和合并操作
B. 字典类型是一种无序的对象集合,通过键来存取
C. 字典类型可以在原来的变量上增加或缩短
D. 字典类型可以包含列表和其他数据类型,支持嵌套的字典
2. 以下属于 Python 图像处理第三方库的是(　　)。
A. PIL
B. mayavi
C. TVTK
D. pygame

读取其中的内容,提取题干和四个选项的内容,利用 jieba 分词并统计出现频率最高的 3 个词,其中要删除以下常用字和符号(第一个字符是空格):的,;:可以是和中或一个以下""了其时产生 DBC

将得到的 3 个词作为该题目的主题标签,显示输出在屏幕上。输出格式如下:

第 1 题的主题是:
字典:6
类型:5
对象:1
第 2 题的主题是:
库:1
Python:1
属于:1

🔑 Python 程序设计考试模拟题(七)

一、选择题

1. 有列表 ls,下列选项对 ls.append(x)的描述正确的是(　　)。

　　A. 向 ls 中增加元素,如果 x 是一个列表,则可以同时增加多个元素

　　B. 向列表 ls 最前面增加一个元素 x

　　C. 替换列表 ls 最后一个元素为 x

　　D. 只能向列表 ls 最后增加一个元素 x

2. 给定字典 d,下列选项对 d.values()的描述正确的是(　　)。

　　A. 返回一种 dict_values 类型,包括字典 d 中所有值

　　B. 返回一个元组类型,包括字典 d 中所有值

　　C. 返回一个集合类型,包括字典 d 中所有值

　　D. 返回一个列表类型,包括字典 d 中所有值

3. 给定字典 d,下列选项对 x in d 的描述正确的是(　　)。

　　A. 判断 x 是否是字典 d 中的键

　　B. x 是一个二元元组,判断 x 是否是字典 d 中的键值对

　　C. 判断 x 是否是字典 d 中的值

　　D. 判断 x 是否是在字典 d 中以键或值方式存在

4. 以下选项对文件描述错误的是(　　)。

　　A. 文件是数据的集合和抽象

B. 文件是程序的集合和抽象

C. 文件是存储在辅助存储器上的数据序列

D. 文件可以包含任何内容

5. 关于 CSV 文件的描述,下列选项的描述错误的是(　　)。

A. CSV 文件格式是一种通用的、相对简单的文件格式,应用于程序之间转移表格数据

B. CSV 文件通过多种编码表示字符

C. CSV 文件的每一行是一维数据,可以使用 Python 中的列表类型表示

D. 整个 CSV 文件是一个二维数据

6. 关于文件关闭的 close()方法,下列选项的描述正确的是(　　)。

A. 如果文件是以只读方式打开,仅在这种情况下可以不用 close()方法关闭文件

B. 文件处理结束之后,一定要用 close()方法关闭文件

C. 文件处理后可以不用 close()方法关闭文件,程序退出时会默认关闭

D. 文件处理遵循严格的"打开-操作-关闭"模式

7. 有文件句柄 f,以下是 f.seek(0)作用的是(　　)。

A. 寻找文件中第一个值为 0 的位置　　　　B. 保持文件指针不动

C. 将指针跳转到文件最后　　　　　　　　D. 将指针返回文件开始

8. 以下函数或方法一般不用于 CSV 格式文件与一二维数据转换的是(　　)。

A. strip()　　　　　B. replace()　　　　　C. split()　　　　　D. join()

9. 关于 Python 对文件的处理,以下选项中描述错误的是(　　)。

A. Python 通过解释器内置的 open()函数打开一个文件

B. 文件使用结束后要用 close()方法关闭,释放文件的使用授权

C. Python 能够以文本和二进制两种方式处理文件

D. 当文件以文本方式打开时,读写按照字节流方式

10. 以下选项中不是 Python 对文件的读操作方法的是(　　)。

A. readline　　　　B. readlines　　　　C. readtext　　　　D. read

11. 以下选项不属于程序设计语言的是(　　)。

A. 机器语言　　　　B. 汇编语言　　　　C. 高级语言　　　　D. 解释语言

12. 有 s="the sky is blue",表达式 print(s[-4:],s[:-4]) 的结果是(　　)。

A. the sky is blue　　B. blue is sky the　　C. sky is blue the　　D. blue the sky is

13. 以下关于程序控制结构的描述错误的是(　　)。

A. 分支结构包括单分支结构和二分支结构

B. 二分支结构组合形成多分支结构

C. 程序由三种基本结构组成

D. Python 里,能用分支结构写出循环的算法

14. 以下关于 Python 内置函数的描述,错误的是(　　)。

A. hash() 返回一个可计算哈希类型的数据的哈希值

B. type() 返回一个数据对应的类型

C. sorted() 对一个序列类型数据进行排序

  D. id() 返回一个数据的一个编号，跟其在内存中的地址无关

15. 以下关于函数参数传递的描述，错误的是（ ）。

  A. 定义函数的时候，可选参数必须写在非可选参数的后面

  B. 函数的实参位置可变，需要形参定义和实参调用时都要给出名称

  C. 调用函数时，可变数量参数被当作元组类型传递到函数中

  D. Python 支持可变数量的参数，实参用"＊参数名"表示

16. 以下程序的输出结果是（ ）。

```
x = [90,87,93]
y = ["zhang", "wang","zhao"]
print(list(zip(y,x)))
```

  A. ('zhang',90),('wang',87),('zhao',93)

  B. [['zhang',90],['wang',87],['zhao',93]]

  C. ['zhang',90],['wang',87],['zhao',93]

  D. [('zhang',90),('wang',87),('zhao',93)]

17. 以下关于组合数据类型的描述，正确的是（ ）。

  A. 集合类型中的元素是有序的

  B. 序列类似和集合类型中的元素都是可以重复的

  C. 一个映射类型变量中的关键字可以是不同类型的数据

  D. 利用组合数据类型可以将多个数据用一个类型来表示和处理

18. 以下选项不是 Python 语言关键字的是（ ）。

  A. return   B. def   C. in   D. define

19. 以下选项不属于 Python 整数类型的是（ ）。

  A. 二进制   B. 十进制   C. 八进制   D. 十二进制

20. 以下对 Python 程序缩进格式的描述错误的是（ ）。

  A. 不需要缩进的代码顶行写，前面不能留空白

  B. 缩进可以用 Tab 键实现，也可以用多个空格实现

  C. 严格的缩进可以约束程序结构，可以多层缩进

  D. 缩进是用来格式美化 Python 程序的

21. 当键盘输入 3 的时候，以下程序的输出结果是（ ）。

```
r = input("请输入半径：")
ar = 3.1415 * r * r
print("{:.0f}".format(ar))
```

  A. 28   B. 28.27   C. 29   D. Type Error

22. 定义 x＝2.6，表达式 int(x) 的结果是（ ）。

  A. 3   B. 2.6   C. 2.0   D. 2

23. 以下程序的输出结果是（ ）。

```
s = "python\n 编程\t 很\t 容易\t 学"
print(len(s))
```

  A. 20   B. 12   C. 5   D. 16

24. 以下关于循环结构的描述,错误的是(　　)。

    A. 遍历循环的循环次数由遍历结构中的元素个数来体现

    B. 非确定次数的循环的次数是根据条件判断来决定的

    C. 非确定次数的循环用 while 语句来实现,确定次数的循环用 for 语句来实现

    D. 遍历循环对循环的次数是不确定的

25. 以下程序的输出结果是(　　)。

```python
for i in reversed(range(10, 0, -2)):
    print(i, end=" ")
```

    A. 0 2 4 6 8 10   B. 1 2 3 4 5 6 7 8 9 10

    C. 9 8 7 6 5 4 3 2 1 0   D. 2 4 6 8 10

26. 以下程序的输出结果是(　　)。

```python
for i in "the number changes":
    if i == 'n':
        break
    else:
        print(i, end="")
```

    A. the umber chages   B. thenumberchanges

    C. theumberchages   D. the

27. 以下程序的输出结果是(　　)。

```python
t = "Python"
print(t if t >= "python" else "None")
```

    A. Python   B. python   C. t   D. None

28. 以下程序的输出结果是(　　)。

```python
fo = open("text.csv",'w')
x = [[90,87,93],[87,90,89],[78,98,97]]
b = []
for a in x:
    for aa in a:
        b.append(str(aa))
fo.write(",".join(b))
fo.close()
```

    A. [90,87,93,87,90,89,78,98,97]

    B. 90,87,93 87,90,89 78,98,97

    C. [[90,87,93],[87,90,89],[78,98,97]]

    D. 90,87,93,87,90,89,78,98,97

29. 以下程序的输出结果是(　　)。

```python
for i in range(3):
    for s in "abcd":
        if s == "c":
            break
        print(s, end="")
```

    A. abcabcabc   B. aaabbbccc   C. aaabbb   D. ababab

30. 以下程序的输出结果是（　　）。

```
ab = 4
def myab(ab, xy):
    ab = pow(ab,xy)
    print(ab,end = " ")
myab(ab,2)
print( ab)
```

    A. 4 4　　　　　　　B. 16 16　　　　　　C. 4 16　　　　　D. 16 4

31. 以下关于字典类型的描述，错误的是（　　）。

    A. 字典类型是一种无序的对象集合，通过键来存取

    B. 字典类型可以在原来的变量上增加或缩短

    C. 字典类型可以包含列表和其他数据类型，支持嵌套的字典

    D. 字典类型中的数据可以进行分片和合并操作

32. 以下程序的输出结果是（　　）。

```
ls = list("the sky is blue")
a = ls.index('s',5,10)
print(a)
```

    A. 4　　　　　　　　B. 5　　　　　　　　C. 10　　　　　　D. 9

33. 以下程序的输出结果是（　　）。

```
L2 = [1,2,3,4]
L3 = L2.reverse()
print( L3)
```

    A. [4,3,2,1]　　　　B. [3,2,1]　　　　C. [1,2,3,]　　　D. None

34. 以下属于 Python 图像处理第三方库的是（　　）。

    A. mayavi　　　　　B. TVTK　　　　　C. pygame　　　　D. PIL

35. 以下关于 Python 文件的描述，错误的是（　　）。

    A. open 函数的参数处理模式 'b' 表示以二进制数据处理文件

    B. open 函数的参数处理模式 '＋' 表示可以对文件进行读和写操作

    C. readline 函数表示读取文件的下一行，返回一个字符串

    D. open 函数的参数处理模式 'a' 表示以追加方式打开文件，删除已有内容

36. 以下程序的输出结果是（　　）。

```
d = {"zhang":"China", "Jone":"America", "Natan":"Japan"}
for k in d:
    print(k, end = "")
```

    A. ChinaAmericaJapan

    B. zhang:China Jone:America Natan:Japan

    C. "zhang""Jone""Natan"

    D. zhangJoneNatan

37. 以下程序的输出结果是（　　）。

```
fr = []
```

```
def myf(frame):
    fa = ['12','23']
    fr = fa
myf(fr)
print( fr)
```

  A. ['12','23'] B. '12','23' C. 12 23 D. []

38. 以下属于 Python 机器学习第三方库的是(　　)。

  A. jieba B. SnowNLP C. loso D. sklearn

39. 以下属于 Python Web 开发框架第三方库的是(　　)。

  A. Panda3D B. cocos2d C. Pygame D. Flask

40. 以下关于 random 库的描述,正确的是(　　)。

  A. 设定相同种子,每次调用随机函数生成的随机数不相同

  B. 通过 from random import * 引入 random 随机库的部分函数

  C. uniform(0,1) 与 uniform(0.0,1.0) 的输出结果不同,前者输出随机整数,后者
输出随机小数

  D. randint(a,b) 生成一个 [a,b] 之间的整数

二、操作题

1. 从键盘输入一个人的身高和体重,以英文逗号隔开,在屏幕上输出这个人的身体质量指数(BMI)。BMI 的计算公式是 BMI＝体重(kg)/身高^2(m^2),输入输出样例如下:

输　　入	输　　出
1.6,50	BMI 是 19.5

2. 从键盘输入一个由 1 和 0 组成的二进制字符串 s,转换为十进制数输出到屏幕上。输入输出样例如下:

输　　入	输　　出
1101	13

3. 计算两个向量的内积。从键盘输入一个整数 n,作为一维向量的长度;然后输入 n 个整数,以英文逗号隔开,保存为一个向量 x;然后再接收 n 个整数,以英文逗号隔开,保存为另一个向量 y。计算两个向量对应元素的乘积的和,在屏幕上输出结果。输入输出样例如下:

x＝x_1,x_2…x_n

y＝y_1,y_2,…,y_n

内积 ＝ $\sum_{i=0}^{n}(x_i * y_i)$

输　　入	输　　出
3 1,2,3 4,5,6	x 和 y 的内积是: 32

4. 使用 turtle 库的 turtle.circle() 函数和 turtle.seth() 函数绘制套圆,最小的圆半径

为 10 像素,不同圆之间的半径差是 40 像素。效果如图所示。

5. 从键盘输入一个中文字符串变量 s,包含中文逗号和句号。

问题 1:计算字符串 s 中的中文字符个数,不包括中文逗号和句号字符。

问题 2:用 jieba 分词后,显示分词的结果,用/分隔。并输出分词后的中文词语的个数,不包含逗号和句号。输入输出样例如下:

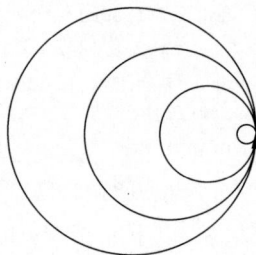

	输　　入	输　　出
问题 1	没有人不爱惜他的生命,但很少人珍视他的时间。	中文字符数为 20。
问题 2	没有人不爱惜他的生命,但很少人珍视他的时间。	没有/ 人/ 不/ 爱惜/ 他/ 的/ 生命/ 但/ 很少/ 人/ 珍视/ 他/ 的/ 时间/ 中文词语数为 14。 中文字符数为 20。

6. 使用字典和列表型变量实现学生通讯录管理,名单由考生目录下的文件 address.txt 给出,每行是一个学生的信息。文件内容如下:

```
学号,姓名,电话号码,地址
101,aa,12345678,beijing
102,bb,23456781,shanghai
……
```

问题 1:参照代码模板完善代码,实现下述功能。在屏幕上显示功能菜单,功能菜单示例如下。

```
1.显示所有信息
2.追加信息
3.删除信息
请输入数字 1-3 选择功能:
```

接收用户输入的数字,如果输入错误,要求用户重新输入;如果输入正确,在屏幕上显示提示语句"您选择了功能 1/2/3"。

问题 2:在问题 1 的代码基础上完善代码,实现功能 1,即当用户选择 1 的时候,从通讯录文件读取信息并显示所有信息。输入输出样例如下。

```
1.显示所有信息
2.追加信息
3.删除信息
请输入数字 1-3 选择功能:1
101,aa,12345678,beijing
102,bb,23456781,shanghai
```

问题 3:在问题 2 的代码基础上完善代码,实现功能 2——追加信息。用户从键盘输入一个学生的信息,用逗号隔开。在屏幕上显示追加后的所有信息,并将信息写入文件 new_address.txt 中,文件格式与 address.txt 相同,内容格式示例如下。

```
101,aa,12345678,beijing
102,bb,23456781,shanghai
103,cc,34567,tianj
```

实现步骤	输入样例	输出样例
问题 1	1	您选择了功能 1.
问题 2	1	101,aa,12345678,beijing 102,bb,23456781,shanghai
问题 3	2 103,cc,34567,tianj	101,aa,12345678,beijing 102,bb,23456781,shanghai 103,cc,34567,tianj (本单元格内容输出到文件 new_address.txt)

🔑 Python 程序设计考试模拟题(八)

一、选择题

1. 关于数据的存储结构,以下选项描述正确的是(　　)。
   A. 数据所占的存储空间量
   B. 数据在计算机中的顺序存储方式
   C. 数据的逻辑结构在计算机中的表示
   D. 存储在外存中的数据

2. 关于线性链表的描述,以下选项中正确的是(　　)。
   A. 存储空间不一定连续,且前件元素一定存储在后件元素的前面
   B. 存储空间必须连续,且前件元素一定存储在后件元素的前面
   C. 存储空间必须连续,且各元素的存储顺序是任意的
   D. 存储空间不一定连续,且各元素的存储顺序是任意的

3. 在深度为 7 的满二叉树中,叶子结点的总个数是(　　)。
   A. 31
   B. 64
   C. 63
   D. 32

4. 关于结构化程序设计所要求的基本结构,以下选项中描述错误的是(　　)。
   A. 重复(循环)结构
   B. 选择(分支)结构
   C. goto 跳转
   D. 顺序结构

5. 关于面向对象的继承,以下选项中描述正确的是(　　)。
   A. 继承是指一组对象所具有的相似性质
   B. 继承是指类之间共享属性和操作的机制
   C. 继承是指各对象之间的共同性质
   D. 继承是指一个对象具有另一个对象的性质

6. 关于软件危机,以下选项中描述错误的是(　　)。
   A. 软件成本不断提高
   B. 软件质量难以控制
   C. 软件过程不规范
   D. 软件开发生产率低

7. 关于软件测试,以下选项中描述正确的是(　　)。
   A. 软件测试的主要目的是确定程序中错误的位置
   B. 为了提高软件测试的效率,最好由程序编制者自己来完成软件的测试工作
   C. 软件测试是为了证明软件没有错误
   D. 软件测试的主要目的是发现程序中的错误

8. 以下选项中用树形结构表示实体之间联系的模型是(　　)。

A. 网状模型　　　　　B. 层次模型　　　　　C. 静态模型　　　　　D. 关系模型

9. 设有表示学生选课的三张表：学生 S(学号,姓名,性别,年龄,身份证号),课程 C(课号,课程名),选课 SC(学号,课号,成绩)。表 SC 的关键字(键或码)是(　　　)。

　　A. 学号,成绩　　　　　　　　　　　　B. 学号,课号

　　C. 学号,姓名,成绩　　　　　　　　　　D. 课号,成绩

10. 设有如下关系表,以下选项中正确地描述了关系表 R、S、T 之间关系的是(　　　)。

R		
A	B	C
1	1	2
2	2	3
3	1	3

S		
A	B	C
3	1	3
2	2	3

T		
A	B	C
1	1	2

　　A. $T=R \cup S$　　　　B. $T=R \times S$　　　　C. $T=R-S$　　　　D. $T=R \cap S$

11. 关于 Python 程序格式框架的描述,以下选项中错误的是(　　　)。

　　A. Python 语言的缩进可以采用 Tab 键实现

　　B. Python 单层缩进代码属于之前最邻近的一行非缩进代码,多层缩进代码根据缩进关系决定所属范围

　　C. 判断、循环、函数等语法形式能够通过缩进包含一批 Python 代码,进而表达对应的语义

　　D. Python 语言不采用严格的"缩进"来表明程序的格式框架

12. 以下选项中不符合 Python 语言变量命名规则的是(　　　)。

　　A. I　　　　　　　　B. 3_1　　　　　　　C. _AI　　　　　　　D. empStr

13. 以下关于 Python 字符串的描述中,错误的是(　　　)。

　　A. 字符串是字符的序列,可以按照单个字符或者字符片段进行索引

　　B. 字符串包括两种序号体系：正向递增和反向递减

　　C. Python 字符串提供区间访问方式,采用 [N:M] 格式,表示字符串中从 N 到 M 的索引子字符串(包含 N 和 M)

　　D. 字符串是用一对双引号" "或者单引号' '引起来的零个或者多个字符

14. 关于 Python 语言的注释,以下选项中描述错误的是(　　　)。

　　A. Python 语言的单行注释以 ♯ 开头

　　B. Python 语言的单行注释以单引号 ' 开头

　　C. Python 语言的多行注释以 ' ' '(三个单引号)开头和结尾

　　D. Python 语言有两种注释方式：单行注释和多行注释

15. 关于 import 引用,以下选项中描述错误的是(　　　)。

　　A. 使用 import turtle 引入 turtle 库

　　B. 可以使用 from turtle import setup 引入 turtle 库

　　C. 使用 import turtle as t 引入 turtle 库,取别名为 t

　　D. import 保留字用于导入模块或者模块中的对象

16. 下面代码的输出结果是(　　　)。

```
x = 12.34
print(type(x))
```

A. <class 'int'>　　　　　　　　　　B. <class 'float'>

C. <class 'bool'>　　　　　　　　　D. <class 'complex'>

17. 关于 Python 的复数类型,以下选项中描述错误的是(　　　)。

　　A. 复数的虚数部分通过后缀"J"或者"j"来表示

　　B. 对于复数 z,可以用 z.real 获得它的实数部分

　　C. 对于复数 z,可以用 z.imag 获得它的实数部分

　　D. 复数类型表示数学中的复数

18. 关于 Python 字符串,以下选项中描述错误的是(　　　)。

　　A. 可以使用 datatype()测试字符串的类型

　　B. 输出带有引号的字符串,可以使用转义字符\

　　C. 字符串是一个字符序列,字符串中的编号叫"索引"

　　D. 字符串可以保存在变量中,也可以单独存在

19. 关于 Python 的分支结构,以下选项中描述错误的是(　　　)。

　　A. 分支结构使用 if 保留字

　　B. Python 中 if-else 语句用来形成二分支结构

　　C. Python 中 if-elif-else 语句描述多分支结构

　　D. 分支结构可以向已经执行过的语句部分跳转

20. 关于程序的异常处理,以下选项中描述错误的是(　　　)。

　　A. 程序发生异常后经过妥善处理可以继续执行

　　B. 异常语句可以与 else 和 finally 保留字配合使用

　　C. 编程语言中的异常和错误是完全相同的概念

　　D. Python 通过 try、except 等保留字提供异常处理功能

21. 关于函数,以下选项中描述错误的是(　　　)。

　　A. 函数能完成特定的功能,对函数的使用不需要了解函数内部实现原理,只要了解函数的输入输出方式即可

　　B. 使用函数的主要目的是降低编程难度和代码重用

　　C. Python 使用 del 保留字定义一个函数

　　D. 函数是一段具有特定功能的、可重用的语句组

22. 关于 Python 组合数据类型,以下选项中描述错误的是(　　　)。

　　A. 组合数据类型可以分为 3 类:序列类型、集合类型和映射类型

　　B. 序列类型是二维元素向量,元素之间存在先后关系,通过序号访问

　　C. Python 的 str、tuple 和 list 类型都属于序列类型

　　D. Python 组合数据类型能够将多个同类型或不同类型的数据组织起来,通过单一的表示使数据操作更有序、更容易

23. 关于 Python 序列类型的通用操作符和函数,以下选项中描述错误的是(　　　)。

　　A. 如果 x 不是 s 的元素,x not in s 返回 True

　　B. 如果 s 是一个序列,s=[1,"kate",True],s[3] 返回 True

　　C. 如果 s 是一个序列,s=[1,"kate",True],s[-1] 返回 True

　　D. 如果 x 是 s 的元素,x in s 返回 True

24. 关于 Python 的文件处理，以下选项中描述错误的是（　　）。

    A. Python 通过解释器内置的 open() 函数打开一个文件

    B. 当文件以文本方式打开时，读写按照字节流方式

    C. 文件使用结束后要用 close() 方法关闭，释放文件的使用授权

    D. Python 能够以文本和二进制两种方式处理文件

25. 以下选项中不是 Python 对文件的写操作方法的是（　　）。

    A. writelines   B. write 和 seek   C. writetext   D. write

26. 关于数据组织的维度，以下选项中描述错误的是（　　）。

    A. 一维数据采用线性方式组织，对应于数学中的数组和集合等概念

    B. 二维数据采用表格方式组织，对应于数学中的矩阵

    C. 高维数据由键值对类型的数据构成，采用对象方式组织

    D. 数据组织存在维度，字典类型用于表示一维和二维数据

27. 以下选项中不是 Python 语言的保留字的是（　　）。

    A. except   B. do   C. pass   D. while

28. 以下选项中是 Python 中文分词的第三方库的是（　　）。

    A. jieba   B. itchat   C. time   D. turtle

29. 以下选项中使 Python 脚本程序转换为可执行程序的第三方库是（　　）。

    A. pygame   B. PyQt5   C. PyInstaller   D. random

30. 以下选项中不是 Python 数据分析的第三方库的是（　　）。

    A. numpy   B. scipy   C. pandas   D. requests

31. 下面代码的输出结果是（　　）。

```
x = 0o1010
print(x)
```

    A. 520   B. 1024   C. 32 768   D. 10

32. 下面代码的输出结果是（　　）。

```
x = 10
y = 3
print(divmod(x,y))
```

    A. (1,3)   B. 3,1   C. 1,3   D. (3,1)

33. 下面代码的输出结果是（　　）。

```
for s in "HelloWorld":
    if s == "W":
        continue
    print(s,end = "")
```

    A. Hello   B. World   C. HelloWorld   D. Helloorld

34. 给出如下代码：

```
DictColor = {"seashell":"海贝色","gold":"金色","pink":"粉红色","brown":"棕色",
"purple":"紫色","tomato":"西红柿色"}
```

以下选项中能输出"海贝色"的是（　　）。

    A．print(DictColor.keys())   B．print(DictColor["海贝色"])

    C．print(DictColor.values())   D．print(DictColor["seashell"])

35．下面代码的输出结果是(　　　)。

```python
s = ["seashell","gold","pink","brown","purple","tomato"]
print(s[1:4:2])
```

    A．['gold','pink','brown']

    B．['gold','pink']

    C．['gold','pink','brown','purple','tomato']

    D．['gold','brown']

36．下面代码的输出结果是(　　　)。

```python
d = {"大海":"蓝色", "天空":"灰色", "大地":"黑色"}
print(d["大地"], d.get("大地", "黄色"))
```

    A．黑的　灰色   B．黑色　黑色   C．黑色　蓝色   D．黑色　黄色

37．当用户输入 abc 时，下面代码的输出结果是(　　　)。

```python
try:
    n = 0
    n = input("请输入一个整数：")
    def pow10(n):
        return n ** 10except:
    print("程序执行错误")
```

    A．abc

    B．程序没有任何输出

    C．0

    D．程序执行错误

38．下面代码的输出结果是(　　　)。

```python
a = [[1,2,3], [4,5,6], [7,8,9]]
s = 0
for c in a:
    for j in range(3):
        s += c[j]
print(s)
```

    A．0   B．45   C．以上答案都不对 D．24

39．文件 book.txt 在当前程序所在目录内，其内容是文本"book"，下面代码的输出结果是(　　　)。

```python
txt = open("book.txt", "r")
print(txt)
txt.close()
```

    A．book.txt   B．txt   C．以上答案都不对 D．book

40．如果当前时间是 2018 年 5 月 1 日 10 点 10 分 9 秒，则下面代码的输出结果是(　　　)。

```python
import time
print(time.strftime("%Y-%m-%d@%H>%M>%S", time.gmtime()))
```

A. 2018＝05-01@10＞10＞09 　　　　　 B. 2018＝5-1 10＞10＞9

C. True@True 　　　　　　　　　　　D. 2018＝5-1@10＞10＞9

二、操作题

1. 仅使用 Python 基本语法,即不使用任何模块,编写 Python 程序,计算下列数学表达式的结果并输出(小数点后保留 3 位)。

$$x = \sqrt{\frac{(3^4 + 5 \times 6^7)}{8}}$$

2. 以中国共产党第十九次全国代表大会报告中一句话作为字符串变量 s,完善 Python 程序,分别用 Python 内置函数及 jieba 库中已有函数计算字符串 s 的中文字符个数及中文词语个数。注意,中文字符包含中文标点符号(提交的代码应包括题目中给出的部分)。

```
import jieba
s = "中国特色社会主义进入新时代,我国社会主要矛盾已经转化为人民日益增长的美好生活需要
和不平衡不充分的发展之间的矛盾。"
n = ___①___
m = ___②___   print("中文字符数为{},中文词语数为{}。".format(n, m)),中文
```

3. 0x4DC0 是一个十六进制数,它对应的 Unicode 编码是中国古老的《易经》六十四卦的第一卦,输出第 51 卦(震卦)对应的 Unicode 编码的二进制、十进制、八进制和十六进制格式。

```
print("二进制{___①___}、十进制{___②___}、八进制{___③___}、十六进制{___④___}".format(___⑤___))
```

4. 使用 turtle 库的 turtle. fd() 函数和 turtle. seth() 函数绘制一个边长为 200 的正方形,效果如右图所示。结合格式框架,补充横线处代码。

```
import turtle
d = 0
for i in range(___①___):
    turtle.fd(___②___)
    d = ___③___
    turtle.seth(d)
```

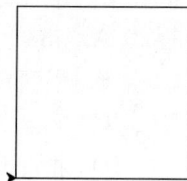

5. 列表 ls 中存储了我国 39 所 985 高校所对应的学校类型,以这个列表为数据变量,完善 Python 代码,统计输出各类型的数量。

```
ls = ["综合", "理工", "综合", "综合", "综合", "综合", "综合", "综合", "综合", "综合","师
范", "理工", "综合", "理工", "综合", "综合", "综合", "综合", "综合", "理工","理工", "理工",
"理工", "师范", "综合", "农林", "理工", "综合", "理工", "理工","理工", "综合", "理工", "综
合", "综合", "理工", "农林", "民族", "军事"]
```

该题目没有输入,要求按以下顺序输出(其中冒号为英文冒号):

```
综合:1
理工:2
师范:3
农林:4
民族:5
军事:6
```

6.《论语》是儒家学派的经典著作之一,主要记录了孔子及其弟子的言行。网络上有很多《论语》文本的版本。这里给出了一个版本,文件名称为"论语-网络版.txt",其内容采用如下格式组织。

【原文】

1.11 子曰:"父在,观其(1)志;父没,观其行(2);三年(3)无改于父之道(4),可谓孝矣。"

【注释】

(略)

【译文】

(略)

【评析】

(略)

该版本通过【原文】标记《论语》原文内容,采用【注释】、【译文】和【评析】标记对原文的注释、译文和评析。

问题 1:编写程序,提取《论语》文档中所有原文内容,输出保存到"论语-提取版.txt"文件。输出文件格式要求:去掉文章中原文部分每行行首空格及如"1.11"等的数字标志,行尾无空格、无空行。参考格式如下(原文中括号及内部数字是对应源文件中注释项的标记):

子曰(1):"学(2)而时习(3)之,不亦说(4)乎?有朋(5)自远方来,不亦乐(6)乎?人不知(7),而不愠(8),不亦君子(9)乎?"
有子(1)曰:"其为人也孝弟(2),而好犯上者(3),鲜(4)矣;不好犯上,而好作乱者,未之有也(5)。君子务本(6),本立而道生(7)。孝弟也者,其为人之本与(8)?"
子曰:"巧言令色(1),鲜(2)仁矣。"
(略)

问题 2:编写程序,在"论语-提取版.txt"基础上,进一步去掉每行文字中所有括号及其内部数字,保存为"论文-原文.txt"文件。参考格式如下:

子曰:"学而时习之,不亦说乎?有朋自远方来,不亦乐乎?人不知,而不愠,不亦君子乎?"
有子曰:"其为人也孝弟,而好犯上者,鲜矣;不好犯上,而好作乱者,未之有也。君子务本,本立而道生。孝弟也者,其为人之本与?"
子曰:巧言令色,鲜仁矣。"
(略)

Python 程序设计考试模拟题(九)

一、选择题

1. 给出如下代码:

```
fname = input("请输入要打开的文件:")
fr = open(fname,"r")
for line in fr.readlines():
    print(line)
fi.close()
```

以下选项中描述错误的是(   )。

    A. 通过 fr.readlines()方法将文件的全部内容读入一个字典 fr

    B. 用户输入文件路径，以文本文件方式读入文件内容并逐行打印

    C. 通过 fr.readlines()方法将文件的全部内容读入一个列表 fr

    D. 上述代码中 fr.readlines()可以优化为 fr

2. 关于数据组织的维度，以下选项中描述错误的是（　　　）。

    A. 数据组织存在维度，字典类型用于表示一维和二维数据

    B. 二维数据采用表格方式组织，对应于数学中的矩阵

    C. 一维数据采用线性方式组织，对应于数学中的数组和集合等概念

    D. 高维数据由键值对类型的数据构成，采用对象方式组织

3. 关于 Python 文件打开模式的描述，以下选项中错误的是（　　　）。

    A. 创建写模式 n　　　　B. 追加写模式 a　　　C. 覆盖写模式 w　　　D. 只读模式 r

4. 执行如下代码：

```
fname = input("请输入要打开的文件:")
fw = open(fname,"w + ")
ls = ["清明时节雨纷纷","路上行人欲断魂","借问酒家何处有","牧童遥指杏花村"]
fw.writelines(ls)
fw.seek(0)
for line in fw
    print(line)
fw.close()
```

以下选项中描述错误的是（　　　）。

    A. fw.seek(0)这行代码可以省略，不影响输出结果

    B. fw.writelines(ls)将元素全为字符串的 ls 列表写入文件

    C. 执行代码时，从键盘输入"清明.txt"，则清明.txt 被创建

    D. 代码主要功能为向文件写入一个列表类型，并输出结果

5. 关于 Python 文件的'＋'打开模式，以下选项中描述正确的是（　　　）。

    A. 只读模式

    B. 与 r/w/a/x 一同使用，在原功能基础上增加同时读写功能

    C. 追加写模式

    D. 覆盖写模式

6. 给定列表 ls ＝[1,2,3,"1","2","3"]，其元素包含两种数据类型，则 ls 的数据组织维度是（　　　）。

    A. 一维数据　　　　B. 多维数据　　　　C. 高维数据　　　　D. 二维数据

7. 给定字典 d＝{1:"1",2:"2",3:"3"}，其元素包含两种数据类型，则 d 的数据组织维度是（　　　）。

    A. 多维数据　　　　B. 一维数据　　　　C. 二维数据　　　　D. 高维数据

8. 以下选项中，对 CSV 文件的描述正确的是（　　　）。

    A. CSV 文件以英文逗号分隔元素

    B. CSV 文件以英文分号分隔元素

    C. CSV 文件以英文特殊符号分隔元素

D. CSV 文件以英文空格分隔元素

9. 表达式",".join(ls)中 ls 是列表类型,以下选项中对其功能的描述正确的是(   )。

 A. 将列表所有元素连接成一个字符串,每个元素后增加一个逗号

 B. 在列表 ls 每个元素后增加一个逗号

 C. 将逗号字符串增加到列表 ls 中

 D. 将列表所有元素连接成一个字符串,元素之间增加一个逗号

10. 二维列表 ls=[[1,2,3],[4,5,6],[7,8,9]],以下选项中能获取其中元素 5 的是(   )。

 A. ls[-1][-1]   B. ls[4]   C. ls[1][1]   D. ls[-2][-1]

11. 以下选项不属于 Python 语言特点的是(   )。

 A. 支持中文   B. 平台无关   C. 语法简洁   D. 执行高效

12. 如果 Python 程序执行时产生了 "unexpected indent"错误,其原因是(   )。

 A. 代码中使用了错误的关键字   B. 代码中缺少":"符号

 C. 代码里的语句嵌套层次太多   D. 代码中出现了缩进不匹配的问题

13. 以下关于 Python 程序语法元素的描述,错误的是(   )。

 A. 段落格式有助于提高代码的可读性和可维护性

 B. 虽然 Python 支持中文变量名,但从兼容性角度考虑还是不要用中文名

 C. true 并不是 Python 的保留字

 D. 不是所有的 if、while、def、class 语句都要用':'结尾

14. s="Python",能够显示输出"Python"的选项是(   )。

 A. print(s[0:-1])   B. print(s[-1:0])

 C. print(s[:6])   D. print(s[:])

15. 表达式'y'<'x' == False 的结果是(   )。

 A. True   B. Error   C. None   D. False

16. 以下表达式是十六进制整数的是(   )。

 A. 0b16   B. '0x61'   C. 1010   D. 0x3F

17. 字符串 s="I love Python",以下程序的输出结果是(   )。

```
s = "I love Python"
ls = s.split()
ls.reverse()
print(ls)
```

 A. 'Python','love','I'   B. Python love I

 C. None   D. ['Python','love','I']

18. 以下程序的输出结果是(   )。

```
s = ''
ls = [1,2,3,4]
for l in ls:
    s += str(l)
print(s)
```

 A. 1,2,3,4   B. 4321   C. 4,3,2,1   D. 1234

19. 以下关于程序控制结构的描述错误的是(　　)。
    A. 单分支结构是用 if 保留字判断满足一个条件,就执行相应的处理代码
    B. 二分支结构是用 if-else 根据条件的真假,执行两种处理代码
    C. 多分支结构是用 if-elif-else 处理多种可能的情况
    D. 在 Python 的程序流程图中可以用处理框表示计算的输出结果
20. 关于以下代码的结果描述正确的是(　　)。

```python
basket = {'apple', 'orange', 'apple', 'pear', 'orange', 'banana'}
print(basket)
```

    A. 结果为{'apple','orange','apple','pear','orange','banana'}
    B. 结果为{'orange','banana','pear','apple'}
    C. 结果为 basket
    D. 结果会出错
21. ls＝[1,2,3,4,5,6],以下关于循环结构的描述错误的是(　　)。
    A. 表达式 for i in range(len(ls)) 的循环次数与 for i in ls 的循环次数是一样的
    B. 表达式 for i in range(len(ls)) 的循环次数与 for i in range(0,len(ls)) 的循环次数一样
    C. 表达式 for i in range(len(ls)) 的循环次数与 for i in range(1,len(ls)＋1) 的循环次数一样
    D. 表达式 for i in range(len(ls)) 与 for i in ls 的循环中,i 的值是一样的
22. 以下程序的输出结果是(　　)。

```python
j = ''
for i in "12345":
    j += i + ','
print(j)
```

    A. 1,2,3,4,5　　　　B. 12345　　　　C. '1,2,3,4,5,'　　D. 1,2,3,4,5,
23. 以下程序的输出结果是(　　)。

```python
a = 30
b = 1
if a >= 10:
    a = 20
elif a >= 20:
    a = 30
elif a >= 30:
    b = a
else:
    b = 0
print('a={}, b={}'.format(a,b))
```

    A. a＝30,b＝1　　　　　　　　　　B. a＝30,b＝30
    C. a＝20,b＝20　　　　　　　　　　D. a＝20,b＝1
24. 以下程序的输出结果是(　　)。

```python
s = ''
try:
```

```
    for i in range(1, 10, 2):
        s.append(i)
except:
    print('error')
print(s)
```

  A. 1 3 5 7 9   B. [1,3,5,7,9]

  C. ,4,6,8,10   D. error

25. 以下关于 Python 函数使用的描述,错误的是(　　)。

  A. 函数定义是使用函数的第一步

  B. 函数被调用后才能执行

  C. 函数执行结束后,程序执行流程会自动返回到函数被调用的语句之后

  D. Python 程序里一定要有一个主函数

26. 为整型变量 x、y、z 赋初值 10,以下 Python 语句正确的是(　　)。

  A. x,y,z＝10   B. x＝10 y＝10 z＝10

  C. x＝10,y＝10,z＝10   D. x＝y＝z＝10

27. 以下程序的输出结果是(　　)。

```
def calu(x = 3, y = 2, z = 10):
    return(x ** y * z)
h = 2
w = 3
print(calu(h,w))
```

  A. 90   B. 70   C. 60   D. 80

28. 以下程序的输出结果是(　　)。

```
img1 = [12,34,56,78]
img2 = [1,2,3,4,5]

def displ():
    print(img1)

def modi():
    img1 = img2
modi()
displ()
```

  A. [1,2,3,4,5]   B. ([12,34,56,78])

  C. ([1,2,3,4,5])   D. [12,34,56,78]

29. 以下关于组合数据类型的描述,错误的是(　　)。

  A. 集合类型是一种具体的数据类型

  B. 序列类型和映射类型都是一类数据类型的总称

  C. Python 的集合类型与数学中的集合概念一致,都是多个数据项的无序组合

  D. 字典类型的键可以使用的数据类型包括字符串、元组以及列表

30. 以下关于字典类型的描述,正确的是(　　)。

    A. 字典类型可迭代,即字典的值还可以是字典类型的对象

    B. 表达式 for x in d：中,假设 d 是字典,则 x 是字典中的键值对

    C. 字典类型的键可以是列表和其他数据类型

    D. 字典类型的值可以是任意数据类型的对象

31. 以下程序的输出结果是(　　)。

```
ls1 = [1,2,3,4,5]
ls2 = [3,4,5,6,7,8]
cha1 = []
for i in ls2:
    if i not in ls1:
        cha1.append(i)
print(cha1)
```

    A. (6,7,8)   B. (1,2,6,7,8)   C. [1,2,6,7,8]   D. [6,7,8]

32. 以下程序的输出结果是(　　)。

```
d = {"zhang":"China", "Jone":"America", "Natan":"Japan"}
print(max(d),min(d))
```

    A. Japan America   B. zhang:China Jone:America

    C. China America   D. zhang Jone

33. 以下程序的输出结果是(　　)。

```
frame = [[1,2,3],[4,5,6],[7,8,9]]
rgb = frame[::-1]
print(rgb)
```

    A. [[1,2,3],[4,5,6]]   B. [[7,8,9]]

    C. [[1,2,3],[4,5,6],[7,8,9]]   D. [[7,8,9],[4,5,6],[1,2,3]]

34. 已知以下程序段,要想输出结果"1,2,3",应该使用的语句是(　　)。

```
x = [1,2,3]
z = []
for y in x:
    z.append(str(y))
```

    A. print(z)   B. print(",".join(x))

    C. print(x)   D. print(",".join(z))

35. 以下程序输出到文件 text.csv 里的结果是(　　)。

```
fo = open("text.csv",'w')
x = [90,87,93]
fo.write(",".join(str(x)))
fo.close()
```

    A. [90,87,93]   B. 90,87,93

    C. ,9,0,,,,8,7,,,,9,3,   D. [,9,0,,,,8,7,,,,9,3,]

36. 以下属于 Python 的 HTML 和 XML 第三方库的是(　　)。

    A. mayavi   B. TVTK

    C. PyGame   D. BeautifulSoup

37. 用于安装 Python 第三方库的工具是（　　）。

    A. jieba　　　　　　B. yum　　　　　　C. loso　　　　　　D. pip

38. 用于将 Python 程序打包成可执行文件的工具是（　　）。

    A. Panda3D　　　　B. cocos2d　　　　C. pip　　　　　　D. PyInstaller

39. 以下程序不可能的输出结果是（　　）。

```
from random import *
x = [30,45,50,90]
print(choice(x))
```

    A. 30　　　　　　　B. 45　　　　　　　C. 90　　　　　　　D. 55

40. 有一个文件记录了 1000 个人的高考成绩总分，每一行信息的长度是 20 字节，要想只读取最后 10 行的内容，不可能用到的函数是（　　）。

    A. seek()　　　　　B. readline()　　　　C. open()　　　　　D. read()

二、操作题

1. 输入一个字符串，其中的字符由（英文）逗号隔开。编程将所有字符连成一个字符串，输出到屏幕上。输入输出示例如下：

输　　入	输　　出
123,4,5	12345

2. 有一个列表 studs 如下：

studs = [{'sid':'103','Chinese': 90,'Math':95,'English':92},{'sid':'101','Chinese': 80,'Math': 85,'English':82},{'sid':'102','Chinese': 70,'Math':75,'English':72}]

将列表 studs 的数据内容提取出来，放到一个字典 scores 里，在屏幕上按学号从小到大的顺序输出 scores 的内容。示例如下：

```
101:[85, 82, 80]
102:[75, 72, 70]
103:[95, 92, 90]
```

3. 从键盘输入一个用于填充的图符、一个字符串，及一个要显示的字符串的总长度；编程将输入的字符串居中显示在屏幕上，用填充图符补齐到输入的总长度。如果输入的总长度不是正整数，则提示"请输入一个正整数"，并重新提示输入，直至输入正整数。

输入输出示例如下（下画线处为输入）：

```
请输入填充符号 :@
请输入要显示的字符串: qq
请输入字符串总长度: r
请输入一个正整数
请输入字符串总长度: 3.4
请输入一个正整数
请输入字符串总长度: 4
@qq@
```

4. 使用 turtle 库的 turtle.fd() 函数和 turtle.seth() 函数绘制螺旋状的正方形，正方形边长从 1 像素开始，第一条边从 0 度方向开始，效果如图所示。

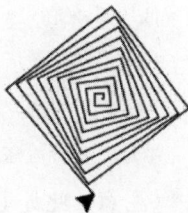

5. 附件文件question.txt中有一道Python选择题,第1行的第1个数据为题号,后续的4行是4个选项。示例内容如下:

3. 以下关于字典类型的描述,错误的是:
A. 字典类型中的数据可以进行分片和合并操作
B. 字典类型是一种无序的对象集合,通过键来存取
C. 字典类型可以在原来的变量上增加或缩短
D. 字典类型可以包含列表和其他数据类型,支持嵌套的字典

读取其中的内容,提取题干和四个选项的内容,利用jieba分词并统计出现频率最高的3个词(其中要删除以下常用字和符号"的,:：可以是和中以下 B"),作为该题目的主题标签,输出在屏幕上。

输入输出示例如下:

输　　入	输　　出
从文件question.txt中读取所有内容	第3题的主题是: 类型:5 集合:2 组合:2

6. 老王的血压有些高,医生让家属给老王测血压。老王的女儿将一段时间内的血压测量值记录在文件xueyajilu.txt中,内容示例如下:

2018/7/2 6:00,140,82,136,90,69
2018/7/2 15:28,154,88,155,85,63
2018/7/3 6:30,131,82,139,74,61
2018/7/3 16:49,145,84,139,85,73
2018/7/4 5:03,152,87,131,85,63

每条数据的各部分含义如下:测量时间,左臂高压,左臂低压,右臂高压,右臂低压,心率。

(1) 使用字典和列表类型进行数据分析,获取老王的:

左臂和右臂的血压平均值,

左臂和右臂的高压最高值、低压最高值,

左臂和右臂的高/低压差平均值,

心率的平均值。

给出左臂和右臂血压情况的对比表,输出到屏幕上(请注意每行三列对齐),输出格式如下:

对比项	左臂	右臂
高压最大值	163	155
低压最大值	93	90
压差平均值	61	57
高压平均值	146	140
低压平均值	85	82

(2) 上述显示的五个项目中,如果左臂有大于50%的项目高于右臂,则输出结论"左臂血压偏高";如果小于50%的项目高于右臂,则输出结论"右臂血压偏高"。示例如下:

结论:左臂血压偏高,心率的平均值为66

(注意:此处心率值为格式示例,实际数据与此不同)

参 考 文 献

[1] 嵩天,黄天羽,杨雅婷. Python 语言程序设计基础[M].3 版.北京:高等教育出版社,2024.

[2] 张莉,陶烨.Python 程序设计(第 2 版)实验指导[M].北京:高等教育出版社,2022.

[3] 林信良.Python 程序设计教程[M].北京:清华大学出版社,2016.

[4] 戚伟,丁玲.Python 程序设计[M].北京:高等教育出版社,2024.

[5] 陈波,熊心志,张全和,等.Python 编程基础及应用实验教程[M].北京:高等教育出版社,2022.

[6] 教育部教育考试院.全国计算机等级考试二级教程——Python 语言程序设计[M].北京:高等教育出版社,2022.

[7] 教育部考试中心.全国计算机等级考试二级教程——Python 语言程序设计[M].北京:高等教育出版社,2022.

[8] 赵广辉,李屾,秦珀石,等.Python 程序设计基础实践教程[M].北京:高等教育出版社,2021.

[9] 林川,章杰,郭剑,等.Python 语言程序设计上机指导与习题解答[M].北京:清华大学出版社,2024.

[10] 王霞,王书芹,郭小荟,等.Python 程序设计(思政版)[M].2 版.北京:清华大学出版社,2024.

[11] 张枢,范大鹏,等.Python 语言程序设计教程[M].北京:清华大学出版社,2024.

[12] 郭炜.Python 程序设计基础及实践(慕课版)[M].2 版.北京:人民邮电出版社,2024.

[13] 刘凡馨,夏帮贵.Python 3 基础教程实验指导与习题集(慕课版)[M].2 版.北京:人民邮电出版社,2024.

[14] 储岳中.Python 程序设计实践教程[M].2 版.北京:人民邮电出版社,2024.

[15] 董付国.Python 程序设计基础[M].3 版.北京:清华大学出版社,2023.

[16] 董付国.Python 可以这样学[M].北京:清华大学出版社,2017.

[17] 董付国.Python 程序设计[M].4 版.北京:清华大学出版社,2024.

[18] 董付国.Python 程序设计实验指导书[M].2 版.北京:清华大学出版社,2024.

[19] 董付国.Python 程序设计开发宝典[M].北京:清华大学出版社,2017.

[20] 约翰·策勒.Python 程序设计[M].3 版.王海鹏,译.北京:人民邮电出版社,2018.

[21] 刘宇宙.Python 3.5 从零开始学[M].北京:清华大学出版社,2017.

[22] 埃里克·马瑟斯.Python 编程从入门到实践[M].袁国忠,译.北京:人民邮电出版社,2016.

[23] 李佳宇.Python 零基础入门学习[M].北京:清华大学出版社,2016.

[24] 萨默菲尔德.Python 3 程序开发指南[M].2 版.王弘博,孙传庆,译.北京:人民邮电出版社,2015.

[25] 塞巴斯蒂安·拉施卡.Python 机器学习[M].高明,徐莹,陶虎成,译.北京:机械工业出版社,2017.

[26] 胡松涛.Python 网络爬虫实战[M].北京:清华大学出版社,2016.

[27] 韦玮.精通 Python 网络爬虫:核心技术、框架与项目实战[M].北京:机械工业出版社,2017.

[28] 罗伯特·塞奇威克.程序设计导论:Python 语言实践[M].江红,余青松,译.北京:机械工业出版社,2016.

[29] 刘春茂,裴雨龙,展娜娜.Python 程序设计案例课堂[M].北京:清华大学出版社,2017.

[30] 韦玮.Python 程序设计基础实战教程[M].北京:清华大学出版社,2018.

APPENDIX

全国计算机等级考试二级 Python语言程序设计 考试大纲(2025版)

🔑 上：Python 知识部分

基本要求

1. 掌握 Python 语言的基本语法规则。

2. 掌握不少于 3 个基本的 Python 标准库。

3. 掌握不少于 3 个 Python 第三方库，掌握获取并安装第三方库的方法。

4. 能够阅读和分析 Python 程序。

5. 熟练使用 IDLE 开发环境，能够将脚本程序转换为可执行程序。

6. 了解 Python 计算生态在以下方面(不限于)的主要第三方库名称：网络爬虫、数据分析、数据可视化、机器学习、Web 开发等。

考试内容

一、Python 语言基本语法元素

1. 程序的基本语法元素：程序的格式框架、缩进、注释、变量、命名、保留字、连接符、数据类型、赋值语句、引用。

2. 基本输入输出函数：input()、eval()、print()。

3. 源程序的书写风格。

4. Python 语言的特点。

二、基本数据类型

1. 数字类型：整数类型、浮点数类型和复数类型。
2. 数字类型的运算：数字运算操作符、数字运算函数。
3. 真假无：True、False、None。
4. 字符串类型及格式化：索引、切片、基本的 format() 格式化方法。
5. 字符串类型的操作：字符串操作符、操作函数和操作方法。
6. 类型判断和类型间转换。
7. 逻辑运算和比较运算。

三、程序的控制结构

1. 程序的三种控制结构。
2. 程序的分支结构：单分支结构、二分支结构、多分支结构。
3. 程序的循环结构：遍历循环、条件循环。
4. 程序的循环控制：break 和 continue。
5. 程序的异常处理：try-except 及异常处理类型。

四、函数和代码复用

1. 函数的定义和使用。
2. 函数的参数传递：可选参数传递、参数名称传递、函数的返回值。
3. 变量的作用域：局部变量和全局变量。
4. 函数递归的定义和使用。

五、组合数据类型

1. 组合数据类型的基本概念。
2. 列表类型：创建、索引、切片。
3. 列表类型的操作：操作符、操作函数和操作方法。
4. 集合类型：创建。
5. 集合类型的操作：操作符、操作函数和操作方法。
6. 字典类型：创建、索引。
7. 字典类型的操作：操作符、操作函数和操作方法。

六、文件和数据格式化

1. 文件的使用：文件打开、读写和关闭。
2. 数据组织的维度：一维数据和二维数据。
3. 一维数据的处理：表示、存储和处理。
4. 二维数据的处理：表示、存储和处理。
5. 采用 CSV 格式对一、二维数据文件的读写。

七、Python 程序设计方法

1. 过程式编程方法。
2. 函数式编程方法。
3. 生态式编程方法。
4. 蒙特卡洛计算方法。
5. 递归计算方法。

八、Python 计算生态

1. 标准库的使用：turtle 库、random 库、time 库。
2. 基本的 Python 内置函数。
3. 利用 pip 工具的第三方库安装方法。
4. 第三方库的使用：jieba 库、PyInstaller 库、基本 NumPy 库。
5. 更广泛的 Python 计算生态，只要求了解第三方库的名称，不限于以下领域：网络爬虫、数据分析、文本处理、数据可视化、用户图形界面、机器学习、Web 开发、游戏开发等。

考试方式

上机考试，考试时长 120 分钟，满分 100 分。
1. 题型及分值
单项选择题 40 分(含公共基础知识部分 10 分)。
操作题 60 分(包括基本编程题和综合编程题)。
2. 考试环境
Windows 7 操作系统，建议 Python 3.5.3 至 Python 3.9.10 版本，IDLE 开发环境。

下：公共基础知识部分

基本要求

1. 掌握计算机系统的基本概念，理解计算机硬件系统和计算机操作系统。
2. 掌握算法的基本概念。
3. 掌握基本数据结构及其操作。
4. 掌握基本排序和查找算法。
5. 掌握逐步求精的结构化程序设计方法。
6. 掌握软件工程的基本方法，具有初步应用相关技术进行软件开发的能力。
7. 掌握数据库的基本知识，了解关系数据库的设计。

考试内容

一、计算机系统

1. 掌握计算机系统的结构。

2. 掌握计算机硬件系统结构，包括 CPU 的功能和组成、存储器分层体系、总线和外部设备。

3. 掌握操作系统的基本组成，包括进程管理、内存管理、目录和文件系统、I/O 设备管理。

二、基本数据结构与算法

1. 算法的基本概念；算法复杂度的概念和意义（时间复杂度与空间复杂度）。

2. 数据结构的定义；数据的逻辑结构与存储结构；数据结构的图形表示；线性结构与非线性结构的概念。

3. 线性表的定义；线性表的顺序存储结构及其插入与删除运算。

4. 栈和队列的定义；栈和队列的顺序存储结构及其基本运算。

5. 线性单链表、双向链表与循环链表的结构及其基本运算。

6. 树的基本概念；二叉树的定义及其存储结构；二叉树的前序、中序和后序遍历。

7. 顺序查找与二分法查找算法；基本排序算法（交换类排序，选择类排序，插入类排序）。

三、程序设计基础

1. 程序设计方法与风格。

2. 结构化程序设计。

3. 面向对象的程序设计方法，对象，方法，属性及继承与多态性。

四、软件工程基础

1. 软件工程基本概念，软件生命周期概念，软件工具与软件开发环境。

2. 结构化分析方法，数据流图，数据字典，软件需求规格说明书。

3. 结构化设计方法，总体设计与详细设计。

4. 软件测试的方法，白盒测试与黑盒测试，测试用例设计，软件测试的实施，单元测试、集成测试和系统测试。

5. 程序的调试，静态调试与动态调试。

五、数据库设计基础

1. 数据库的基本概念：数据库，数据库管理系统，数据库系统。

2. 数据模型，实体联系模型及 E-R 图，从 E-R 图导出关系数据模型。

3. 关系代数运算，包括集合运算及选择、投影、连接运算，数据库规范化理论。

4. 数据库设计方法和步骤：需求分析、概念设计、逻辑设计和物理设计的相关策略。

考试方式

1. 公共基础知识不单独考试，与其他二级科目组合在一起，作为二级科目考核内容的一部分。

2. 上机考试，10 道单项选择题，占 10 分。

图 书 资 源 支 持

感谢您一直以来对清华版图书的支持和爱护。为了配合本书的使用，本书提供配套的资源，有需求的读者请扫描下方的"书圈"微信公众号二维码，在图书专区下载，也可以拨打电话或发送电子邮件咨询。

如果您在使用本书的过程中遇到了什么问题，或者有相关图书出版计划，也请您发邮件告诉我们，以便我们更好地为您服务。

我们的联系方式：

清华大学出版社计算机与信息分社网站：https://www.shuimushuhui.com/

地　　　址：北京市海淀区双清路学研大厦 A 座 714

邮　　　编：100084

电　　　话：010-83470236　　010-83470237

客服邮箱：2301891038@qq.com

QQ：2301891038（请写明您的单位和姓名）

资源下载： 关注公众号"书圈"下载配套资源。

资源下载、样书申请　　　图书案例

书 圈　　　清华计算机学堂　　　观看课程直播